快学Python
自动化办公轻松实战

黄伟
朱鹏伟（朱小五） 著

電子工業出版社
Publishing House of Electronics Industry
北京•BEIJING

内容简介

作者集多年运营公众号的心得，通过与大量读者的实际互动，了解他们的真实需求，针对大家在学习和工作中经常遇到的问题，于本书中浓缩了Python的最常用知识点，以及30多个Python自动化办公案例、10多个经典办公项目实战。这些内容涉及行政、营销、法务、财务、运营、教师等岗位，相信每位读者都能在本书中找到与自身需求相对应的案例。

无论你是学生还是职场人士，无论你是零基础的编程小白还是有一定编程基础的程序员，都可以通过本书入门Python编程和自动化办公。

图书在版编目（CIP）数据

快学Python：自动化办公轻松实战 / 黄伟，朱鹏伟著. —北京：电子工业出版社，2022.6
ISBN 978-7-121-43634-5

Ⅰ. ①快… Ⅱ. ①黄… ②朱… Ⅲ. ①软件工具－程序设计 Ⅳ. ①TP311.561

中国版本图书馆CIP数据核字（2022）第094428号

责任编辑：张慧敏
印　　刷：固安县铭成印刷有限公司
装　　订：固安县铭成印刷有限公司
出版发行：电子工业出版社
　　　　　北京市海淀区万寿路173信箱　邮编：100036
开　　本：720×1000　1/16　印张：24.5　字数：464千字
版　　次：2022年6月第1版
印　　次：2025年2月第4次印刷
定　　价：129.00元

凡所购买电子工业出版社图书有缺损问题，请向购买书店调换。若书店售缺，请与本社发行部联系，联系及邮购电话：（010）88254888，88258888。

质量投诉请发邮件至zlts@phei.com.cn，盗版侵权举报请发邮件至dbqq@phei.com.cn。

本书咨询联系方式：（010）51260888-819，faq@phei.com.cn。

前 言

因为语法简单、容易上手，Python 被称为“最适合初学者学习”的编程语言。

Python 拥有许多丰富且强大的模块，利用这些模块，只需少量的代码，就可以帮助我们解决不同场景的问题。

无论你是学生还是职场人士，无论你是零基础小白还是有一定编程基础的开发人员，都强烈推荐你学习 Python。

本书特色

1. 更多实战案例，助力新手快速上手 Python 编程

作者总结了多年运营公众号的心得，通过与大量读者的实际互动，了解他们的真实需求，并针对大家在学习和工作中经常遇到的问题，选取 Python 最受欢迎的应用方向——自动化办公，为大家编写了本书。

本书共介绍了 30 多个场景下的 Python 应用实战，涉及行政、营销、法务，财务、运营、教师等岗位，相信每位读者都可以在本书中找到与自身需求相对应的案例与实战项目。

2. 图解知识点，一目了然学习 Python 基础知识

本书没有过多地讲述 Python 基础知识，对于基础部分，作者采用了“总结式”的写作手法，总结了 Python 中最常用的知识点。同时，为了让大家能够快速理解

Python 知识点，本书还配有 100 多个知识点图解，如下所示。

本书结构

全书共 12 章，分为 3 个部分，分别是基础篇、操作篇、应用篇。

基础篇包括第 1~3 章。首先，采用“总结式”的方法为大家介绍 Python 基础，这是整本书的基础。其次，讲解如何自动化处理文件 / 文件夹，这对批量处理各种任务非常有用。最后，讲解如何自动化处理数据，这对数据的前期处理与数据的后期整理至关重要。

操作篇包括第 4~10 章。通过对本篇的学习，读者不仅可以使用 Python 自动化操作工作或生活中常用的各类文档（Excel、Word、PPT、PDF 等文档），甚至可以自动化操作图像文件、邮箱、企业微信、鼠标 / 键盘等。而且，在每章中还配有多个实战案例，希望读者能够学以致用。

应用篇包括第 11~12 章。首先，介绍 6 个极具代表性的行业案例，这些案例都是根据经过数据脱敏后的真实需求改编而成的。接着，讲述如何为 Python 程序增加可视化界面，以及如何将 Python 程序打包，让不会使用 Python 编程的人也能够共享你的劳动成果。

阅读建议

本书中的代码采用 Jupyter Notebook 编辑器的代码展现形式。

```
In [1]: print("hello world!")
Out[1]: hello world!
```

其中 In [1]、In [2]、In [3] 等表示的是代码输入框，Out[1]、Out[2]、Out[3]

等表示的是代码输出框。

书中的 ❶❷❸ 等用于标记代码行。对于这些被标记的代码行，我们通常会在后面给出具体解释。

另外，书中还有许多“小贴士”和“小思考”，分别用于对知识点的补充解释，以及读者进行扩展学习。

勘误与联系方式

由于作者水平有限，书中难免会出现一些错误或不准确的地方，读者可以将发现的错误反馈到微信公众号“快学 Python”，我们会对相关内容进行修订。如果大家对书中的案例有更好的解决办法，或者有更典型的实际案例需求，同样可以向我们反馈。

致谢

感谢我们的父母，是他们给予了我们生命，为我们创造了良好的教育环境。

感谢我们公众号的读者，是他们的反馈和鼓励让我们拥有创作的灵感与信心。希望本书的出版能够帮助更多的读者朋友。

感谢电子工业出版社的张慧敏老师，在创作低谷时期给予我们继续创作的信心。同时感谢出版社的其他老师在幕后的辛苦工作。

感谢我们各自的女朋友陈丽、王小九多年来的陪伴，在写作过程中，她们的理解与支持让我们拥有坚定完成写作的力量与勇气。

黄伟　朱鹏伟（朱小五）

目 录

基础篇

应用篇

基础篇

第1章 Python基础知识

想要入门 Python 编程，那就一定要搭建好 Python 的编程环境，并学习相关的基础知识。

本章将通过“总结式”的方式，带你学习 Python 基础。相信通过对本章的学习，即便你是零基础的读者，也能够快速上手 Python 这门编程语言。

1.1 为什么要学习 Python

因为 Python 语法简单，容易上手，被称为“最适合初学者学习”的编程语言。

Python 拥有许多丰富且强大的模块，利用这些模块，我们只需要掌握少量的代码，就可以解决各种场景的问题。本书一共介绍了 30 多个场景下的 Python 应用，如批量整理 Excel 文件实战报表自动化、控制鼠标和键盘实现对微信的自动操作、控制邮箱定时或批量发送邮件、控制 PPT 自动制作每周的报告等。

无论你是学生还是职场人士，无论你是零基础小白还是具有一定编程基础的开发人员，都强烈推荐你学习 Python。

1.2 Python 环境的搭建

在正式学习 Python 之前，首先要进行 Python 环境的搭建。

强烈推荐大家安装 Anaconda 的原因是，我们安装 Anaconda 后，不仅拥有了 Python 编程环境，还拥有了一款好用的 Python 编辑器——Jupyter Notebook。伴随着 Anaconda 的安装，系统会自动安装好一些常用的 Python 第三方开源模块，不再需要我们后续手动安装。

因此，本节将会讲述如何在 Windows 系统下安装 Anaconda。

1.2.1 Python 的下载

在下载 Anaconda 之前，我们需要查看计算机的操作系统类型，为后续选择对应版本做准备。如图 1-1 所示，我们使用的是 64 位操作系统。

Yoga 14sARH 2021

设备名称	LAPTOP-E01L5JT6
处理器	AMD Ryzen 7 4800H with Radeon Graphics 2.90 GHz
机带 RAM	16.0 GB (15.4 GB 可用)
设备 ID	9693A65A-4ED5-42D4-9B0B-
产品 ID	00342-36018-
系统类型	64 位操作系统, 基于 x64 的处理器
笔和触控	没有可用于此显示器的笔或触控输入

图 1-1

在浏览器的地址栏输入 Anaconda 的官方网址后，打开网页并滚动到页面底部。Anaconda 可安装在 Windows、macOS、Linux 系统上。这里我们根据自己计算机的操作系统，选择如图 1-2 所示的 Windows 版本 64 位。

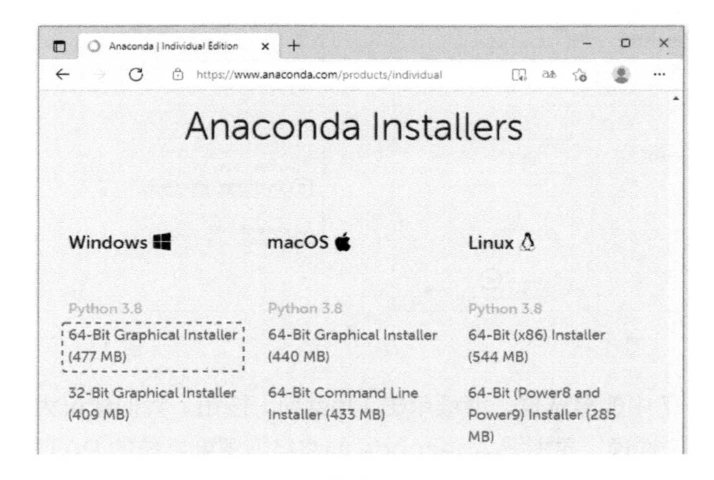

图 1-2

1.2.2 Python 的安装

下载好 Anaconda 后，双击该软件图标进入安装向导，单击【Next】按钮继续，如图 1–3 所示。在【License Agreement】对话框中，单击【I Agree】按钮，如图 1–4 所示。

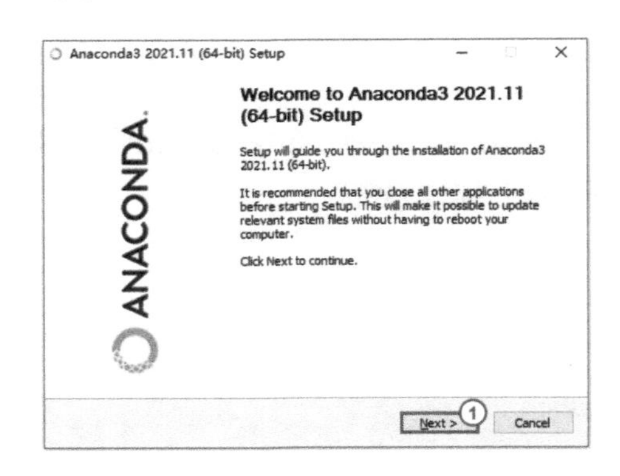

图 1–3

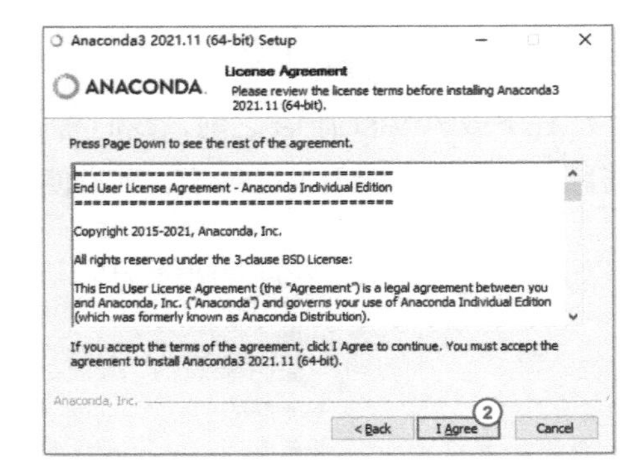

图 1–4

在【Select Installation Type】对话框中，推荐选择【Just Me】选项，如果选择【All Users】选项，则需要 Windows 的管理员权限，如图 1–5 所示。

在【Choose Install Location】对话框中，选择默认安装路径（大家也可自行更改路径），继续单击【Next】按钮，如图 1–6 所示。

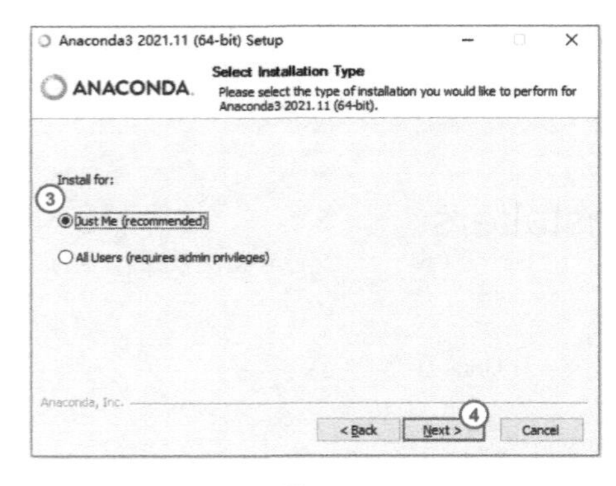

图 1–5

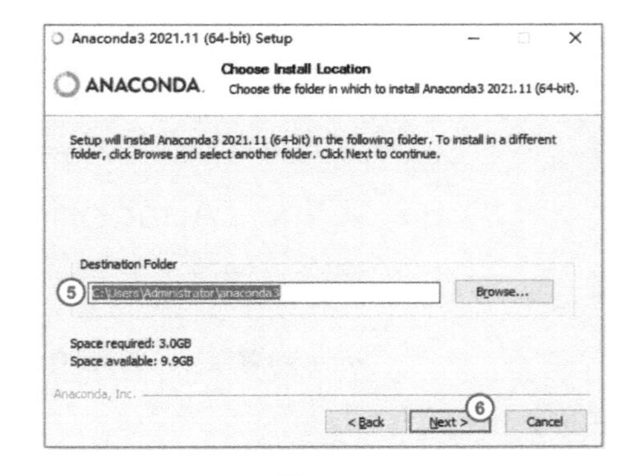

图 1–6

勾选图 1–7 中的复选框，继续单击【Install】按钮。我们建议大家将两个选项都选上。第一个选项，是指把 Anaconda 的路径设置到系统的 PATH 环境变量中。这个设置会给我们提供很多方便，比如你可以在任意命令行路径下启动 Python 或使用 conda 命令。第二个选项，是指将 Anaconda 选择为默认的 Python 编译器。

单击图 1-8 中的【Next】按钮，等待进度条结束。

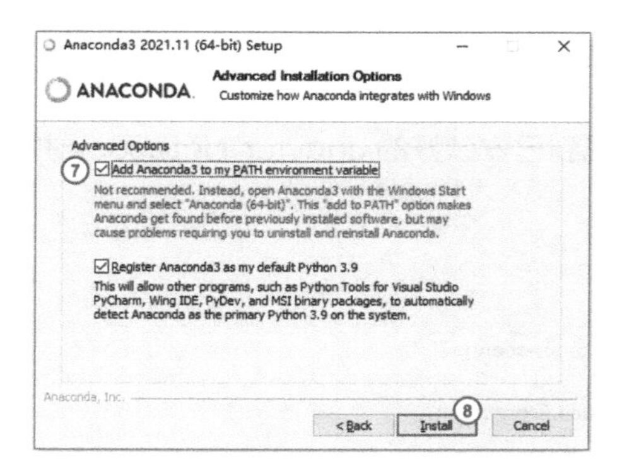

图 1-7

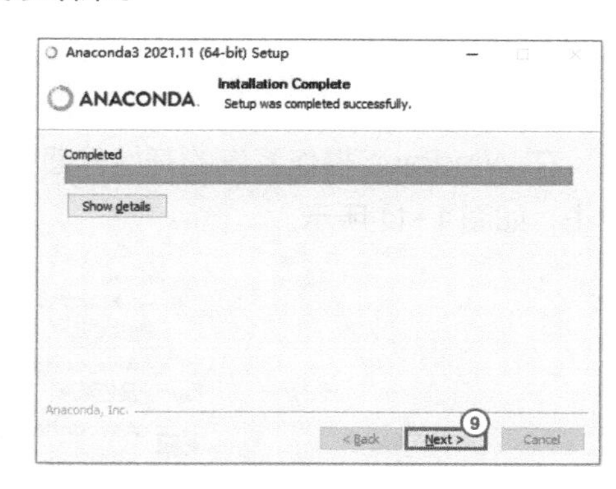

图 1-8

单击图 1-9 中的【Next】按钮，直到出现图 1-10 所示的界面。那么恭喜你，这样就成功安装了 Anaconda。

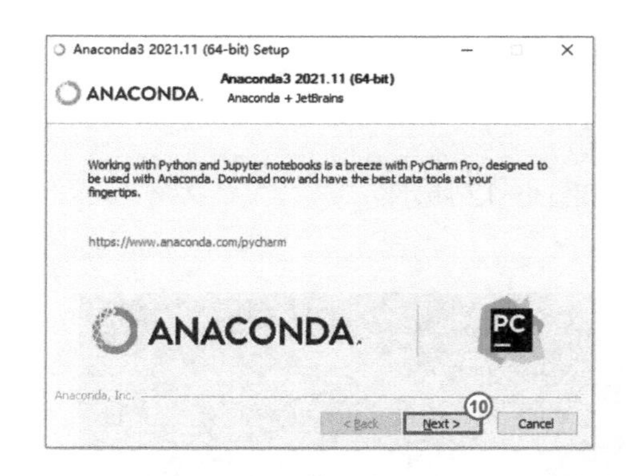

图 1-9

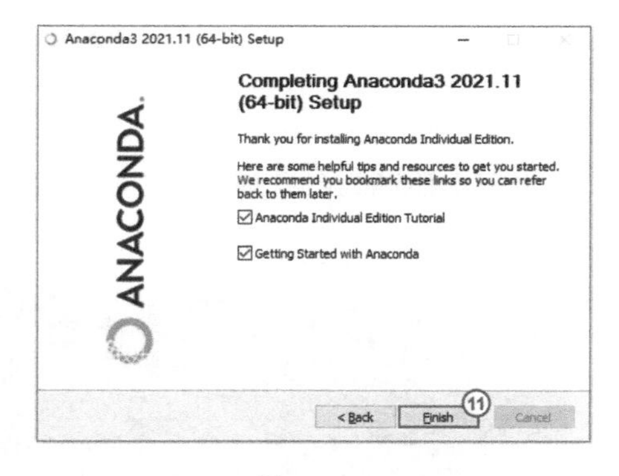

图 1-10

1.3 如何运行 Python 程序

安装好 Anaconda 后，Jupyter Notebook 随之也被安装好，本书所有的案例均是基于这款编辑器来执行 Python 代码的。

之所以推荐大家使用 Jupyter Notebook 执行 Python 代码，最大一个原因是它优秀的交互性，我们可以一边执行 Python 代码，一边得到反馈，非常适合初学者使用 。

因此，本节将为大家讲述如何利用 Jupyter Notebook 执行 Python 代码。

1.3.1 启动 Jupyter Notebook

在 Windows 操作系统的开始界面中，找到已安装好的 Jupyter Notebook 并单击，如图 1-11 所示。

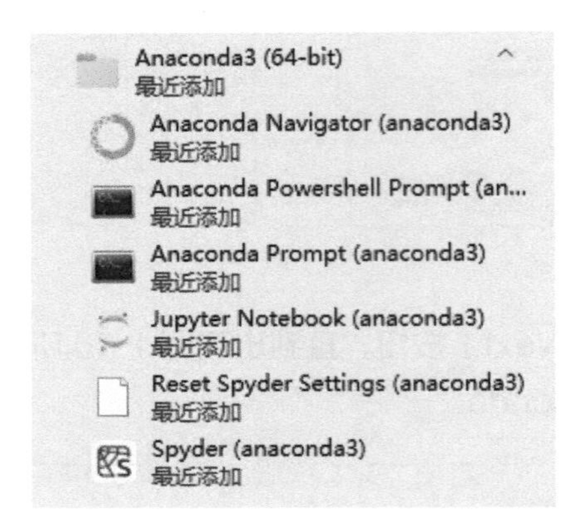

图 1-11

此时会驱动后台打开一个命令行窗口，如图 1-12 所示。

```
Jupyter Notebook (anaconda3)
    File "<frozen importlib._bootstrap>", line 1007, in _find_and_load
    File "<frozen importlib._bootstrap>", line 984, in _find_and_load_unlocked
  ModuleNotFoundError: No module named 'jupyter_nbextensions_configurator'
[W 2021-12-01 15:49:01.640 LabApp] 'notebook_dir' has moved from NotebookApp to ServerApp. This config will be passed to
 ServerApp. Be sure to update your config before our next release.
[W 2021-12-01 15:49:01.640 LabApp] 'notebook_dir' has moved from NotebookApp to ServerApp. This config will be passed to
 ServerApp. Be sure to update your config before our next release.
[I 2021-12-01 15:49:01.648 LabApp] JupyterLab extension loaded from D:\Users\Administrator\anaconda3\lib\site-packages\j
upyterlab
[I 2021-12-01 15:49:01.649 LabApp] JupyterLab application directory is D:\Users\Administrator\anaconda3\share\jupyter\la
b
[I 15:49:01.654 NotebookApp] The port 8888 is already in use, trying another port.
[I 15:49:01.655 NotebookApp] The port 8889 is already in use, trying another port.
[I 15:49:01.656 NotebookApp] The port 8890 is already in use, trying another port.
[I 15:49:01.656 NotebookApp] The port 8891 is already in use, trying another port.
[I 15:49:01.657 NotebookApp] Serving notebooks from local directory: C:\Users\Administrator
[I 15:49:01.657 NotebookApp] Jupyter Notebook 6.4.5 is running at:
[I 15:49:01.657 NotebookApp] http://localhost:8892/?token=22747d3f5cc5662262479011f397489dafae83a449125025
[I 15:49:01.657 NotebookApp]  or http://127.0.0.1:8892/?token=22747d3f5cc5662262479011f397489dafae83a449125025
[I 15:49:01.657 NotebookApp] Use Control-C to stop this server and shut down all kernels (twice to skip confirmation).
[C 15:49:01.799 NotebookApp]

    To access the notebook, open this file in a browser:
        file:///C:/Users/Administrator/AppData/Roaming/jupyter/runtime/nbserver-57632-open.html
    Or copy and paste one of these URLs:
        http://localhost:8892/?token=22747d3f5cc5662262479011f397489dafae83a449125025
     or http://127.0.0.1:8892/?token=22747d3f5cc5662262479011f397489dafae83a449125025
[W 15:49:05.349 NotebookApp] 404 GET /nbextensions/nbextensions_configurator/tree_tab/main.js?v=20211201154859 (::1) 10.
000000ms referer=http://localhost:8892/tree
```

图 1-12

接着又会自动打开一个浏览器页面，这样就成功启动了 Jupyter Notebook，如图 1-13 所示。

jupyter　Quit　Logout

Files　Running　Clusters

Select items to perform actions on them.　Upload　New

0 /	Name	Last Modified	File size
3D Objects		10 个月前	
anaconda3		3 个月前	
build		2 个月前	
Contacts		10 个月前	
Desktop		4 分钟前	
dist		3 个月前	
Documents		4 天前	
Downloads		20 小时前	
Favorites		10 个月前	

图 1-13

小贴士

为了保证能够执行 Python 代码，请一定不要关闭图 1-12 所示的命令行窗口。

1.3.2 运行第一行 Python 代码

单击 Jupyter Notebook 右上角的【New】按钮，在下拉列表中选择【Python 3】选项，如图 1-14 所示。

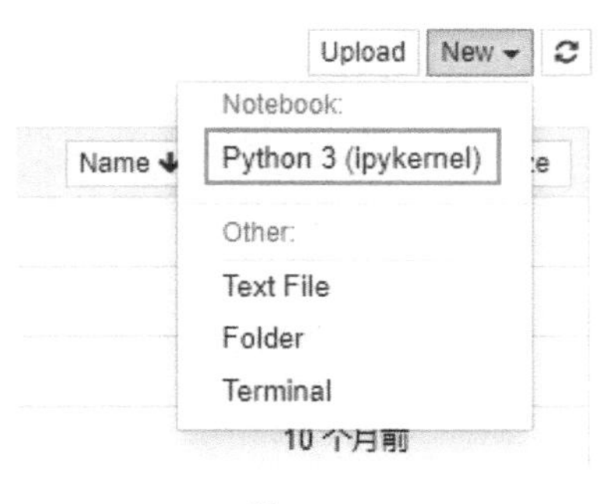

图 1-14

新建的 Jupyter Notebook 页面如图 1-15 所示。

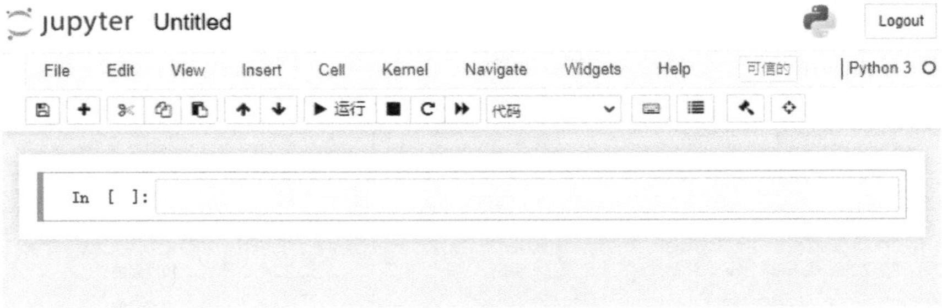

图 1-15

在交互式环境中输入如下命令：

```
In [1]: print("hello world!")
```

注意标点符号都是英文模式，如图 1-16 所示。

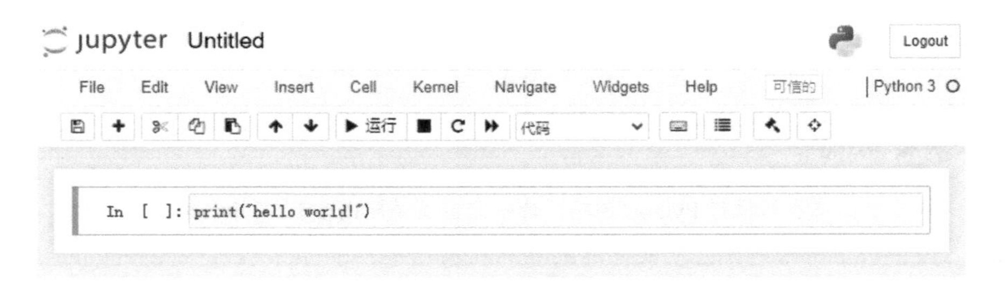

图 1-16

单击菜单栏中的【运行】按钮，在下一行就打印输出了“hello world!”，如图 1-17 所示。

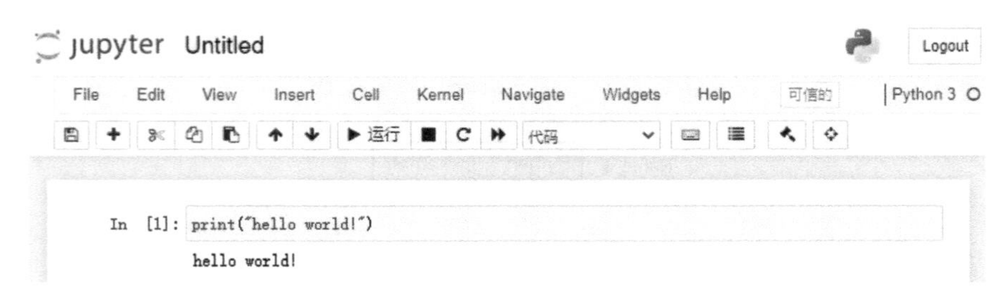

图 1-17

我们成功运行了自己的第一行 Python 代码。

1.3.3 Jupyter Notebook 常用操作

为了方便后面的学习，我们还是要熟悉一下 Jupyter Notebook 的界面组成部分。

1. 标题栏

为了便于分类存储文件，对于不同的文件，我们可以修改“标题栏”处的名称为其命名，如图 1–18 所示。

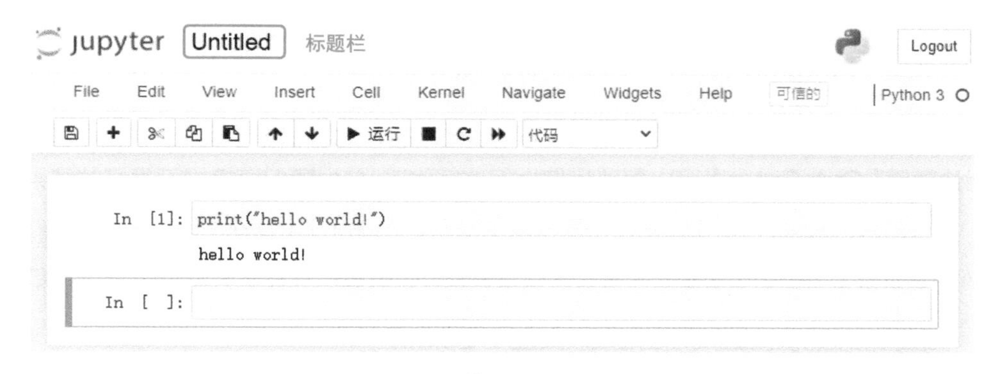

图 1–18

Jupyter Notebook 文件的默认名称为“Untitled”，单击这个文件名，就可以输入新的文件名。

2. 菜单栏

菜单栏中有 4 个常用选项和按钮需要我们了解。如图 1–19 所示，从左到右分别是 File、+、运行、类型选择框。

- File：这是一个下拉菜单，提供了 Notebook 文件的新建、打开、重命名、导出等功能。
- +：帮助我们快速创建一个新的代码单元格。
- 运行：帮助我们快速执行代码单元格中的内容。
- 类型选择框：有 4 种选择，默认就是【代码】，表示单元格中写的是代码。当我们将其选择为【Markdown】后，此时的代码单元格，将会变成一个 Markdown 文本框。

图 1-19

当我们写了第一行代码 print("hello world") 后，此时单击【运行】按钮或者使用快捷键【Ctrl+Enter】,可以帮助我们执行这行代码，并为我们直接展示最终的结果。

当你想要新增代码单元格时，可以单击菜单栏中的【+】按钮，或者使用快捷键【Alt+Enter】。该快捷键会运行当前代码单元格中的代码，并在下方新增一行代码框。

上述操作的快捷键和对应功能，如图 1-20 所示。

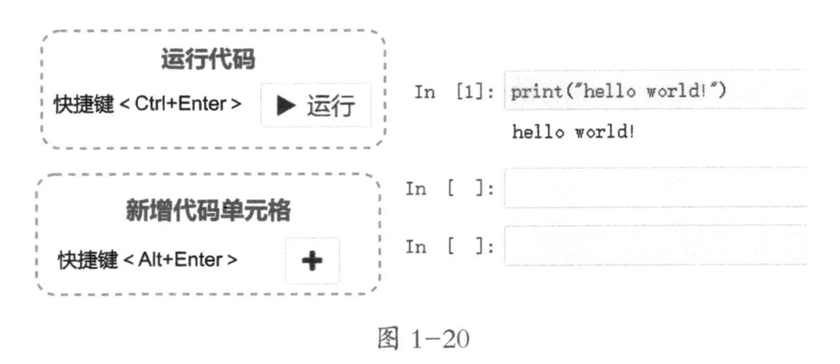

图 1-20

再次观察图 1-19 中的“类型选择框”，它的默认选择是【代码】，表示执行的是 Python 代码。当我们将类型选择框设置为【Markdown】后，此时代码单元格就会变成一个文本框，我们可以往里面写入符合 Markdown 语法的文字，如图 1-21 所示。

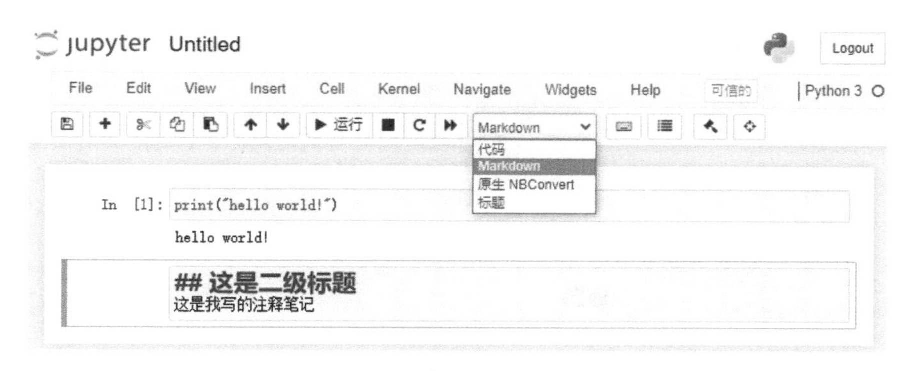

图 1–21

输入文字后，运行该文本框，展示的就是一个文本，执行结果如图 1–22 所示。通过增加段落标题和注释，可以提升代码的可读性。

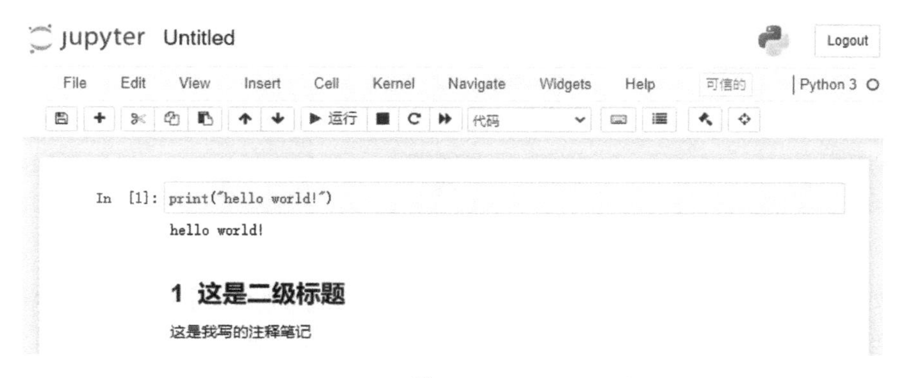

图 1–22

对于每个代码文件，我们都可以保存下来。如图 1–23 所示，有两种保存文件的办法，简单介绍如下。

- 选择【Save and Checkpoint】选项保存文件，会将文件以默认格式保存到默认路径下，.ipynb 是 Jupyter Notebook 的专属文件格式。
- 选择【Download as】选项对文件进行保存，相当于“另存为”，你可以自己选择保存路径及保存格式。

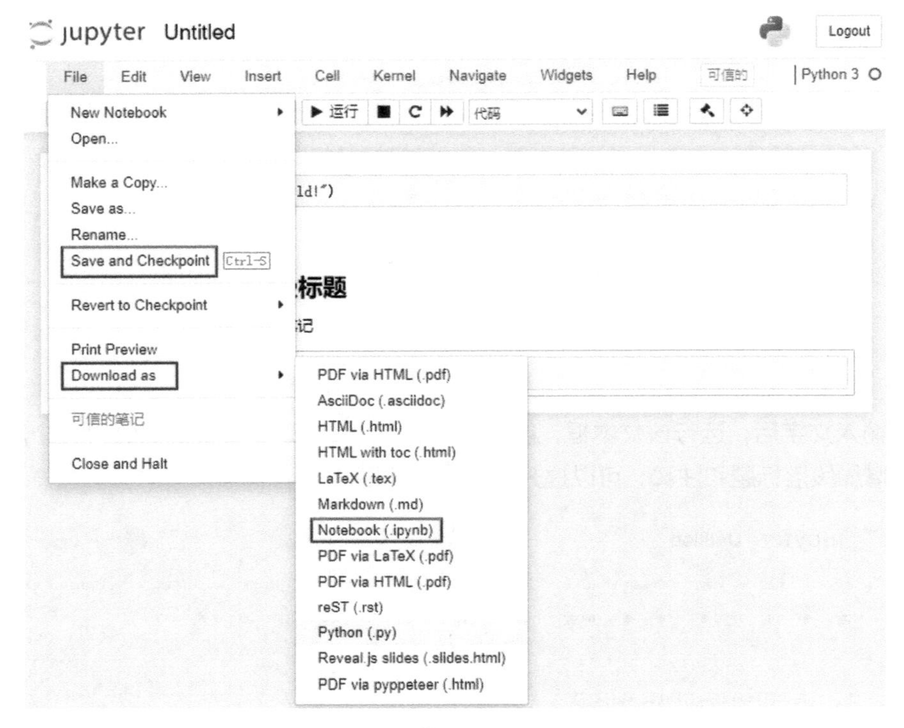

图 1-23

如果想导入外部的 .ipynb 文件，我们可以单击【Upload】按钮，从而将文件加载到计算机的 Jupyter Notebook 中，如图 1-24 所示。同理我们也可以用这种方法，向目录中导入其他所需文件。

图 1-24

1.4 Python 基本概念

当我们搭建好了 Python 的运行环境，也就知道了如何运行 Python 代码。从本节开始，我们来学习 Python 的基础语法知识。

1.4.1 变量的定义与命名

计算机的核心是计算，计算需要数据，而变量就是内存中存放数据的容器。因此我们首先要学会如何定义一个变量。

在交互式环境中输入如下命令：

```
In [1]: age = 18  ❶
```

在 ❶ 处，我们使用等号“=”创建了一个变量 age，此时内存中会开辟一个空间用于存储变量。等号左边表示变量名，等号右边表示变量值。

在 Python 中，变量名的定义通常遵循以下规范。

- 变量名由数字、字母和下画线组成，但首字母只能以字母和下画线开头，从 Python 3.0 开始支持中文变量名。
- Python 对大小写敏感，变量 a 和变量 A 表示不同的变量。
- 变量名不能是 Python 中的关键字，如表 1-1 所示。

表 1-1

False	assert	continue	except	if	nonlocal	return
None	async	def	finally	import	not	try
True	await	del	for	in	or	while
and	break	elif	from	is	pass	with
as	class	else	global	lambda	raise	yield

为了让代码更具可读性，变量名的命名也是有讲究的，通常有以下两种命名方式。

- 驼峰命名法：每个单词的首字母都采用大写，例如 FirstName、LastName。
- 蛇形命名法：不同单词之间用下画线隔开，例如 first_name、last_name。

1.4.2 缩进与注释

1. 缩进

与大多数编程语言不同，Python 采用相同的缩进来表示代码块，同一个代码块中的代码，默认都是缩进 4 个空格，如图 1-25 所示。

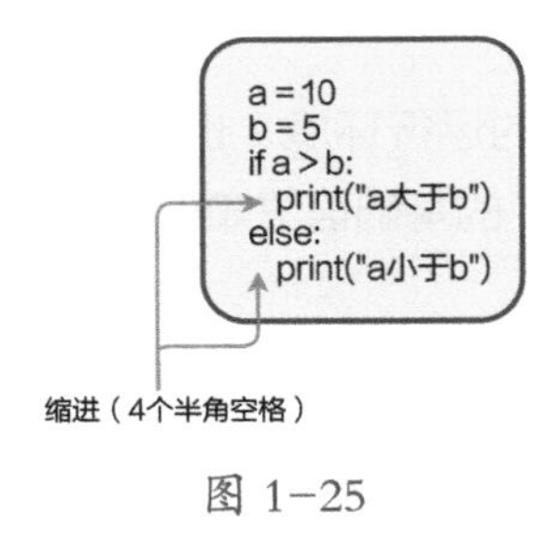

图 1-25

2. 注释

当一段程序的代码过多时，写注释能够很快帮助我们回忆起代码逻辑。注释通常起到解释代码的作用，在执行代码时，被注释的内容不会执行。

在 Python 中，单行注释以 # 开头，多行注释可以用多个 # 开头，也可以使用成对的三单引号 ''' 或三双引号 """ 表示。

在交互式环境中输入如下命令：

```
In [1]: # 定义了变量 a 和 b    ❶
        a = 10
        b = 5

        # 计算 a+b 的和       ❷
        a + b
Out[1]: 15
In [2]: def sub(a,b):
            '''               ❸
            定义一个函数，计算 a+b 的和
            a,b 都是形式参数
            '''
            print(a+b)
In [3]: sub(a=10,b=5)
Out[3]: 15
```

在 ❶❷ 两处，我们分别写了两行注释，表示对下方代码的解释。同时在 ❸ 处，我们写了一个多行注释，表示对这个自定义函数的解释。

1.4.3 常见的 6 种数据类型

Python 中有 6 种标准的数据类型，分别是数字、字符串、列表、元组、字典和集合，它们具体的分类如图 1-26 所示。

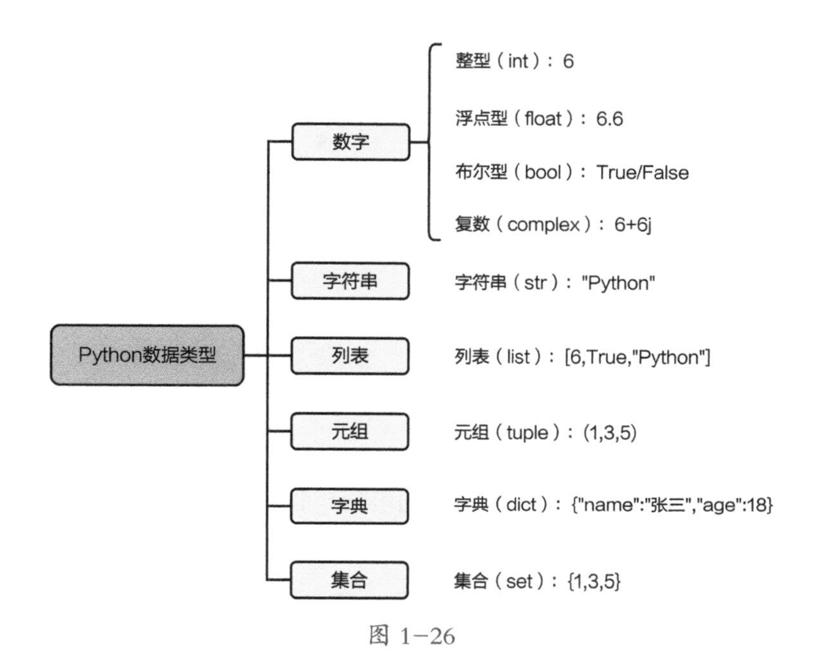

图 1-26

小贴士

对于上述的数据类型，不可变类型的有数字、字符串和元组，即不能修改它们的元素值；可变类型的有列表、字典和集合，即可以修改它们的元素值。

对于任意定义的变量，我们都可以利用 type() 函数，查看它们具体的数据类型。

在交互式环境中输入如下命令：

```
In [1]: num_1 = 6                                   ❶
        num_2 = 6.6                                 ❷
        num_3 = True                                ❸
        num_4 = 6+6j                                ❹
        str_1 = "Python"                            ❺
        list_1 = [6,True,"Python"]                  ❻
        tuple_1 = (1,3,5)                           ❼
        dict_1 = {"name":" 张三 ","age":18}          ❽
        set_1 = {1,3,5}                             ❾

        type(num_1)                                 ❿
Out[1]: int
In [2]: type(num_2)                                 ⓫
Out[2]: float
In [3]: type(num_3)                                 ⓬
```

```
Out[3]: bool
In [4]: type(num_4)                                    ⓭
Out[4]: complex
In [5]: type(str_1)                                    ⓮
Out[5]: str
In [6]: type(list_1)                                   ⓯
Out[6]: list
In [7]: type(tuple_1)                                  ⓰
Out[7]: tuple
In [8]: type(dict_1)                                   ⓱
Out[8]: dict
In [9]: type(set_1)                                    ⓲
Out[9]: set
```

在❶～❾处，我们分别定义了整型 num_1、浮点型 num_2、布尔型 num_3、复数 num_4、字符串 str_1、列表 list_1、元组 tuple_1、字典 dict_1 和集合 set_1 等 9 个变量。

接着，调用 type() 方法，分别打印出每个变量具体的数据类型（见❿～⓲）。

其中，int 表示整型，float 表示浮点型，bool 表示布尔型，complex 表示复数，str 表示字符串，list 表示列表，tuple 表示元组，dict 表示字典，set 表示集合。

1.4.4 序列的 5 大通用操作

对于上述 6 种数据类型中的字符串、元组和列表，我们可以统称为“序列”，序列中的每一个元素，称为“序列元素”。

为了方便大家学习和记忆，我们总结了序列的 5 大通用操作，具体如图 1-27 所示。

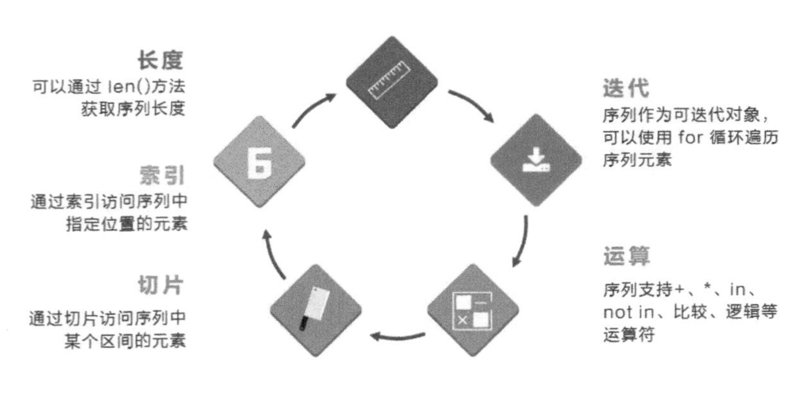
长度
可以通过 len()方法
获取序列长度
索引
通过索引访问序列中
指定位置的元素
切片
通过切片访问序列中
某个区间的元素
迭代
序列作为可迭代对象，
可以使用 for 循环遍历
序列元素
运算
序列支持+、*、in、
not in、比较、逻辑等
运算符

图 1-27

下面我们分别举例讲述序列的这 5 大通用操作。

1. 长度

对于每个序列，我们可以利用 len() 函数计算序列的长度。

在交互式环境中输入如下命令：

```
In [1]: str1 = "Python"    ❶
        len(str1)          ❷
Out[1]: 6
```

对于 ❶ 处定义的字符串序列 str1，调用 len() 函数计算出它的长度是 6（见 ❷）。

2. 索引

在序列中，每个元素既有正向索引，也有反向索引。正向索引是指从第一个元素开始，索引值从 0 开始递增。反向索引是从最后一个元素开始计数，从索引值 −1 开始，如图 1−28 所示。

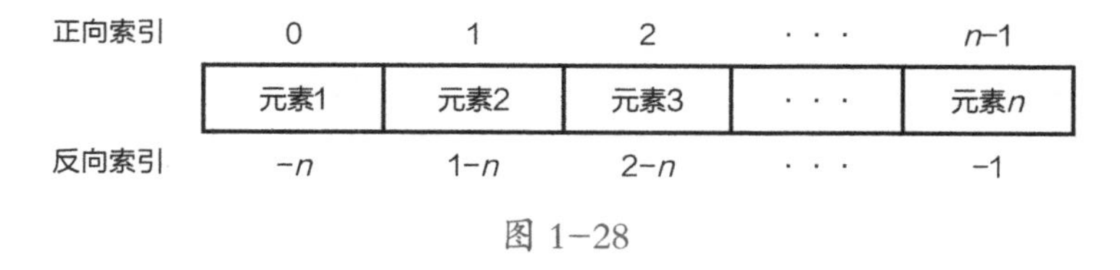

图 1−28

如图 1−29 所示，以字符串序列“Python”为例，我们可以利用上述两种索引方式，分别获取序列对应位置处的元素。

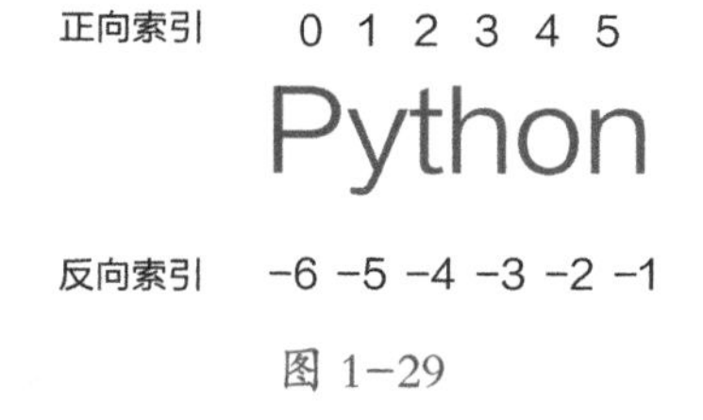

图 1−29

在交互式环境中输入如下命令：

```
In [1]: str2 = "Python"    ❶
        str2[5]            ❷
Out[1]: 'n'
In [2]: str2[-1]           ❸
Out[2]: 'n'
In [3]: str2[1]            ❹
Out[3]: 'y'
In [4]: str2[-5]           ❺
```

```
Out[4]: 'y'
```

对于 ❶ 处定义的字符串序列 str2，我们利用中括号 [] 并传入索引值的方式，分别用两种方式获取了第 6 个位置（见 ❷❸）和第 2 个位置（见 ❹❺）的序列元素。

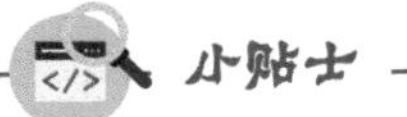

小贴士

1. 不管是 Python 中的索引，还是下面要讲述的切片，元素索引都是从 0 开始的，而不是 1。初学者在使用时，应当务必注意。

2. 我们可以通过正向索引或反向索引两种方式，获取序列中的每个元素。

3. 切片

切片的语法格式：[start:stop:step]，其中 start 表示起始索引，stop 表示终止索引，step 表示步长。

关于切片，有两点需要我们特别注意。

- 语法格式中的 start、stop 和 step 是可以省略不写的。start 不写，表示从序列第一个元素开始起；stop 不写，表示一直到序列最后一个元素；step 不写，表示步长是 1。
- 当 step 步长等于 1 的时候，语法格式中的第二个冒号可以省略。
- 当 step 为正数的时候，元素对应的索引如图 1-30 所示。当 step 为负数的时候，相当于内部先对原始序列做了一个逆向排序，但是索引仍然使用原始位置处的索引，如图 1-31 所示。

图 1-30　　图 1-31

为了更加清楚地理解切片的概念，我们用一些例子来做个测试。

在交互式环境中输入如下命令：

```
In [1]: str3 = "Python_is_good" ❶
```

```
        str3[1:]                    ❷
Out[1]: 'ython_is_good'
In [2]: str3[:-1]                   ❸
Out[2]: 'Python_is_goo'
In [3]: str3[2:4]                   ❹
Out[3]: 'th'
In [4]: str3[::-1]                  ❺ # 相当于反转序列
Out[4]: 'doog_si_nohtyP'
In [5]: str3[-2:-5:-1]              ❻
Out[5]: 'oog'
In [6]: str3[::2]                   ❼
Out[6]: 'Pto_sgo'
```

对于 ❶ 处定义的字符串序列 str3，我们列举了 6 个常见的切片案例（见 ❷ ～ ❼），大家可以参照图 1-30 和 图 1-31，深刻体会一下切片的具体含义。

切片是“左闭右开”区间，例如 str3[2:4]，我们只能获取到索引 2 处的元素，却不能获取到索引 4 处的元素。

4. 迭代

对于每个序列，我们可以利用 for 循环，迭代输出其中的每一个元素。关于 for 循环的具体语法和应用，详见 1.9.2 节。

在交互式环境中输入如下命令：

```
In [1]: str4 = "abc"        ❶
        for i in str4:      ❷
            print(i)
Out[1]: a
        b
        c
```

对于 ❶ 处定义的序列 str4，我们可以利用 for 循环打印出序列中的每个元素（见 ❷）。

5. 运算

对于每个序列，都支持 +、*、in、not in、比较或逻辑等运算，最常见的方式如下。

- + 和 *：常用来扩展序列的长度。
- in 和 not in：常用来判断某个元素是否在序列中。

在交互式环境中输入如下命令：

```
In [1]: str5 = "Python"    ❶
        str5 * 2           ❷
Out[1]: 'PythonPython'
In [2]: "y" in str5        ❸
Out[2]: True
```

对于 ❶ 处定义的字符串序列 str5，我们利用 * 号将序列扩展为原来长度的 2 倍（见 ❷），接着使用 in 运算判断“y”元素是否在该序列中（见 ❸），如果在，则返回 True，否则返回 False。

小贴士

在 Python 的序列中，最常用的就是字符串和列表了。当我们以后处理这两种数据类型时，别忘记可以使用这 5 大通用操作哦！

1.5 Python 字符串

字符串由一系列的字符组成，用引号表示，其具有以下特征。

- 字符串中的字符，可以是数字、中文、字母、下画线或符号中的任意一种。
- 字符串不可变，因此不能修改字符串中的元素。
- Python 中没有所谓的单字符，单字符也会被当成字符串。

本节主要为大家讲述 Python 字符串的一些常见用法。

1.5.1 字符串的 4 种创建方式

在 Python 中，创建字符串通常有 4 种方式，分别是成对的单引号 '、双引号 "、三单引号 ''' 或三双引号 """。

在交互式环境中输入如下命令：

```
In [1]: str1 = '我是a'    ❶
        str1
Out[1]: '我是a'
        In [2]:
In [2]: str2 = "我是b"    ❷
        str2
```

```
Out[2]: '我是b'
In [3]: str3 = '''第一行 ❸
                  第二行
                  第三行'''
        str3
Out[3]: '第一行\n       第二行\n       第三行'
In [4]: str4 = """第一行 ❹
                  第二行
                  第三行"""
        str4
Out[4]: '第一行\n       第二行\n       第三行'
```

在❶❷处，我们利用成对的单引号和双引号，分别创建了单行字符串 str1 和 str2。

在❸❹处，我们利用成对的三单引号或三双引号，分别创建了多行字符串 str3 和 str4。

1.5.2 常用字符串方法 12 讲

在学习 Python 的过程中，字符串方法是使用频率非常高的一个知识点。

本小节将为大家详细讲述 12 个常用的字符串方法。

1. lower()

作用：将字符串的所有字母转换为小写。

在交互式环境中输入如下命令：

```
In [1]: str1 = "PyThon"
        str1.lower()
Out[1]: 'python'
```

2. upper()

作用：将字符串的所有字母转换为大写。

在交互式环境中输入如下命令：

```
In [1]: str2 = "PyThon"
        str2.upper()
Out[1]: 'PYTHON'
```

3. split()

作用：将字符串按照指定分隔符进行分割。

在交互式环境中输入如下命令：

```
In [1]: str3 = "Python is good"
        str3.split(" ") # 如果 split 中指定的是空格，那么它就将原字符串按空格切分。
Out[1]: ['Python', 'is', 'good']
```

4. strip()

作用：去除字符串左右两边的空白字符。

在交互式环境中输入如下命令：

```
In [1]: str4 = " Python is good "
        str4.strip()  #但不能去掉字符串中间的空白字符。
Out[1]: 'Python is good'
```

5. join()

作用：将字符串按照指定分隔符进行拼接。

在交互式环境中输入如下命令：

```
In [1]: str5 = "Python"
        "_".join(str5) # 将字符串的每个元素，以下画线 _ 进行拼接。
Out[1]: 'P_y_t_h_o_n'
```

6. startswith()

作用：判断某个字符串以……开头。如果是，则返回 True，否则返回 False。

在交互式环境中输入如下命令：

```
In [1]: str6 = "Python is good"
        str6.startswith("P")
Out[1]: True
In [2]: str6.startswith("p")
Out[2]: False
```

7. endswith()

作用：判断某个字符串以……结尾。如果是，则返回 True，否则返回 False。

在交互式环境中输入如下命令：

```
In [1]: str7 = "Python is good"
        str7.endswith("d")
Out[1]: True
In [2]: str7.endswith("D")
Out[2]: False
```

8. replace()

作用：将字符串中的某个字符替换为另一个字符。

在交互式环境中输入如下命令：

```
In [1]: str8 = "Python is good"
        str8.replace("o","O")
Out[1]: 'PythOn is gOOd'
In [2]: str8.replace("o","O",2) # 参数 2 表示只将 o 从左到右替换 2 次。
Out[2]: 'PythOn is gOod '
```

9. count()

作用：统计某个字符在指定范围内出现的次数。

在交互式环境中输入如下命令：

```
In [1]: str9 = "Python is good"
        str9.count("o") # 统计 o 在整个字符串中出现的次数。
Out[1]: 3
In [2]: str9.count("o",6,-1) # 统计 o 从第 7 个字符位置起，出现的次数。
Out[2]: 2
```

10. find()

作用：判断字符串是否包含某个字符。如果包含指定字符，则返回它起始出现的索引，否则返回 -1。

在交互式环境中输入如下命令：

```
In [1]: str10 = "Python is good"
        str10.find("P")
Out[1]: 0
In [2]: str10.find("m")
Out[2]: -1
```

11. isalpha()

作用：判断字符串是否只包含字母。如果是，则返回 True，否则返回 False。

在交互式环境中输入如下命令：

```
In [1]: str11_1 = "abc def"
        str11_1.isalpha() # 字符串中除了字母，还有空格，因此是 False。
Out[1]: False
In [2]: str11_2 = "abcdef"
        str11_2.isalpha()
Out[2]: True
```

12. isdigit()

作用：判断字符串是否只包含数字。如果是，则返回 True，否则返回 False。

在交互式环境中输入如下命令：

```
In [1]: str12 = "123456"
        str12.isdigit()
Out[1]: True
```

1.5.3 字符串格式化的 3 种方式

为了更加灵活多变地使用字符串，Python 中提供了 3 种字符串格式化方式。

Python 2.5 之前，我们使用的是老式字符串格式化 %s。从 Python 3.0 开始（Python 2.6 同期发布），新增了第二种字符串格式化方式 format。而在 Python 3.6 后，又引入了第三种字符串格式化方式 f-string。

从 %s 到 format 再到 f-string，字符串格式化的方式越来越直观，f-string 的效率也较前两个高一些，使用起来也比前两个更简单。

我们使用频率最高的就是利用它们来“填充文字”和“填充数字”。其实这些没有什么难度，记住它的用法就行。

1. 填充文字

在交互式环境中输入如下命令：

```
In [1]: x = "黑猫警长"
        "你最喜欢的动画片是：%s" % (x)
Out[1]: 你最喜欢的动画片是：黑猫警长'
In [2]: "你最喜欢的动画片是：{}".format(x)
Out[2]: '你最喜欢的动画片是：黑猫警长'
In [3]: f"你最喜欢的动画片是：{x}"
Out[3]: '你最喜欢的动画片是：黑猫警长'
```

2. 填充数字

在交互式环境中输入如下命令：

```
In [1]: y = 3.1415926
        '%.2f' % (y)
Out[1]: '3.14'
In [2]: '{:.2f}'.format(y)
Out[2]: '3.14'
In [3]: f'{y:.2f}'
Out[3]: '3.14'
```

1.6 Python 列表

列表是一系列元素组成的有序集合，用 [] 表示，其具有以下特征。

- 列表中的元素，不需要具有相同的数据类型。
- 列表是可变的，因此可以利用赋值操作修改其中的元素。

本节主要为大家讲述 Python 列表的一些常见用法。

1.6.1 列表的 4 种创建方式

在 Python 中，有 4 种方式用于创建列表。

在交互式环境中输入如下命令：

```
In [1]: list1 = [1,True, "abc"]                    ❶
        list1
Out[1]: [1,True, "abc"]
In [2]: list2_1 = list("abc")                      ❷
        list2_1
Out[2]: ['a', 'b', 'c']
In [3]: list2_2 = list((1,2,3))                    ❸
        list2_2
Out[3]: [1,2,3]
In [4]: list3 = list(range(1,4))                   ❹
        list3
Out[4]: [1,2,3]
In [5]: list4 = [i for i in range(1,4)]            ❺
        list4
Out[5]: [1,2,3]
```

在 ❶ 处，我们利用大括号 [] 创建了一个包含不同数据类型元素的列表 list1。

在 ❷❸ 处，我们利用 list() 函数创建了一个纯字母列表 list2_1 和一个纯数字列表 list2_2。

在 ❹ 处，我们利用 list() 函数搭配 range() 函数创建了一个纯数字列表 list3。

在 ❺ 处，我们利用列表解析式创建了一个纯数字列表 list4。

1.6.2 列表元素的 3 种添加方式

在 Python 中，有 3 种方式可以往列表中添加元素。

1. + 和 * 号

作用：+ 号用于将一个列表添加到另一个列表中，相当于列表拼接。* 号可以将一个列表扩展为原来的 n 倍，相当于无限复制列表。

在交互式环境中输入如下命令：

```
In [1]: list1 = [1,2]
        list2 = ["a","b"]
        list1 + list2              ❶
Out[1]: [1, 2, 'a', 'b']
In [2]: list1 * 2                  ❷
Out[2]: [1,2,1,2]
In [3]: list1
Out[3]: [1, 2]
In [4]: list2
Out[4]: ['a', 'b']
```

在 ❶ 处，我们将不同列表进行 + 号运算，相当于将列表 list1 和 list2 拼接在一起。

在 ❷ 处，我们将列表 list1 进行 * 号运算，相当于将列表 list1 扩展为原来的 2 倍。

可以发现，不管是 + 号拼接列表，还是 * 号扩展列表，都不会改变原始列表。

2. append()

作用：主要用于将单个元素添加到列表尾部。

在交互式环境中输入如下命令：

```
In [1]: list3 = [1,"a"]
        list3.append(2)            ❶
        list3.append("python")     ❷
        list3
Out[1]: [1, 'a', 2, 'python']
```

在 ❶❷ 处，调用 append() 方法分别将数字 2 和字符串 python，添加到列表 list3 中。

3. extend()

作用：用法和 + 号类似，也是将一个列表添加到另一个列表中。 在交互式环境中输入如下命令：

```
In [1]: list4 = ["a",1]
        list5 = ["b",2]
        list4.extend(list5)        ❶
        list4
```

```
Out[1]: ['a', 1, 'b',2]
```

在 ❶ 处，我们利用 extend() 方法，将列表 list5 添加到了列表 list4 的尾部。

小贴士

extend() 用法和 + 号类似，都用于拼接列表，它们的区别在于：+ 号拼接列表并不会改变原始列表，但是 extend() 拼接列表后，原始列表发生了变化。

1.6.3 列表元素的 4 种删除方式

在 Python 中，有 4 种方式删除列表中的元素。

1. del()

作用：删除列表指定位置的元素。

在交互式环境中输入如下命令：

```
In [1]: list1 = [1,2,3]
        del(list1[0])            ❶ #list1[0] 表示获取列表的第一个元素。
        list1
Out[1]: [2,3]
```

在 ❶ 处，我们利用 del() 函数删除了列表中的第一个元素。

2. pop()

作用：传入列表元素的索引，用于删除列表指定位置元素，并返回对应位置的元素。若不指定索引，默认删除列表末尾元素。

在交互式环境中输入如下命令：

```
In [1]: list2 = [1,2,3]
        a = list2.pop(0) ❶
        a
Out[1]: 1
In [2]: list2
Out[2]: [2,3]
In [3]: b = list2.pop()  ❷
        b
Out[3]: 3
In [4]: list2
Out[4]: [2]
```

在 ❶ 处，我们向 pop() 方法中传入索引 0，表示删除列表中的第一个元素。接着，往 pop() 方法中不传入任何参数，表示从列表末尾开始删除元素（见 ❷）。

pop() 方法是 4 种删除方法中，唯一一个可以用变量接收被删除的值。在上述代码中，我们分别用变量 a 和 b 接收被删除的列表元素。

3. remove()

作用：传入某个列表元素，用于删除该元素在列表中首次出现的位置。若删除元素不存在，则抛出异常。

在交互式环境中输入如下命令：

```
In [1]: list3 = [1,2,3,4,3]
        list3.remove(1)    ❶
        list3
Out[1]: [2,3,4,3]
In [2]: list3.remove(3)    ❷
        list3
Out[2]: [2,4,3]
```

在 ❶ 处，调用 remove() 方法指定删除列表中的元素 1。由于列表中有两个 3，当我们删除 3 时，默认只会删除列表中第一次出现的 3（见 ❷）。

4. clear()

作用：删除列表中所有元素。

在交互式环境中输入如下命令：

```
In [1]: list4 = [1,2,3]
        list4.clear()    ❶
        list4
Out[1]: []
```

在 ❶ 处，调用 clear() 方法将会直接清空列表，所以此方法要慎用。

1.6.4 列表排序的 2 种方式

在 Python 中，有 2 种方法用于列表元素排序。

1. sort()

作用：原地修改列表的排序方法，直接操作原始列表。

在交互式环境中输入如下命令：

```
In [1]: list1 = [2,4,1,3]
```

```
     list1.sort()                          ❶
     list1
Out[1]: [1,2,3,4]
In [2]: list1.sort(reverse=True)           ❷
     list1
Out[2]: [4,3,2,1]
In [3]: list2 = ["c","b","a","d"]
     list2.sort()                          ❸
     list2
Out[3]: ['a', 'b', 'c', 'd']
```

如果 sort() 方法中不传入任何参数，默认代表升序（见 ❶❸）。如果指定参数 reverse=True，则表示降序（见 ❷）。

2. sorted()

作用：建立新列表的排序方法，并不会改变原始列表。

在交互式环境中输入如下命令：

```
In [1]: list3 = [2,4,1,3]
     a = sorted(list3)                     ❶
     a
Out[1]: [1,2,3,4]
In [2]: list3
Out[2]: [2, 4, 1, 3]
In [3]: b = sorted(list3, reverse=True)    ❷
     b
Out[3]: [4, 3, 2, 1]
In [3]: list3
Out[4]: [2, 4, 1, 3]
```

sorted() 属于 Python 中的内置函数，默认是升序（见 ❶），如果指定了 reverse=True，则表示降序（见 ❷）。

sort() 与 sorted() 用法大同小异，并且都有一个相同的参数 reverse。它们的不同之处在于，sort() 是操作原始列表，因此不需要使用新的变量接收排序后的列表。但是 sorted() 是建立新列表的排序方法，因此需要我们使用新的变量去接收排序后的列表。

1.6.5 列表解析式的 3 种用法

列表解析式也是使用频率超高的 Python 知识点，在日常编程中经常碰到，一般有 3 种常见方法。

1. 一般形式

语法格式如图 1-32 所示。

```
[expression for i in iterable]
```

图 1-32

在交互式环境中输入如下命令：

```
In [1]: list1 = [1,2,3,4]
        [i*2 for i in list1]     ❶
Out[1]: [2,4,6,8]
```

在 ❶ 处，我们将列表 list1 中的每个元素扩大为原来的 2 倍，这种形式最简单，也是最常见的用法。

2. 带 if 的列表解析式

语法格式如图 1-33 所示。

```
[expression for i in iterable if……]
```

图 1-33

在交互式环境中输入如下命令：

```
In [1]: list2 = [1,2,3,4]
        [i for i in list2 if i > 2]     ❶
Out[1]: [3,4]
```

在 ❶ 处，利用 if 条件判筛选出列表 list2 中大于 2 的元素，这种形式属于单分支的列表解析式。

3. 带 if…else 的列表解析式

语法格式如图 1-34 所示。

```
[expression if… else… for i in iterable]
```

图 1-34

在交互式环境中输入如下命令：

```
In [1]: list3 = [1,2,3,4]
        ["偶数" if i % 2 == 0 else "奇数" for i in list3]    ❶
Out[1]: ['奇数', '偶数', '奇数', '偶数']
```

对于列表 list3 中的每个元素，如果它是偶数，就返回“偶数”，否则就返回“奇数”，这种形式属于多分支的列表解析式（见 ❶）。

1.6.6 列表的其他 3 个高频操作

除了前面介绍的列表方法，这里还必须介绍列表的另外 3 种常用方法。

1. 列表索引与切片

列表也属于序列的一种，因此可以使用索引和切片操作获取列表中的元素，具体用法参考 1.4.4 节。

在交互式环境中输入如下命令：

```
In [1]: list1 = [1,2,3,4,5,6]    ❶
        list1[0]                 ❷
Out[1]: 1
In [2]: list1[-1]                ❸
Out[2]: 6
In [3]: list1[1:4]               ❹
Out[3]: [2,3,4]
In [4]: list1[-4:-1]             ❺
Out[4]: [3,4,5]
In [5]: list1[-1:-4:-1]          ❻
Out[5]: [6,5,4]
```

对于 ❶ 处定义的列表 list1，我们分别列举了 5 个例子（见 ❷ ～ ❻），作为一个检测练习。不看答案，你是否能快速写出上面 5 道练习题的答案呢?

列表的索引和切片属于重要知识点，大家一定要好好体会。

小思考

如果列表索引超出列表的长度，会出现什么问题？请算出 list1[7] 的值。

2. 列表元素查找与计数

给定一个列表，如何查找某个列表元素的具体位置，以及它在列表中出现的次数呢?

- index(列表元素 ,start,end)：在指定区间内查找列表元素，并返回元素首次出现的索引。如果查找的元素不在列表内，就报错。
- count(列表元素)：查找某个列表元素在列表中出现的次数。

在交互式环境中输入如下命令：

```
In [1]: list2 = [10,60,70,10,10,90,40,10,80,60]
        list2.index(60)              ❶
Out[1]: 1
In [2]: list2.index(60,5)            ❷
Out[2]: 9
In [3]: list2.count(10)              ❸
Out[3]: 4
In [4]: list2.count(60)              ❹
Out[4]: 2
```

在 ❶ 处，调用 index() 方法，我们查找元素 60 在整个列表中出现的索引位置。在 ❷ 处，调用 index() 方法，我们查找元素 60 在列表指定区间中出现的索引位置，由于第一个 60 不在指定区间范围内，因此这里返回的是第二个 60 出现的索引位置。

在 ❸❹ 处，调用 count() 方法，我们分别计算出元素 10 在列表中出现了 4 次，元素 60 在列表中出现了 2 次。

3. 列表元素数学运算

对于某个给定的列表，我们也可以进行数学运算。

在交互式环境中输入如下命令：

```
In [1]: list3 = [1,3,5,7,9]
        max(list3)                   ❶
Out[1]: 9
In [2]: min(list3)                   ❷
Out[2]: 1
In [3]: sum(list3)                   ❸
Out[3]: 25
```

这里主要针对纯数字组成的列表，我们可以利用内置函数 max()、min() 和 sum() 分别计算列表元素中的最大值、最小值与总和（见 ❶ ～ ❸ ）。

1.7 Python 字典

字典由一系列键值对组合而成，用 {} 表示，其具有以下特征。

- 整个字典用大括号“{}”包括，其中每个键值对用冒号“:”分割，不同键值对之间用逗号“,”隔开。
- 字典中的键是唯一的，它可以是数字、字符串、元组这些不可变对象，但不能是列表、字典、集合这些可变对象。
- 字典中的值可以是任意数据类型，并且可以重复。

字典的构造相对复杂一些，具体可参考图 1-35。

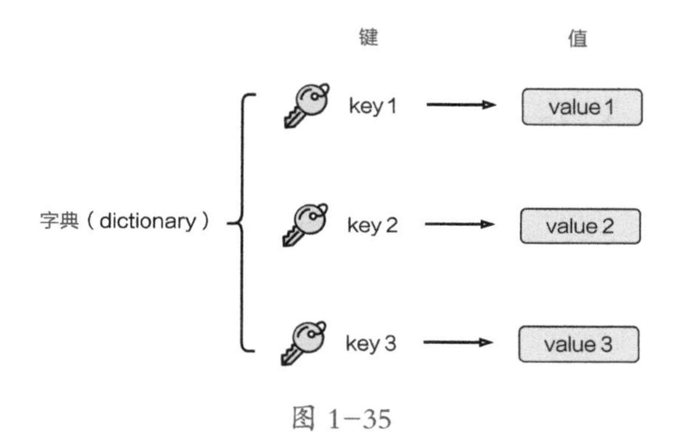

图 1-35

1.7.1 字典的 4 种创建方式

在 Python 中，创建字典有 4 种方式。

在交互式环境中输入如下命令：

```
In [1]: dict1 = {'name':'张三','age':18}        ❶
        dict1
Out[1]: {'name': '张三', 'age': 18}
In [2]: dict2 = dict(name='张三',age=18)         ❷
        dict2
Out[2]: {'name': '张三', 'age': 18}
In [3]: x = ["name","age"]
        y = ["张三",18]
        dict3 = dict(zip(x,y))                  ❸
        dict3
Out[3]: {'name': '张三', 'age': 18}
In [4]: dict4 = dict.fromkeys(['name','age','job'])   ❹
        dict4
Out[4]: {'name': None, 'age': None, 'job': None}
```

在 ❶ 处，我们利用大括号 {} 定义了一个字典 dict1。

在 ❷ 处，我们利用 dict() 函数定义了一个字典 dict2。

在❸处，我们利用dict()函数搭配zip()函数，将两个列表转换成了一个字典dict3。

在❹处，我们利用fromkeys()创建了一个值为空的字典dict3。

1.7.2 字典元素的4种获取方式

在Python中，有4种方式可以获取字典中的“键”和“值”。

1. 通过“键”获取“值”

在交互式环境中输入如下命令：

```
In [1]: dict1 = {'name':'张三','age':18}          ❶
        dict1["name"]                              ❷
Out[1]: '张三'
In [2]: dict1["age"]                               ❸
Out[2]: 18
```

对于❶处定义的字典，它有两个键name和age。我们可以通过向中括号[]中传入键的方式，获取每个键对应的值（见❷❸）。

2. get()

作用：传入指定键，用于获取每个键所对应的值。如果键不存在，则返回None。

在交互式环境中输入如下命令：

```
In [1]: dict2 = {'name':'张三','age':18}
        dict2.get("name")               ❶
Out[1]: '张三'
In [2]: dict2.get("sex") == None        ❷
Out[2]: True
```

在❶处，调用get()方法，我们获取了name键对应的值。在❷处，由于sex键不存在，因此返回的结果和None是等价的（见❷）。

3. items()

作用:返回每个键值对元组的视图对象。这个对象不是列表，不支持索引、切片，我们可以通过list()函数，将它转换为列表。

在交互式环境中输入如下命令：

```
In [1]: dict3 = {'name':'张三','age':18}
```

```
        dict3.items()                 ❶
Out[1]: dict_items([('name', '张三'), ('age', 18)])
In [2]: list(dict3.items())           ❷
Out[2]: [('name', '张三'), ('age', 18)]
```

直接调用 items() 方法（见 ❶），我们得到了一个键值对元组的视图对象。接着，调用 list() 函数（见 ❷），最终将这个视图对象转换成一个键值对元组组成的列表，其中第一个键值对在第一个元组中，第二个键值对在第二个元组中。

4. keys() 和 values()

作用：keys() 方法返回字典键组成的视图对象，values() 方法返回字典值组成的视图对象。对于这个对象，我们同样可以利用 list() 函数，将它转换为列表。

在交互式环境中输入如下命令：

```
In [1]: dict4 = {'name':'张三','age':18}
        dict4.keys()                  ❶
Out[1]: dict_keys(['name', 'age'])
In [2]: dict4.values()                ❷
Out[2]: dict_values(['张三', 18])
In [3]: list(dict4.keys())            ❸
Out[3]: ['name', 'age']
In [4]: list(dict4.values())          ❹
Out[4]: ['张三', 18]
```

在 ❶❷ 处，我们分别获取了字典所有键和所有值组成的视图对象。再次调用 list() 函数，可以将它们最终转换成列表形式（见 ❸❹）。

1.7.3 字典元素的 2 种添加方式

在 Python 中，向字典中添加元素有 2 种方式。

1. 赋值方式

作用：如果键存在，相当于修改字典中的值。如果键不存在，相当于新增键值对。

在交互式环境中输入如下命令：

```
In [1]: dict1 = {'name':'张三','age':18}
        dict1["name"] = "李四"   ❶
        dict1
Out[1]: {'name': '李四', 'age': 18}
In [2]: dict1["job"] = "teacher"
        dict1
Out[2]: {'name': '李四', 'age': 18, 'job': 'teacher'}
```

由于字典 dict1 中存在 name 键，这里相当于修改 name 键对应的值（见 ❶）。而字典中没有 job 键，这里相当于新增了一个键值对，键是 job，值是 teachers（见 ❷）。

2. update()

作用：将某个字典的键值对更新到另一个字典中。键相同，则更新，键不同，则新增键值对。

在交互式环境中输入如下命令：

```
In [1]: dict1 = {'name':'张三','age':18}
        dict2 = {'name':'张三','age':20,'job':"police"}
        dict1.update(dict2)        ❶
        dict1
Out[1]: {'name': '张三', 'age': 20, 'job': 'police'}
```

在 ❶ 处，调用 update() 方法，我们将字典 dict2 中的键值对更新到 dict1 中，对于相同的 name 键和 age 键，直接更新它们对应的值。对于 dict1 中没有的 job 键，则直接添加到 dict1 中。

1.7.4 字典元素的 4 种删除方式

在 Python 中，删除字典中的元素有 4 种方式。

1. del()

作用：删除字典中指定的键值对。

在交互式环境中输入如下命令：

```
In [1]: dict1 = {'name':'张三','age':18}
        del(dict1["age"])          ❶
        dict1
Out[1]: {'name': '张三'}
```

在 ❶ 处，我们利用 del() 方法删除了字典中的 age 键值对。

2. pop()

作用：删除指定的键值对，并返回键对应的值。

在交互式环境中输入如下命令：

```
In [1]: dict2 = {'name':'张三','age':18}
        a = dict2.pop("name")      ❶
        a
```

```
Out[1]: '张三'
In [2]: dict2
Out[2]: {'age': 18}
```

在 ❶ 处，我们向 pop() 方法中传入键 name，表示删除这个键值对，并返回了 name 键对应的值，此时我们可以用变量 a 接收它。

小思考

列表中的 pop() 方法和字典中的 pop() 方法有什么不同之处呢？

3. popitem()

作用：总是删除字典中最后一个键值对。

在交互式环境中输入如下命令：

```
In [1]: dict3 = {'name':'张三','age':18}
        a = dict3.popitem()      ❶
        a
Out[1]: ('age', 18)
In [2]: dict3
Out[2]: {'name': '张三 }
```

在 ❶ 处，调用 popitem() 方法，会每次删除字典中最后一个键值对，并返回被删除键值对组成的元组，此时我们可以用 a 变量接收它。

小贴士

当使用 pop() 方法和 popitem() 方法删除字典元素时，我们都可以利用变量去接收被删除的元素，两者不同之处在于：pop() 方法只返回被删除字典的值，而 popitem() 方法返回的是被删除键值对组成的元组。

4. clear()

作用：删除字典中的所有键值对。

在交互式环境中输入如下命令：

```
In [1]: dict4 = {'name':'张三','age':18}
        dict4.clear()      ❶
        dict4
Out[1]: {}
```

在 ❶ 处，调用 clear() 方法将会直接清空字典，此方法要慎用。

1.8 Python 运算符

本节主要讲述 Python 中常用的算术运算符、比较运算符、赋值运算符和逻辑运算符。

1.8.1 算术运算符

在 Python 中，常用的算术运算符有 7 种，如表 1-2 所示。

表 1-2

符号	含义
+	两数相加
-	两数相减
*	两数相乘
/	两数相除
//	计算两数相除后商的整数部分
**	计算一个数的 *n* 次幂
%	计算两数相除后的余数

在交互式环境中输入如下命令：

```
In [1]: 10 + 3
Out[1]: 13
In [2]: 10-3
Out[2]: 7
In [3]: 10 * 3
Out[3]: 30
In [4]: 10 / 3
Out[4]: 3.3333333333333335
In [5]: 10 // 3
Out[5]: 3
In [6]: 10 ** 3
Out[6]: 1000
In [7]: 10 % 3
Out[7]: 1
```

1.8.2 比较运算符

在 Python 中，常用的比较运算符有 6 种，如表 1-3 所示。

表 1-3

符号	含义
>	大于
>=	大于等于
<	小于
<=	小于等于
==	等于
!=	不等于

在交互式环境中输入如下命令：

```
In [1]: 10 > 3
Out[1]: True
In [2]: 10 >= 3
Out[2]: True
In [3]: 10 < 3
Out[3]: False
In [4]: 10 <= 3
Out[4]: False
In [5]: 10 == 3
Out[5]: False
In [6]: 10 != 3
Out[6]: True
```

1.8.3 赋值运算符

在 Python 中，常用的赋值运算符有 8 种，如表 1-4 所示。

表 1-4

符号	含义
=	将运算符右侧运算结果赋值给左侧
+=	执行加法运算并将运算结果赋值给左侧
-=	执行减法运算并将运算结果赋值给左侧
*=	执行乘法运算并将运算结果赋值给左侧
/=	执行除法运算并将运算结果赋值给左侧
//=	执行取整运算并将运算结果赋值给左侧
**=	执行幂运算并将运算结果赋值给左侧
%=	执行求模运算并将运算结果赋值给左侧

在交互式环境中输入如下命令：

```
In [1]: a1 = 10
        a1
Out[1]: 10
In [2]: a2 = 10
        a2 += 3
        a2
Out[2]: 13
In [3]: a3 = 10
        a3 -= 3
        a3
Out[3]: 7
In [4]: a4 = 10
        a4 *= 3
        a4
Out[4]: 30
In [5]: a5 = 10
        a5 /= 3
        a5
Out[5]: 3.3333333333333335
In [6]: a6 = 10
        a6 //= 3
        a6
Out[6]: 3
In [7]: a7 = 10
        a7 **= 3
        a7
Out[7]: 1000
In [8]: a8 = 10
        a8 %= 3
        a8
Out[8]: 1
```

1.8.4 逻辑运算符

在 Python 中，常用的逻辑运算符有 3 种，如表 1-5 所示。

表 1-5

符号	含义
and	运算符两侧都为 True，才是 True，否则返回 False
or	运算符两侧都为 False，才是 False，否则返回 True
not	运算符右侧为 True，返回 False；右侧为 False，返回 True。

在交互式环境中输入如下命令：

```
In [1]: (10 > 3) and (5 > 2)
Out[1]: True
In [2]: (10 > 3) and (5 < 2)
Out[2]: False
In [3]: (10 < 3) or (5 < 2)
Out[3]: False
In [4]: (10 > 3) or (5 < 2)
Out[4]: True
In [5]: not(10 > 3)
Out[5]: False
In [6]: not(10 < 3)
Out[6]: True
```

1.9 Python 流程控制语句

Python 中的流程控制语句分为条件语句和循环语句这两种，其中条件语句指的是 if 语句，循环语句指的是 for 语句和 while 语句。

本节将分别为大家讲述它们各自的用法，以及它们的嵌套使用。

1.9.1 条件语句 if

if 语句指的是满足不同的条件，执行不同的代码块，语法结构如图 1-36 所示。

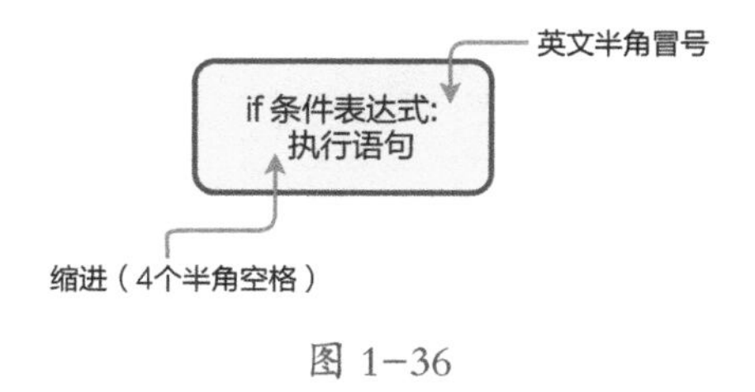

图 1-36

使用 if 语句需要注意以下三点。

- 条件表达式的结果只有两种，要么是 True（1），要么是 False（0）。
- 每个条件语句后面的冒号 : 一定不要忘记写。
- 利用缩进来划分代码块，相同的缩进组成一个代码块。

if 语句主要有 if、if…else 和 if…elif…else 三种结构，下面我们可以通过图解和案例，来了解三种条件语句的执行过程。

1. if 结构

最简单的 if 表达式，只有一个条件表达式和一个执行语句，语法如图 1-37 所示。

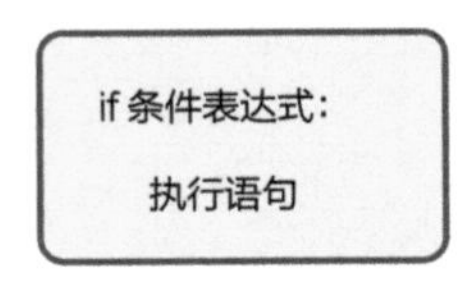

图 1-37

该表达式的具体运算过程，可以通过图 1-38 来理解。

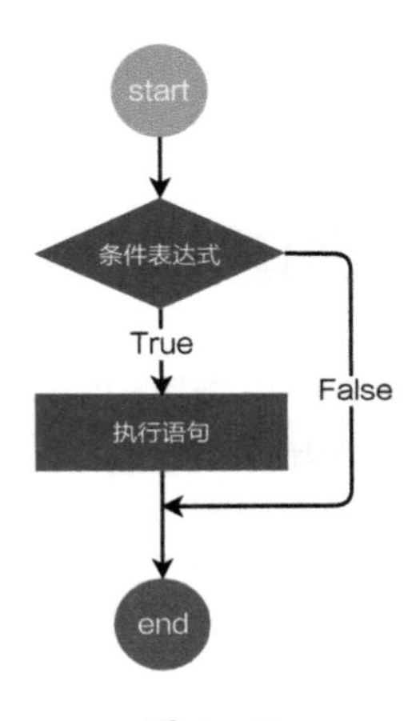

图 1-38

用一个案例来演示：如果天气好，我就去旅游。

```
In [1]: x = "天气好"
        if x == "天气好":
            print("我就去旅游")
Out[1]: 我就去旅游
```

2. if…else 结构

有时候我们希望：当满足某个条件表达时，执行某个语句；不满足时，就执行另外一个语句。

此时就需要使用 if…else 表达式，语法如图 1-39 所示。

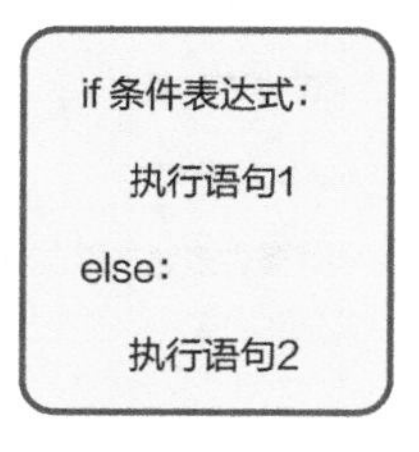

图 1-39

该表达式的具体运算过程，可以通过图 1-40 来理解。

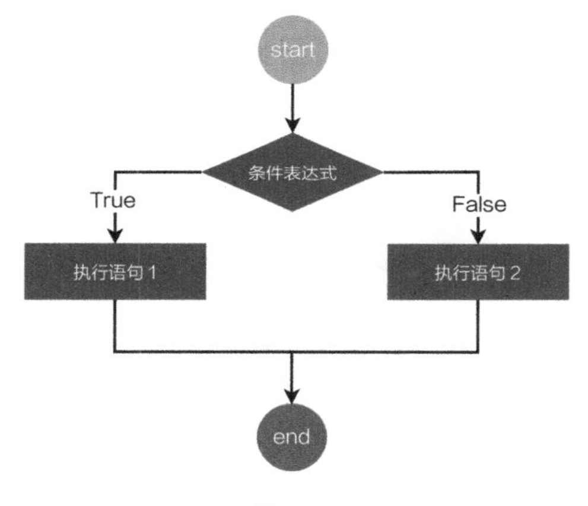

图 1-40

用一个案例来演示：如果天气好，我就去旅游，否则就待在家里。

```
In [1]: x = "下雨"
        if x == "天气好":
            print("我就去旅游")
        else:
            print("待在家里")
Out[1]: 待在家里
```

3. if…elif…else 结构

当判断条件涉及三个时，Python 中提供了 if…elif…else 结构，来实现该需求，语法如图 1-41 所示。

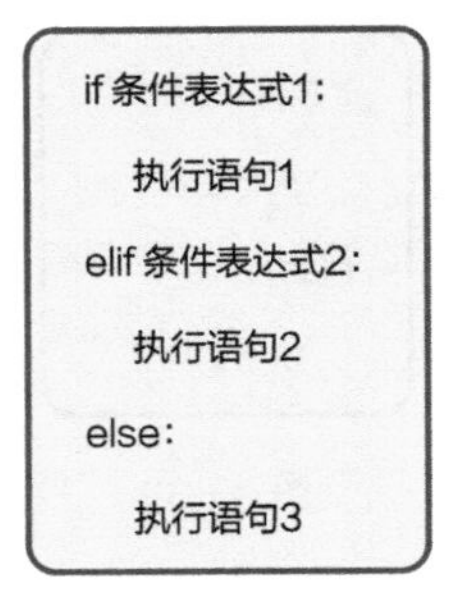

图 1-41

该表达式的具体运算过程，可以通过图 1-42 来理解。

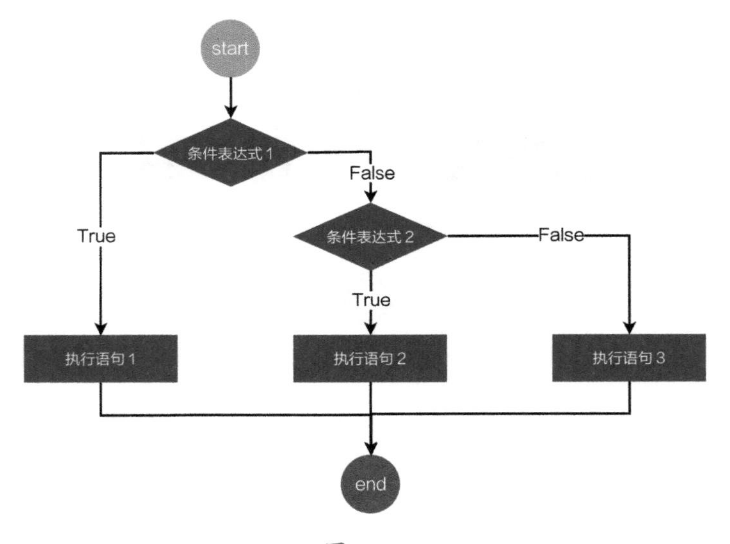

图 1-42

用一个案例来演示：动物园门票，10 岁以下不收费，[10,18) 岁收 50 元，18 岁以上的成年人收 80 元。

```
In [1]: x = 17
        if x < 10:
            print(" 不收钱 ")
        elif x >= 10 and x < 18:
            print(" 收 50 元 ")
        else:
            print(" 收 80 元 ")
Out[1]: 收 50 元
```

当条件增加到 4、5 个乃至更多时，我们也可以编写 if…elif…elif…else 语句来实现多条件的情况，只需要在 if 和 else 中间添加多个 elif 语句即可。

1.9.2 循环语句 for

for 循环主要体现在遍历上，指的是在规定次数内，重复执行某个操作，语法结构如图 1-43 所示。

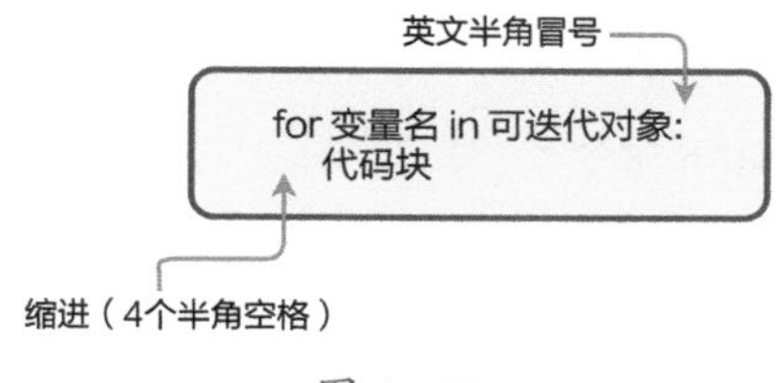

图 1-43

for 循环的整个执行过程是这样的：第一次循环，从可迭代对象中取出一个元素，赋值给变量名，接着执行代码块。第二次循环，再从可迭代对象中取出一个元素，赋值给变量名，执行代码块。不断重复这个循环过程，直至可迭代对象中的元素被取尽，for 循环结束。

for 循环的具体执行过程，可以通过图 1-44 来理解。

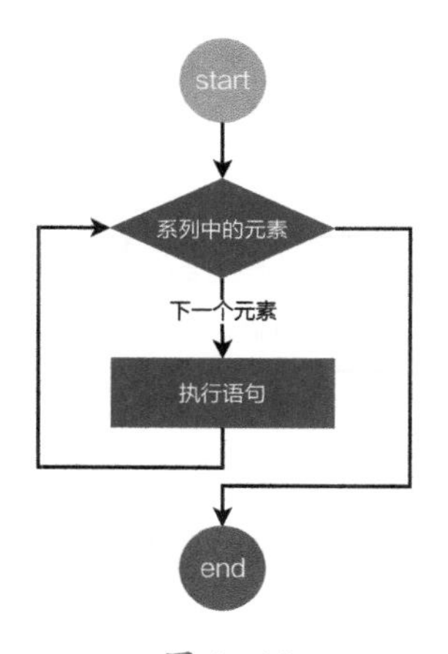

图 1-44

用一个案例来演示：果园桃树上有 5 个桃子，猴子一次偷一个，直到将桃树上所有桃子摘完的过程，就是一个 for 循环，我们用代码实现它。

在交互式环境中输入如下命令：

```
In [1]: peach_list = ["桃1","桃2","桃3","桃4","桃5"]
        for peach in peach_list:
            print(peach)
Out[1]: 桃1
        桃2
        桃3
        桃4
        桃5
```

假如想要展示猴子偷第几个桃子这个动作，那么一定要配合 enumerate() 函数，我们再次用代码实现猴子偷桃这个过程。

在交互式环境中输入如下命令：

```
In [2]: peach_list = ["桃一","桃二","桃三","桃四","桃五"]
        for i,peach in enumerate(peach_list):
            print(f"猴子正在偷第{i+1}个桃子：{peach}")
        print("猴子偷完了所有的桃子")
Out[2]: 猴子正在偷第 1 个桃子：桃一
        猴子正在偷第 2 个桃子：桃二
        猴子正在偷第 3 个桃子：桃三
        猴子正在偷第 4 个桃子：桃四
        猴子正在偷第 5 个桃子：桃五
        猴子偷完了所有的桃子
```

1.9.3 循环语句 while

while 循环主要体现在条件上，指的是满足某个条件，执行某个操作，语法结构如图 1-45 所示。

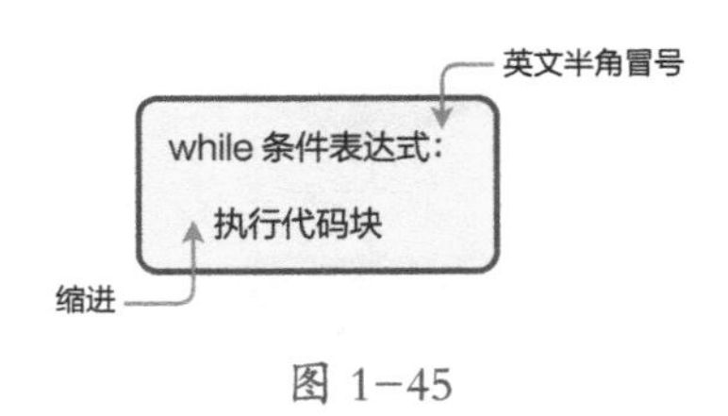

图 1-45

while 循环的具体执行过程，可以通过图 1-46 来理解。

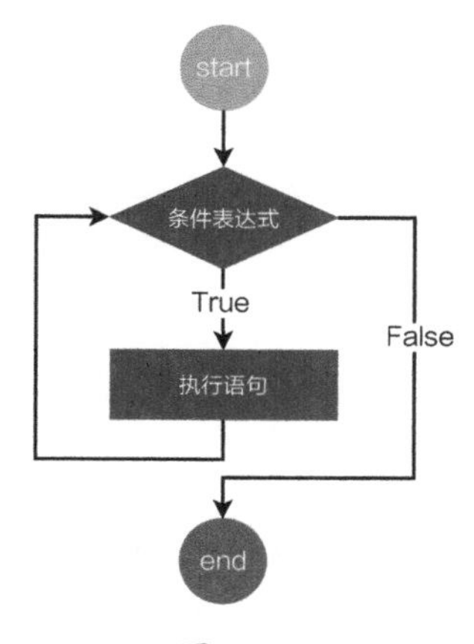

图 1-46

与 for 循环不同的是，while 循环一定要有一个退出条件，否则整个循环将会无限循环。

用一个案例来演示：假如你给自己定了一个目标，学完 7 周 Python 后，就去找工作，我们用 while 循环实现这个过程。

在交互式环境中输入如下命令：

```
In [1]: a = 1
        while a <= 7:
            print(f" 学习 Python 第 {a} 周了 ")
            a += 1
        print(" 已经学完 7 周 Python 了，可以去找工作了 ")
Out[1]: 学习 Python 第 1 周了
        学习 Python 第 2 周了
        学习 Python 第 3 周了
        学习 Python 第 4 周了
        学习 Python 第 5 周了
        学习 Python 第 6 周了
        学习 Python 第 7 周了
        已经学完 7 周 Python 了，可以去找工作了
```

1.9.4 流程控制语句的嵌套

为了实现更高级、更复杂的功能，有时候需要在一个流程控制语句中，使用一个或多个不同的控制语句。

回到前文猴子偷桃的案例，假如猴子正在偷第 3 个桃子的时候，被主人发现了，然后被赶走了，我们再来实现这个过程。

在交互式环境中输入如下命令：

```
In [1]: peach_list = ["桃一","桃二","桃三","桃四","桃五"]
        for i,peach in enumerate(peach_list):
            print(f"猴子正在偷第{i+1}个桃子：{peach}")
            if i+1 == 2:
                print("主人来了，赶走了猴子")
                break    ❶
Out[1]: 猴子正在偷第1个桃子：桃一
        猴子正在偷第2个桃子：桃二
        主人来了，赶走了猴子
```

在❶处，我们使用了一个跳转语句 break，它的作用是强行退出循环。所以当满足 if 条件时，一旦遇到 break，整个 for 循环也不再进行。

此外，还有另外一个跳转语句 continue，它用于结束当前循环，当前循环后的代码块不会再执行，但是整个循环还是会继续下去。

小思考

如果将上述代码中的 break 替换成 continue，将会输出什么结果呢？

1.10 Python 函数

1.10.1 内置函数

Python 中大致提供了 69 个内置函数，如表 1-6 所示，对于表中的函数，大家无须额外操作，直接使用即可。

表 1-6

abs()	chr()	exec()	hex()	map()	print()	staticmethod()
all()	classmethod()	filter()	id()	max()	property()	str()
any()	compile()	float()	input()	memoryview()	range()	sum()
ascii()	complex()	format()	int()	min()	repr()	super()
bin()	delattr()	frozenset()	isinstance()	next()	reversed()	tuple()
bool()	dict()	getattr()	issubclass()	object()	round()	type()

续表

breakpoint()	dir()	globals()	iter()	oct()	set()	vars()
bytearray()	divmod()	hasattr()	len()	open()	setattr()	zip()
bytes()	enumerate()	hash()	list()	ord()	slice()	__import__()
callable()	eval()	help()	locals()	pow()	sorted()	

在前面的知识讲解中，我们已经不自觉地使用过多个 Python 内置函数。本小节再为大家讲述 5 个常用的内置函数。

1. len()

作用：用于统计字符串、元组、列表等对象的长度。

在交互式环境中输入如下命令：

```
In [1]: str1 = "Python"   ❶
        list1 = [1,2,3]   ❷
        len(str1)         ❸
Out[1]: 6
In [2]: len(list1)        ❹
Out[2]: 3
```

在 ❶❷ 两处，我们分别定义了一个字符串 str1 和一个列表 list1，在调用 len() 函数，可以看出字符串的长度是 6，列表的长度是 3（见 ❸❹）。

小思考

如果使用 len() 函数实现对字典的计算，会得到什么结果呢？

2. range()

作用：返回一个可迭代对象，常常与 for 循环搭配使用。

在交互式环境中输入如下命令：

```
In [1]: for i in range(3):        ❶
            print(i)
Out[1]: 0
        1
        2
```

利用 for 循环，我们可以迭代打印出 range(3) 中的每一个元素（见 ❶）。

3. str()

作用：将其他对象转换为字符串对象。

在交互式环境中输入如下命令：

```
In [1]: num = 5              ❶
        type(num)            ❷
Out[1]: int
In [2]: str(num)             ❸
Out[2]: '5'
In [3]: type(str(num))       ❹
Out[3]: str
```

对于 ❶ 处定义的数字 num，调用 type() 函数打印出它的数据类型是整型 int。接着，我们可以调用 str() 函数，转换它的数据类型（见 ❶），最终打印出来的数字被一个引号包围。此时再次查看它的数据类型，已经变成了字符串 str（见 ❸）。

4. zip() 函数

作用：将不同可迭代对象对应位置处的元素，打包成一个个元组。

在交互式环境中输入如下命令：

```
In [1]: list1 = ["姓名","年龄"] ❶
        list2 = ["张三",18]     ❷
        zip(list1,list2)        ❸
Out[1]: <zip at 0x2472e6cddc0>
In [2]: list(zip(list1,list2))  ❹
Out[2]: [('姓名', '张三'), ('年龄', 18)]
```

对于 ❶❷ 处定义的列表 list1 和 list2，将其传入 zip() 函数后（见 ❸），返回的是一个 zip 对象。我们可以利用 list() 函数将这个 zip 对象转换为一个列表（见 ❹）。

5. enumerate() 函数

作用：针对可迭代对象中的每个元素，返回每个元素的索引和具体值组成的元组，通常与 for 循环搭配。

在交互式环境中输入如下命令：

```
In [1]: list1 = ["张三",18]
        for index,value in enumerate(list1):  ❶
            print(index,value)
Out[1]: 0 张三
        1 18
```

由于 enumerate() 函数返回的是索引和具体值组成的元组，因此在 for 循环中，我们需要两个变量 index 和 value，分别接收元组中的每个值（见 ❶）。

1.10.2 自定义函数

为了实现更加复杂、灵活的功能，我们必须学会自定义函数。

一个函数主要分为两个部分，定义函数和调用函数。定义一个函数的语法格式如图 1-47 所示。

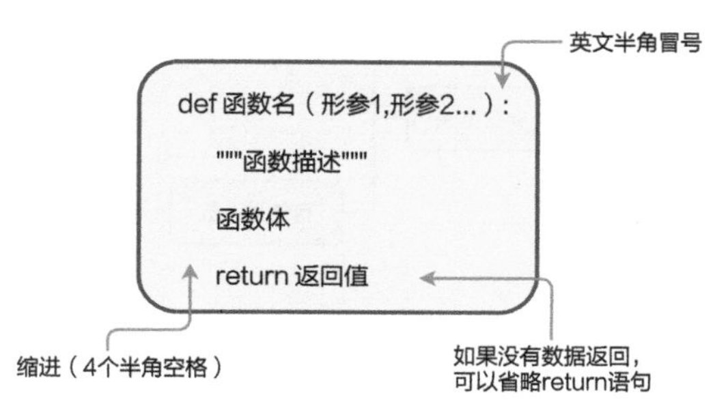

图 1-47

接着给大家讲述自定义函数中每个部分的含义。

- def：它是定义函数的关键字，表示我们自定义了一个函数。
- 函数名：类似于我们定义一个变量。函数名直接指向的是函数的内存地址，表示对函数体代码的引用，因此我们可以直接通过函数名，来调用函数，实现既定功能。
- 括号：括号内用于参数传递，其中参数可以省略。
- 冒号：语法结构的一部分，千万不能省略。
- 函数描述：用于描述该函数的功能，可以注释一些参数信息，以方便后续能立刻看懂该自定义函数，可以省略。
- 函数体：用于实现特定功能的代码块。
- return 值：定义函数的返回值，可以省略。

当定义好一个函数后，并不会立即执行其中的代码，当且仅当我们调用函数后，才能实现函数具体的功能，调用函数的语法格式如图 1-48 所示。

函数名(实参1, 实参2...)

图 1-48

为了更加全面系统地介绍 Python 自定义函数，我们将从返回值和参数传递两个方面（如图 1-49 所示），为大家讲解自定义函数的用法。

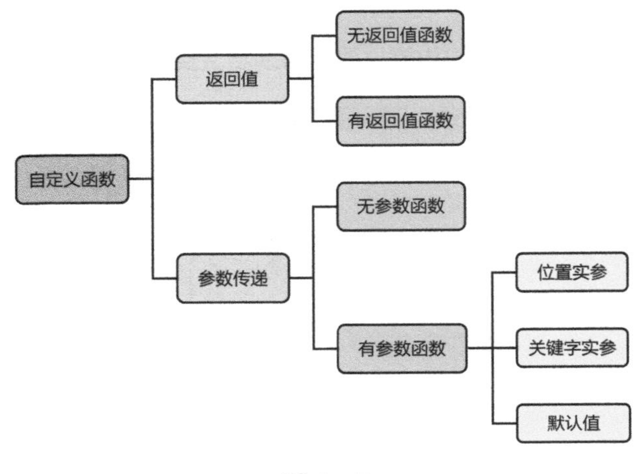

图 1-49

1. 返回值

函数的返回值可有可无，如果你仅仅只是为了打印结果，则不用返回值。如果你想利用返回值做一些其他的操作，则需要返回值。

无返回值函数

用一个案例来演示：自定义一个自我介绍的函数。

在交互式环境中输入如下命令：

```
In [1]: def my_intro(name,age): ❶
            print(f"我的名字是{name}，今年{age}岁")

        my_intro("张三",18)       ❷
Out[1]: 我的名字是张三，今年18岁
```

❶ 处属于函数定义，由于我们只是想要输出一个“自我介绍”，因此我们没有返回值。❷ 处属于函数调用，对于每个自定义函数，必须进行函数调用后，才能实现函数中的具体功能。

有返回值函数

用一个案例来演示：求出张三同学语数外三科的平均成绩，并做一个汇报。

在交互式环境中输入如下命令：

```
In [1]: def age_score(chinese,math,english):    ❶
            avg = (english + math + chinese) / 3
            return avg

        avg = age_score(80,90,70)               ❷
        report = f"张三的平均成绩是：{avg}"      ❸
        report                                  ❹
Out[1]: 张三的平均成绩是：80.0
```

这里我们定义了一个求平均成绩的函数 age_score（见 ❶），这个函数有一个返回值 avg。接着，调用这个函数，并用一个变量接收这个返回值（见 ❷）。当获取到返回值后，就可以利用它做报告了（见 ❸），这里我们打印出最终的 report 变量（见 ❹）。

2. 参数传递

对于一个最简单的函数，可以不传递任何参数，既然没有参数，肯定也就没有返回值，否则意义不大。但是为了实现一些复杂的功能，我们可能需要传递一个或多个参数。

无参数函数

用一个案例来演示：自定义一个打印 Hello World 的函数。

在交互式环境中输入如下命令：

```
In [1]: def no_para():
            print("Hello World")

        no_para()
Out[1]: Hello World
```

这是一个最简单的函数，大家了解即可，在日常 Python 中，基本不会这样使用。

有参数函数

为了函数的扩展性更高，往往需要给参数传递函数。

用一个案例来演示：自定义一个摄氏度转华氏度的函数，华氏度 =32° F+ 摄氏度 ×1.8。

在交互式环境中输入如下命令：

```
In [1]: def she_to_hua(x):    ❶
            x = int(32 + x*1.8)
```

```
    return x

she_to_hua(10)                      ❷
Out[1]: 50
In [2]: she_to_hua(100)             ❸
Out[2]: 212
```

按照要求，我们定义了一个函数 she_to_hua（见 ❶），这个函数有一个参数 x。第一次调用这个函数，我们传入参数 10，得到最终的计算结果是 50（见 ❷）。第二次调用这个函数，我们传入参数 100，得到最终的计算结果是 212（见 ❸）。

在上述代码中，需要特别提到“形参”和“实参”两个概念，下面给出它们的定义。

- 形参：函数完成某个功能所需的一项信息。
- 实参：调用函数时，传递给函数的具体信息。

其中函数 she_to_hua 中的参数 x 叫做形参，而调用函数时传入的参数 10 或 100 叫做实参。

某个函数为了实现更复杂的功能，有时候可能需要传递多个形参，那么在进行函数调用时，也应该传递多个实参。基于此，我们又可以将函数传参分为位置实参、关键字实参和默认值参数这 3 类。

位置实参

位置实参指的是，实参传递顺序和形参传递顺序完全一致。

用一个案例来演示：自定义一个计算利润的函数，利润 = 售价 − 成本价。

在交互式环境中输入如下命令：

```
In [1]: def calculate_profit(sale_price,cost_price):        ❶
            profit = sale_price - cost_price
            return profit

        calculate_profit(100,80)                             ❷
Out[1]: 20
In [2]: calculate_profit(80,100)                             ❸
Out[2]: -20
```

在上述代码中，我们定义了一个计算利润的函数 calculate_profit（见 ❶），其中参数 sale_price 表示售价，cost_price 表示成本。

假如你有一件商品，售价是 100，成本是 80，第一次调用函数（见 ❷），我们一一对应传递到函数中，得到最终的结果是 20，与预期一致。但是由于你的粗心，在第二次调用函数时（见 ❸），将形参和实参的传递顺序弄反了，导致结果变成了 -20。此时，原本赚钱的商品，被我们弄成了亏本。

为了避免这种情况发生，使用传递关键字实参可以很好地解决这个问题。

关键字实参

关键字实参指的是，在进行函数调用时，传递一个名称值对（类似于字典的键值对），直接将形参和实参关联起来，此时就不用考虑实参的传递顺序了。

在交互式环境中输入如下命令：

```
In [1]: calculate_profit(sale_price=100,cost_price=80)        ❶
Out[1]: 20
```

再次调用 calculate_profit 函数（见 ❶），这次采用关键字传参，售价 100 与参数 sale_price 对应，成本 80 与参数 sale_price 对应，这样就能减小出错的概率了。

默认值

如果某个参数是一直不变的，可以给它指定默认值。此时调用函数时，就不用传递该形参对应的实参。但是有一点需要注意：默认值形参一般放在所有形参之后。

用一个案例来演示：自定义一个升级版自我介绍的函数。

在交互式环境中输入如下命令：

```
In [1]: def my_intro(company,name="小李"):         ❶
            intro = f"我叫{name}，就职于{company}。"
            return intro

        my_intro("Python技能公司")                 ❷
Out[1]: '我叫小李，就职于Python技能公司。'
In [2]: my_intro("MySQL技能公司")                  ❸
Out[2]: '我叫小李，就职于MySQL技能公司。'
```

在 ❶ 处，我们再次定义了一个 my_intro 函数，此时这个函数里面有两个参数 company 和 name。因为不管什么时候做自我介绍，姓名一般不会变，因此 name 参数被设置了一个默认值，放在其他参数之后。但是工作的公司随时会变，因此参数 company 不是一个默认值。

分别调用函数两次（见 ❷❸），此时我们只传入一个实参即可，默认值会自动输出。

1.10.3 匿名函数 lambda

除了 Python 内置函数和自定义函数，这里还必须提到匿名函数。有时候为了实现一个小功能，使用匿名函数能够大大简化代码。

匿名函数，即 lambda 函数，语法格式如图 1-50 所示。

```
lambda 参数: 表达式
```

图 1-50

使用匿名需要注意以下三点。

- 使用 lambda 关键字，表明你要创建一个匿名函数。
- 多个参数之间用逗号连接。
- 冒号后面是要实现的功能，它是由前面参数构成的表达式。

匿名函数主要有 4 种常见用法，下面为大家一一介绍。

1. 单参数的 lambda 函数

在交互式环境中输入如下命令：

```
In [1]: a = lambda x: x+2
        a(2)        ❶ # 这里表示函数调用。
Out[1]: 4
```

2. 多参数的 lambda 函数

在交互式环境中输入如下命令：

```
In [1]: b = lambda x,y: x+y
        b(2,3)
Out[1]: 5
```

3. 带分支的 lambda 函数

在交互式环境中输入如下命令：

```
In [1]: c = lambda x: x-1 if x>5 else x+1
        c(6)
Out[1]: 5
In [2]: c(3)
Out[2]: 4
```

4. lambda 函数与内置函数的搭配使用

在交互式环境中输入如下命令：

```
In [1]: dict1 = {'张三':25, '李四':27, '王五':20, '赵六':22}
        dict1.items()
Out[1]: dict_items([('张三', 25), ('李四', 27), ('王五', 20), ('赵六', 22)])
In [2]: sorted(dict1.items(), key=lambda x: x[1])
Out[2]: [('王五', 20), ('赵六', 22), ('张三', 25), ('李四', 27)]
```

1.11 Python 模块的安装与导入

1.11.1 模块的安装

pip 是最常见的模块安装方法，以安装 openpyxl 模块为例，为大家讲述如何安装第三方模块。

使用快捷键【Win+R】,在打开的【运行】对话框中输入“cmd”,如图 1–51 所示。

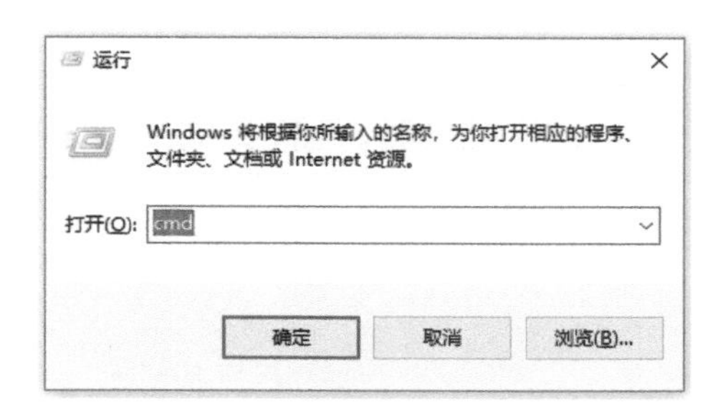

图 1–51

单击【确定】按钮后，会自动弹出一个“命令行”黑窗口，直接输入命令“pip install 模块名”即可，如图 1–52 所示。

```
C:\Users\Administrator>pip install openpyxl
Collecting openpyxl
  Downloading openpyxl-3.0.9-py2.py3-none-any.whl (242 kB)
     |████████████████████████████████| 242 kB 24 kB/s
Requirement already satisfied: et-xmlfile in d:\anoconda\install_path\lib\site-package
s (from openpyxl) (1.0.1)
Installing collected packages: openpyxl
Successfully installed openpyxl-3.0.9
```

图 1–52

当出现“Successfully installed openpyxl”字样时，代表 openpyxl 模块已经安装成功。

小贴士

在安装 Anaconda 后，系统会自动安装好数百个 Python 常用模块，不再需要我们再一一手动安装。

1.11.2 模块的导入

不管是 Python 内置模块，还是第三方模块，都必须导入后才能够使用。

导入模块有两种常用方法：import 语句和 from…import 语句。

1. import 语句

import 语句会导入指定模块中所有的方法，当需要大量使用该模块中的不同方法时，这种方式就很适合，语法格式如下：

```
import 模块名
```

此时，当你要使用该模块中的方法时，则需要在方法名前面加上模块名的前缀。

在交互式环境中输入如下命令：

```
In [1]: import math
        math.pow(2,4)
Out[1]: 16.0
```

2. from…import 语句

如果你只需要使用某个模块中的少数方法，推荐使用 from…import 语句导入相应的模块，语法格式如下。

```
from 模块名 import 方法名
```

此时，当你调用模块中的方法时，就不需要在方法名前面添加模块名的前缀了。

在交互式环境中输入如下命令：

```
In [1]: from math import pow
        pow(2,4)
Out[1]: 16.0
```

如果使用“from 模块名 import *”语句，也表示导入该模块中所有的方法。但是，当你调用模块中的方法时，不需要在方法名前面添加方法名的前缀。

在交互式环境中输入如下命令：

```
In [2]: from math import *
        pow(2,4)
Out[2]: 16.0
```

有时候，当你导入的模块名太长时，可为它指定一个别名。

别名是模块的另一个名称，类似于外号，语法格式如下：

```
In [3]: import pandas as pd        ❶
```

在 ❶ 处，我们导入了 Pandas 模块，并指定其别名为 pd。

大家一定要注意，这个别名虽然可以任意取，但是有些别名确实已经被大家默认接受了，比如这里的 pd，因此我们就不要随意去更换。

1.12 Python 异常处理

异常是一种错误，是程序在运行过程中产生的突发事件，该事件会干扰程序的正常流程。当异常产生时，如果没有对异常进行处理，则异常后的代码不会得到执行。

本节将为大家介绍 Python 中常见的异常类型，以及如何处理异常。

1.12.1 常见的 10 种异常类型

在学习 Python 的过程中，我们会碰到过各种各样的错误，此时代码会报错，程序也就终止了。

这里我们为大家总结了 10 种常见的异常错误，此时正在看书的你，一定深有体会。如果大家在后续学习过程中遇到程序异常，也可以翻回本章查看原因。

1. ModuleNotFoundError

在交互式环境中输入如下命令：

```
In [1]: import aaa
```

运行后会产生程序异常错误，如图 1-53 所示。

```
ModuleNotFoundError                       Traceback (most recent call last)
<ipython-input-184-37ad1770aa41> in <module>
----> 1 import aaa

ModuleNotFoundError: No module named 'aaa'
```

图 1-53

当 aaa 这个模块没有安装，或者你写了一个错误的模块名时，系统会出现该 ModuleNotFoundError 异常。

2. NameError

在交互式环境中输入如下命令：

```
In [1]: bbb
```

运行后会产生程序异常错误，如图 1-54 所示。

```
NameError                                 Traceback (most recent call last)
<ipython-input-185-c801c9cfe944> in <module>
----> 1 bbb

NameError: name 'bbb' is not defined
```

图 1-54

当 bbb 这个变量在前面的代码中没有被定义时，系统会出现该 NameError 异常。

3、IndexError

在交互式环境中输入如下命令：

```
In [1]: x = [1,2,3]
        x[3]
```

运行后会产生程序异常错误，如图 1-55 所示。

```
IndexError                                Traceback (most recent call last)
<ipython-input-186-14f0aaac68dc> in <module>
      1 x = [1,2,3]
----> 2 x[3]

IndexError: list index out of range
```

图 1-55

对于列表中的元素，当索引下标超出了列表的最大索引时，系统会出现该

IndexError 异常。

4. SyntaxError

在交互式环境中输入如下命令

```
In [1]: for i in range(5)
            print(i)
```

运行后会产生程序异常错误，如图 1-56 所示。

```
  File "<ipython-input-187-dde01a80b6e8>", line 1
    for i in range(5)
                     ^
SyntaxError: invalid syntax
```

图 1-56

这是最基本的语法错误，此时 for 循环中缺少了一个冒号“:”。当你看到了 SyntaxError 提示时，肯定是你的 Python 基本语法出现了问题。

5. AttributeError

在交互式环境中输入如下命令：

```
In [1]: import math
        math.pom(2,4)
```

运行后会产生程序异常错误，如图 1-57 所示。

```
---------------------------------------------------------------------------
AttributeError                            Traceback (most recent call last)
<ipython-input-188-ea75fbdf680c> in <module>
      1 import math
----> 2 math.pom(2,4)

AttributeError: module 'math' has no attribute 'pom'
```

图 1-57

当你调用某个模块中的方法不存在，或者模块中的方法名写错了时，系统中会出现该 AttributeError 异常。

6. FileNotFoundError

在交互式环境中输入如下命令：

```
In [1]: open("a.txt")
```

运行后会产生程序异常错误，如图 1-58 所示。

```
---------------------------------------------------------------------------
FileNotFoundError                         Traceback (most recent call last)
<ipython-input-189-d85dbcb3c673> in <module>
----> 1 open("a.txt")

FileNotFoundError: [Errno 2] No such file or directory: 'a.txt'
```

图 1-58

当你读取系统中地文件或文件夹不存在时，系统会出现该 FileNotFoundError 异常。

7. IndentationError

在交互式环境中输入如下命令：

```
In [1]: x = 3
        if x < 2:
        print(x)
```

运行后会产生程序异常错误，如图 1-59 所示。

```
  File "<ipython-input-190-a8c76ae59cf3>", line 3
    print(x)
    ^
IndentationError: expected an indented block
```

图 1-59

当你的代码缩进出现了问题时，系统会提示 IndentationError 错误。

8. KeyError

在交互式环境中输入如下命令：

```
In [1]: y = {"name":"张三","age":18}
        y["age1"]
```

运行后会产生程序异常错误，如图 1-60 所示。

```
---------------------------------------------------------------------------
KeyError                                  Traceback (most recent call last)
<ipython-input-191-29d4c59bebfa> in <module>
      1 y = {"name":"张三","age":18}
----> 2 y["age1"]

KeyError: 'age1'
```

图 1-60

当你访问某个字典中的键不存在，或者说你写错了键名时，会出现该 KeyError

异常。

9. TypeError

在交互式环境中输入如下命令：

```
In [1]: 5 + "a"
```

运行后会产生程序异常错误，如图 1-61 所示。

```
TypeError                                 Traceback (most recent call last)
<ipython-input-192-ed7a4ec622e7> in <module>
----> 1 5 + "a"

TypeError: unsupported operand type(s) for +: 'int' and 'str'
```

图 1-61

当你进行不同数据类型间的运算时，系统会出现该 TypeError 异常。

10. ZeroDivisionError

在交互式环境中输入如下命令：

```
In [1]: 5 / 0
```

运行后会产生程序异常错误，如图 1-62 所示。

```
ZeroDivisionError                         Traceback (most recent call last)
<ipython-input-193-3ef0c7a96a3e> in <module>
----> 1 5/ 0

ZeroDivisionError: division by zero
```

图 1-62

当你将 0 当作除数时，系统会出现该 ZeroDivisionError 异常。

1.12.2 异常处理的 3 种方式

当代码中出现了异常，程序会被无情地终止。为了解决这个问题，我们需要捕获异常并处理它。

下面我们写了一段代码，模拟输入银行密码，密码必须是数字。如果我们不进行异常处理，看看会出现什么问题?

在交互式环境中输入如下命令：

```
In [1]: def enter_pwd():                                   ❶
            print("我走进了银行")
            num = int(input("请输入你的银行卡密码："))      ❷
            print("密码格式正确")
```

在 ❶ 处，我们自定义了函数 enter_pwd() 用来模拟输入银行密码。其中 ❷ 处的 input() 函数可以获取我们通过键盘输入的原始内容。由于其返回的是字符型数据，使用 int() 函数将其转换成整数。

```
In [2]: enter_pwd()                                        ❸
```

当我们通过键盘输入“123”时，程序正常运行：

```
Out[2]: 我走进了银行
        请输入你的银行卡密码：123
        密码格式正确
In [3]: enter_pwd()                                        ❹
```

当我们通过键盘输入“abc”时，产生了程序异常错误，如图 1-63 所示。

```
我走进了银行
请输入你的银行卡密码：abc

---------------------------------------------------------------------------
ValueError                                Traceback (most recent call last)
<ipython-input-2-2556dd74f83a> in <module>
----> 1 enter_pwd()

<ipython-input-1-22f449727c49> in enter_pwd()
      1 def enter_pwd():
      2     print("我走进了银行")
----> 3     num = int(input("请输入你的银行卡密码："))
      4     print("密码格式正确")

ValueError: invalid literal for int() with base 10: 'abc'
```

图 1-63

在 ❸ 处，我们输入了数字“123”，程序正常运行。但是在 ❹ 处，当输入字符串“abc”时，Python 程序产生了异常 ValueError。这是因为我们试图将一个与数字无关的类型转换为整数，所以程序会抛出该异常。

input() 函数会让程序暂停运行，等待我们输入数据，然后再将输入的数据赋值给一个变量，方便我们后续使用。有一点需要特别注意，input() 函数返回的是一个字符串。

Python 中常见的异常处理方式有 3 种，第一种是 try…except，第二种是 try…except…else，第三种是 try…except…finally，下面我们用不同的案例为大家分别讲述。

1．try…except

try…except 的语法格式如图 1-64 所示。

```
try:
    可能发生异常的代码
except:
    发生异常后执行此代码
```

图 1-64

用一个案例来演示：模拟输入银行密码，当输入非数字时，就会给你提示“密码必须是整数”。

在交互式环境中输入如下命令：

```
In [1]: def enter_pwd():
            try:                ❶
                num = int(input("请输入你的银行卡密码："))
                print("密码格式正确")
            except:             ❷
                print("密码必须是整数")

        enter_pwd()             ❸
Out[1]: 请输入你的银行卡密码：123
        密码格式正确
In [2]: enter_pwd()             ❹
Out[2]: 请输入你的银行卡密码：abc
        密码必须是整数
```

对于可能出错的代码，我们直接放在了 try 语句的代码块中（见 ❶），当异常发生时，我们写了一个提醒“密码必须是整数”（见 ❷）。

在第一次调用函数时（见 ❸），我们正常输入了数字“123”，系统提示“密码格式正确”。

在第二次调用函数时（见 ❹），我们输入字符串“abc”，此时程序并没有报错，而是提示“密码必须是整数”。

2. try…except…else

try…except…else 的语法格式如图 1-65 所示。

```
try:
  可能发生异常的代码
except:
  发生异常后执行此代码
else:
  没有异常执行这段代码
```

图 1-65

用一个案例来演示：模拟输入银行密码，当输入非数字时，提示“密码必须是整数”。当输入成功时，提示“密码格式正确”，并告诉你“Python 程序正常执行”。

在交互式环境中输入如下命令：

```
In [1]: def enter_pwd():
            try:
                num = int(input("请输入你的银行卡密码："))
                print("密码格式正确")
            except:
                print("密码必须是整数")
            else:          ❶
                print("Python 程序正常执行")

        enter_pwd()        ❷
Out[1]: 请输入你的银行卡密码：123
        密码格式正确
        Python 程序正常执行
In [2]: enter_pwd()        ❸
Out[2]: 请输入你的银行卡密码：abc
        密码必须是整数
```

这次我们多了一个 else 语句块（见 ❶），当程序没有发生异常时，才会执行这里的代码块。

在第一次调用函数时（见 ❷），我们正常输入了数字“123”，系统不仅提示了“密码格式正确”，同时还告诉我们“Python 程序正常执行”。

在第二次调用函数时（见 ❸），我们输入字符串“abc”，系统捕捉到了异常，并提示“密码必须是整数”，但是并没有提示“Python 程序正常执行”。

3. try…except…finally

try…except…finally 的语法格式如图 1-66 所示。

```
try:
  可能发生异常的代码
except:
  发生异常后执行此代码
finally:
  无论是否异常，都执行这段代码
```

图 1-66

用一个案例来演示：模拟输入银行密码，当输入非数字时，提示“密码必须是整数”。当输入成功时，提示“密码格式正确”。不管你输入什么，最后都会告诉你“Python 程序结束”。

在交互式环境中输入如下命令：

```
In [1]: def enter_pwd():
            try:
                num = int(input("请输入你的银行卡密码："))
                print("密码格式正确")
            except:
                print("密码必须是整数")
            finally:                                    ❶
                print("Python 程序结束")

        enter_pwd()                                     ❷
Out[1]: 请输入你的银行卡密码：123
        密码格式正确
        Python 程序结束
```

当我们通过键盘输入“123”时，程序没有发生异常，则开始执行 finally 后的语句。

```
In [2]: enter_pwd()                                     ❸
Out[2]: 请输入你的银行卡密码：abc
        密码必须是整数
        Python 程序结束
```

这次我们又写了一个 finally 语句块（见 ❶），不管程序有没有发生异常，都会执行这里的代码块。

在第一次调用函数时（见 ❷），我们正常输入了数字“123”，系统不仅提示了“密码格式正确”，同时还告诉我们“Python 程序结束”。

在第二次调用函数时（见❸），我们输入字符串“abc”，系统捕捉到了异常，并提示“密码必须是整数”，同时也会告诉我们“Python 程序结束”。

1.12.3 异常的精准捕捉与模糊处理

如果你想要对不同的异常定制不同的逻辑处理，则需要在 except 后面写具体的异常名称。如果你只是想要单纯地处理发生的异常，则可以使用万能异常 Exception，表示无论出现什么异常，都统一处理。

在交互式环境中输入如下命令：

```
In [1]: try:
            print(bbb)
        except NameError as e:              ❶
            print(e)
        except AttributeError as e:         ❷
            print(e)
Out[1]: name 'bbb' is not defined
In [2]: try:
            print(bbb)
        except Exception as e:              ❸
            print(e)
Out[2]: name 'bbb' is not defined
```

上述代码的不同之处在于：except 后面接的是具体的异常名称，还是万能异常 Exception（见❶～❸）。

对于❶❷处的代码，我们列出了可能会出现的错误，并在代码出错时，进行了不同的逻辑处理。但是对于❸处的代码，不管 try 语句中可能会出现哪些异常，都统一用万能异常 Exception 捕获。

第2章 学习Python，可以自动化处理文件

在实际的学习和工作中，往往会接触到许多不同格式的文件。通过本章的学习，我们可以利用 Python 编程自动化查找、处理文件 / 文件夹，彻底摆脱手动处理各类文件的烦琐工作。

2.1 文件与文件路径

本节我们先来了解“文件”和“文件路径”的概念，为后续利用 Python 自动化处理文件做准备。

2.1.1 文件与文件路径的概念

图 2-1 清晰地为我们展示了 Windows 系统 D 盘下的文件层级关系，每个盘下可能有一个或多个文件 / 文件夹，每个文件夹中又包含一个或多个文件 / 文件夹，这种错综复杂的关系最终构成了“文件系统”。

对于文件系统中的每个文件，它都有一个文件名。如图 2-2 所示，文件名由“文件主名”和“扩展名”组成，点号之前的 module 叫做“文件主名”，点号之后的 ipynb 叫做“扩展名”（又叫“文件后缀”）。

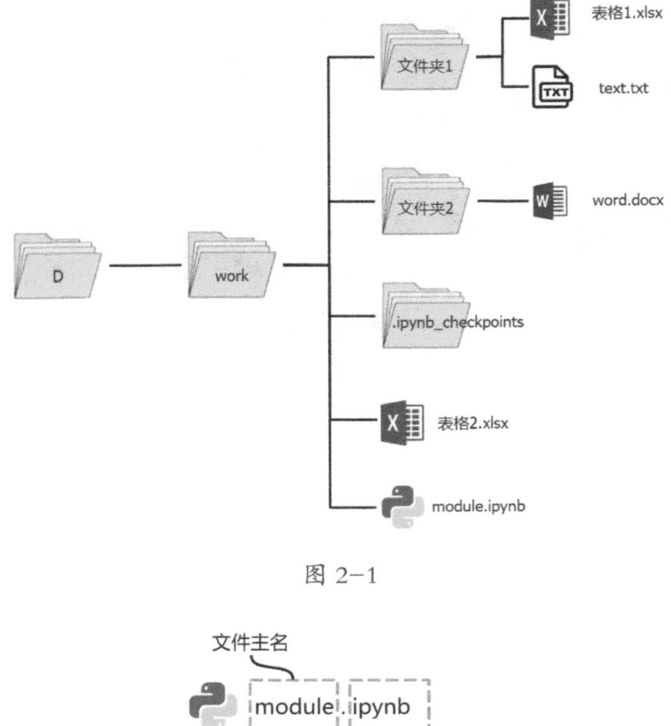

图 2-1

文件主名
module .ipynb
扩展名

图 2-2

那么，我们如何才能找出每个文件的具体位置呢？这就涉及到“文件路径”的概念，“文件路径”能够指明某个文件在计算机中的具体位置。

以 module.ipynb 文件为例，它的文件路径就是 D:\work\module.ipynb，这代表它存放在 D 盘目录下的 work 文件夹里。

想象一下，如果将这个文件路径告诉 Python 程序，它是否也能正确找到 module.ipynb 这个文件呢？

答案是不可以的。

因为在 Windows 系统中，是使用反斜杠“\”作为文件路径的路径分隔符的。但是在 Python 程序里，会将反斜杠“\”识别为转义字符。例如路径 D:\work\ 文件夹 1 \next.txt，Python 程序会将其中的 \n 解读为换行符，最终导致程序报错。

为了让 Python 程序能够正确读取文件路径，通常有如下三种解决办法。

① 在路径前面加 r，即保持字符原始含义

```
r"D:\work\module.ipynb"
```

② 替换为双反斜杠

```
"D:\\work\\module.ipynb"
```

③ 替换为正斜杠

```
"D:/work/module.ipynb"
```

大家可以根据自己的习惯，选择合适的方法。

小思考

如果我们要查找的文件存放在某个多层嵌套的文件夹里，光是写它的文件路径就很长很长，那么有没有解决的办法呢？

当然有，这就是接下来要讲述的“相对路径”的概念。

2.1.2 绝对路径与相对路径

我们前面提到的文件路径指的都是绝对路径，那么相对路径又是什么呢？不妨先来看看它们的定义。

- 绝对路径：是指完整的描述文件位置的路径，它总是从根文件夹开始。Windows 系统中以 C 盘、D 盘等作为根文件夹，而 OS X 或者 Linux 系统中以 / 作为根文件夹。
- 相对路径：是指文件相对于当前工作目录所在的位置。相对路径中的点“.”代表此程序的当前工作目录，点点“..”代表当前工作目录的上一层目录。

如果 Python 程序的当前工作目录是 D:\work，那么其他文件 / 文件夹的绝对路径和相对路径表示方法如图 2-3 所示。

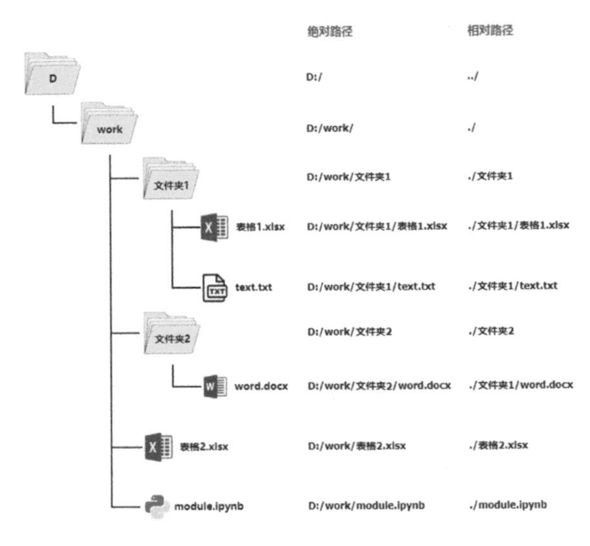

图 2-3

小贴士

当我们利用 Pandas 模块读取本地文件时，常常会用到相对路径和绝对路径的写法。如果把文件放在当前工作目录下，我们既可以在交互环境中输入如下命令和相对路径：

```
In [1]: pd.read_excel("./test.xlsx")
```

也可以将相对路径中的首个“./”省略，这种简便写法在本书中较为常用：

```
In [2]: pd.read_excel("test.xlsx")
```

2.2 文件 / 文件夹的信息读取

如果我们想要批量自动化处理文件 / 文件夹，首先应该对某个目录下的文件 / 文件夹信息有一个清楚的了解。本节将为大家讲述如何获取文件 / 文件夹信息。

2.2.1 获取当前工作目录

我们已经知道，每个文件 / 文件夹都有它的相对路径。“相对”二字，是需要有参照物的，这里的参照物指的就是 Python 的当前工作目录。只有知道 Python 的工作目录后，才能清晰地知道每个文件 / 文件夹相对于该工作目录的具体位置（如图 2-3 所示）。

那么，Python 程序的当前工作目录到底在哪里呢？如何获取 Python 程序的当前工作目录呢？

在 Python 中，调用 os 模块的 getcwd() 方法，可以获取 Python 程序的当前工作目录。

在交互式环境中输入如下命令：

```
In [1]: import os          ❶
        os.getcwd()        ❷
Out[1]: 'D:\\work'
```

在 ❶ 处，我们首先导入了 os 模块。接着，调用 os 模块的 getcwd() 方法（见 ❷），输出结果为 D:\\work，这正是 Python 代码当前运行的工作目录。

2.2.2 获取文件列表

对于任意一个给定的文件夹，如果想要处理该文件夹下的文件，首先是不是应该用 Python“打探”一下这个文件夹下究竟有哪些文件呢？

那么，如何利用 Python 获取某个文件夹下的所有文件列表呢？

同样使用 os 模块，这次调用的是 listdir() 方法，该方法接收一个路径参数 path，返回的是该路径下所有文件的文件名组成的列表。

在交互式环境中输入如下命令：

```
In [1]: path = r"D:\work"           ❶
        os.listdir(path)            ❷
Out[1]: ['.ipynb_checkpoints', 'module.ipynb', '文件夹1', '文件夹2', '表格
        2.xlsx']
```

在 ❶ 处，我们任意给定一个工作目录的路径，并将这个路径参数传入 listdir() 方法（见 ❷），此时会输出该路径下所有文件名称组成的列表。

如图 2-4 所示，listdir() 方法输出的只是方框中展示的文件列表，并不包含子文件夹 1 和子文件夹 2 中的内容。

如果我们想要同时读取子文件夹中的内容，又应该怎么做呢？

os 模块中提供了一个 walk() 方法，可以解决这个问题。该方法传入某个路径后，返回的是一个生成器，我们不能直接查看里面的内容，但是可以利用 for 循环遍历这个生成器，来获取里面的内容。

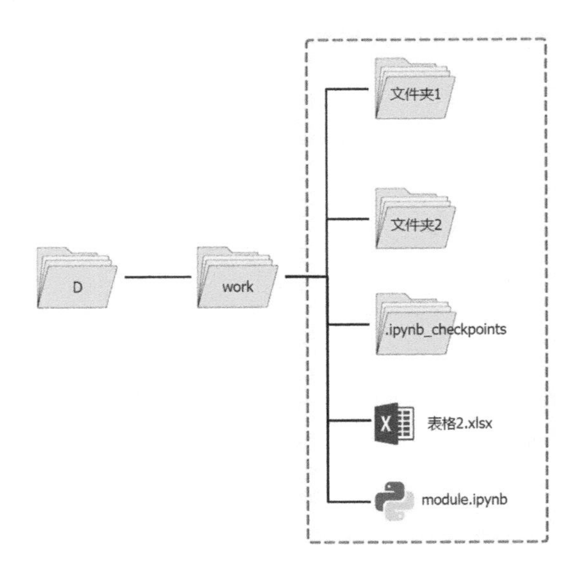

图 2-4

不妨先来看一个小案例，更直观地了解它的用法。

在交互式环境中输入如下命令：

```
In [2]: path = r"D:\work"                                          ❶
        for dirpath, dirnames, filenames in os.walk(path):          ❷
            print(f"当前文件夹的绝对路径：{dirpath}")
            print(f"它的所有子文件夹名称列表：{dirnames}")
            print(f"它的所有子文件名称列表：{filenames}")
            print("--"*10)
Out[2]: 当前文件夹的绝对路径：D:\work
        它的所有子文件夹名称列表：['.ipynb_checkpoints', '文件夹1', '文件夹2']
        它的所有子文件名称列表：['module.ipynb', '表格2.xlsx']
        --------------------
        当前文件夹的绝对路径：D:\work\.ipynb_checkpoints
        它的所有子文件夹名称列表：[] # 如果当前路径下没有子文件夹，返回的就是空列表。
        它的所有子文件名称列表：['module-checkpoint.ipynb']
        --------------------
        当前文件夹的绝对路径：D:\work\文件夹1
        它的所有子文件夹名称列表：[]
        它的所有子文件名称列表：['text.txt', '表格1.xlsx']
        --------------------
        当前文件夹的绝对路径：D:\work\文件夹2
        它的所有子文件夹名称列表：[]
        它的所有子文件名称列表：['word.docx']
        --------------------
```

在 ❶ 处，我们同样任意给定一个目录。接着，调用 walk() 方法，并利用 for 循环遍历这个生成器，由于返回的是一个三元素元组，因此这里需要输出三个参数，分别是 dirpath、dirnames 和 filenames（见 ❷）。最终通过循环打印得到每个文件夹下的内容，如图 2-5 所示。

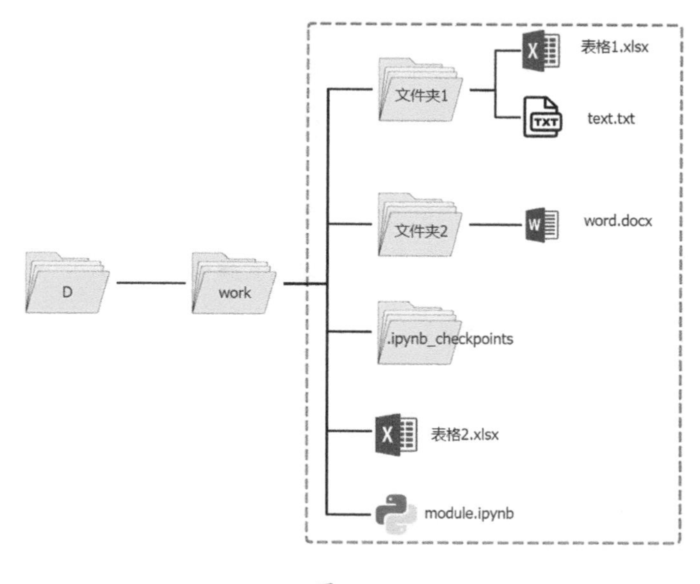

图 2-5

对于上面提到的三个参数 dirpath、dirnames 和 filenames，分别介绍如下。

- dirpath：返回的是当前文件夹的绝对路径。
- dirnames：返回的是当前文件夹下，所有的子文件夹名称列表。
- filenames：返回的是当前文件夹下，所有的子文件名称列表。

2.2.3 判断文件 / 文件夹是否存在

有时候，当某个文件 / 文件夹不存在时，我们才可以新建一个这样的文件 / 文件夹，否则会导致程序报错。

因此，我们在实现类似的操作时，可以让 Python 提前判断一下系统中是否存在某个文件 / 文件夹。

在 os.path 模块下，有一个 exists 方法，它接收一个路径参数 path，用于判断给定路径是否存在。如果 path 存在，返回 True，表示某文件 / 文件夹存在；如果 path 不存在，返回 False，表示某文件 / 文件夹不存在。

在交互式环境中输入如下命令：

```
In [1]: path1 = r"D:\work\ 文件夹 1"          ❶
        os.path.exists(path1)                ❷
Out[1]: True
In [2]: path2 = r"D:\work\ 学习 .pdf"        ❸
        os.path.exists(path2)                ❹
Out[2]: False
```

在 ❶ 处，我们任意给定了一个 path1 路径，传入 exists() 方法后（见 ❷），返回的是 True，表明这个文件夹存在。接着，我们又传入一个 path2 路径（见 ❸），再次调用 exists() 方法（见 ❹）返回的是 False，表明这个文件不存在。

由于该方法输出的是“布尔值”，因此常常与 if 条件语句搭配使用。

在交互式环境中输入如下命令：

```
In [3]: path3 = r"D:\work\ 文本 .txt"

        if os.path.exists(path3):            ❶
            print(" 指定文件存在 ")
        else:
            print(" 指定文件不存在 ")          ❷
Out[3]: 指定文件不存在
```

这里搭配使用了 if…else 结构，当判断出某个文件存在时（见 ❶），我们直接打印“指定文件存在”。当判断出某个文件不存在时，我们直接打印“指定文件不存在”（见 ❷）。

其实，当判断出某个文件 / 文件夹不存在时，我们最常用的操作就是新建某个文件 / 文件夹，这将在后面的内容中为大家讲述。

2.2.4 判断是文件还是文件夹

对于之前讲述的 listdir() 方法，它返回的是某文件夹下所有文件名组成的列表。如果我们仅仅想要处理其中的文件（不包含文件夹），应该怎么办呢？这就涉及到如何区分文件和文件夹。

在 os.path 模块中，isfile() 方法接收一个路径参数 path，可以判断给定路径是否是文件，如果是，则返回 True，否则返回 False。isdir() 方法同样接收一个路径参数 path，用于判断给定路径是否是文件夹，如果是，则返回 True，否则返回 False。

在交互式环境中输入如下命令：

```
In [1]: all_dir = []                              ❶
        all_file = []                             ❷
        file_list = os.listdir()                  ❸
        file_list                                 ❹
Out[1]: ['.ipynb_checkpoints', 'module.ipynb', '文件夹1', '文件夹2', '表格
        2.xlsx']
In [2]: for file in file_list:                    ❺
            if os.path.isdir(file):               ❻
                all_dir.append(file)              ❼
            if os.path.isfile(file):              ❽
                all_file.append(file)             ❾
In [3]: all_dir                                   ❿
Out[3]: ['.ipynb_checkpoints', '文件夹1', '文件夹2']
In [4]: all_file                                  ⓫
Out[4]: ['module.ipynb', '表格2.xlsx']
```

首先，我们定义了两个列表，all_dir 用于存储所有的文件夹名称，all_file 用于存储所有的文件名称（见 ❶❷）。接着，我们调用 listdir() 方法，获取了当前工作目录下的所有文件 / 文件夹列表（见 ❸），打印看看有哪些文件（见 ❹）。

我们最终的目的：将 file_list 中的所有文件夹存储到列表 all_dir 中，将所有文件存储到列表 all_file 中。

利用 for 循环遍历该列表（见 ❺），再调用 isdir() 方法判断是否是文件夹（见 ❻），如果是，就添加到列表 all_dir 中（见 ❼）。否则，就调用 isfile() 方法判断是否是文件（见 ❽），如果是，就添加到列表 all_file 中（见 ❾）。

最终可以发现，所有的文件夹都在列表 all_dir 中（见 ❿），所有的文件都在列表 all_file 中（见 ⓫）。

2.2.5 文件路径的拼接与切分

文件路径的拼接和切分，也是两个很常见的操作。

在 os.path 模块中，join() 方法用于路径拼接，该方法接收两个路径参数，可以将它们拼接成一个新的路径；split() 方法用于路径切分，该方法接收一个路径参数，最终输出一个由文件路径和文件名组成的元组。

在交互式环境中输入如下命令：

```
In [1]: path1 = "D:\\work"                          ❶
        path2 = "表格2.xlsx"                         ❷
        path = os.path.join(path1,path2)            ❸
        path
Out[1]: 'D:\\work\\表格2.xlsx'
In [2]: os.path.split(path)                         ❹
Out[2]: ('D:\\work', '表格2.xlsx')
```

在❶❷处，我们任意给定了两个路径 path1 和 path2，调用 join() 方法，最终将它们拼接成了一个新的路径 path（见❸）。接着，再调用 split() 方法，成功将这个 path 路径切分成了一个元组，元组的第一个元素是文件路径，元组的第二个元素是文件名（见❹）。

小贴士

由于 split() 方法输出的是元组，所以我们利用下标索引来获取文件的绝对路径或文件名。此外，os.path 模块中的 dirname() 方法和 basename() 方法也可以实现相同的效果，大家可以自行尝试。

2.3 文件 / 文件夹的自动化处理

通过前面的学习，我们对文件 / 文件夹的相关信息有了一定的了解。本节我们直接学习如何利用 Python 实现文件 / 文件夹的自动化处理，这将大大节省我们的时间成本。

2.3.1 文件夹的自动创建

为了分类存储文件，我们有时候需要新建文件夹。在 os 模块中，mkdir() 方法用于创建一个单层的文件夹，而 makedirs() 方法可以递归创建一个多层文件夹。

makedirs() 方法的最大优势是按照输入的路径递归地创建文件夹，如果上层目录不存在，那么它会重新创建这个文件夹。但 mkdir() 方法遇到这种情况，就会产生报错。

小贴士

如果文件夹已经存在，创建一个同名文件夹就会报错。因此在创建文件夹之前，需要使用 os.path 模块中的 exists() 方法判断文件夹是否存在，详细用法请参考 2.2.3 节。

在交互式环境中输入如下命令：

```
In [1]: path = r"D:\work\ 文件夹 3"
        if os.path.exists(path):                ❶
            print(" 指定文件夹存在 ")
        else:
            print(" 指定文件夹不存在 ")
            os.mkdir(path)                      ❷
            print(" 成功创建了新文件夹 ")
Out[1]: 指定文件夹不存在
        成功创建了新文件夹
```

在 ❶ 处，我们还是使用 if…else 语句搭配 exists() 方法，提前判断某个文件夹是否存在，如果不存在，才会执行 ❷ 处的创建文件夹语句。

创建文件夹语句执行前后的文件目录对比如图 2-6 所示。

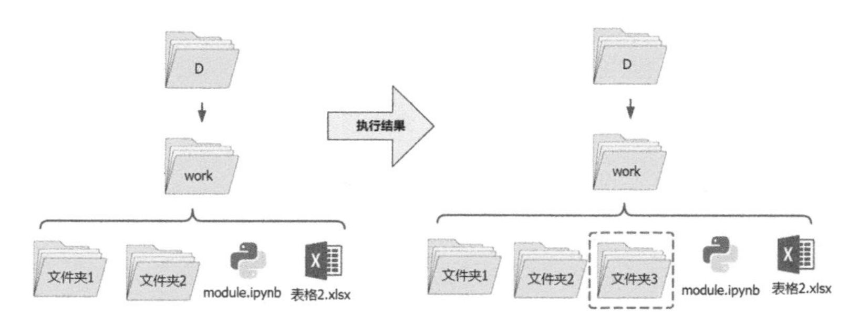

图 2-6

2.3.2 文件 / 文件夹的自动重命名

有时候，我们需要为某个文件 / 文件夹重命名，应该怎么办呢？

此时，可以调用 os 模块中的 rename() 方法，该方法的语法格式如图 2-7 所示。

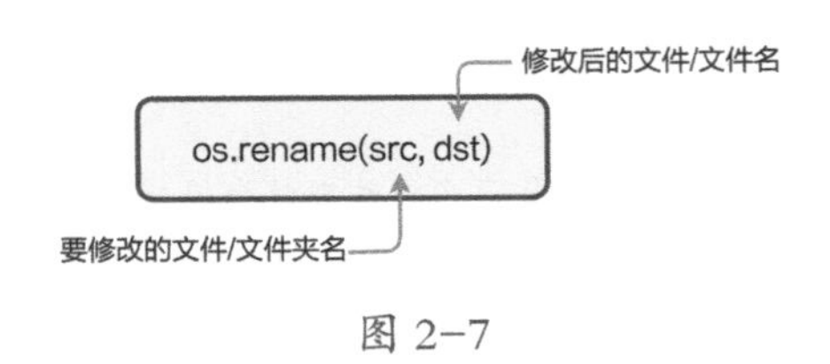

图 2-7

在交互式环境中输入如下命令：

```
In [1]: os.rename("文件夹3", "空白文件夹")          ❶
In [2]: os.rename("表格2.xlsx", "新建表格.xlsx")    ❷
```

在 ❶ 处，我们调用 rename 方法将一个名为“文件夹 3”的文件夹重命名为“新文件夹”。在 ❷ 处，我们使用同样的方法将一个 Excel 文件重命名为“新建表格.xlsx”。

重命名文件 / 文件夹语句执行前后的文件目录对比如图 2-8 所示。

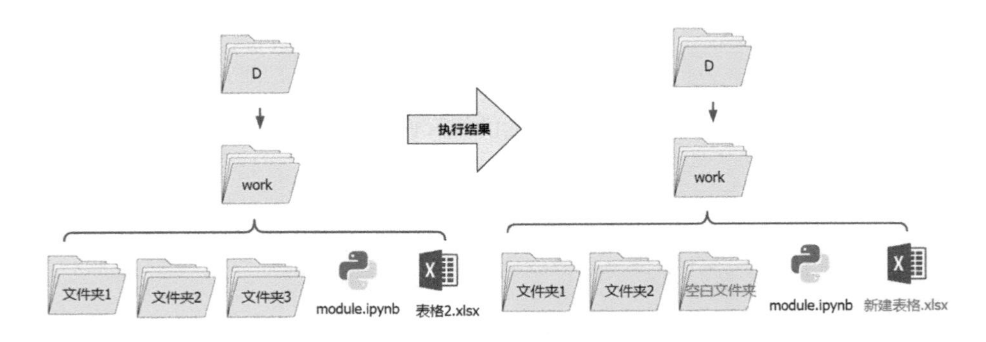

图 2-8

小贴士

这里我们默认“文件夹 3”和“表格 2.xlsx”都存放在当前的工作目录下，否则需要指明文件 / 文件夹的绝对路径或相对路径。

2.3.3 文件 / 文件夹的自动复制

复制文件或文件夹，有时候是为了将它们存放在另一个位置，有时候是为了复制一个相同的文件，修改里面的内容而不影响原文件。

此时，我们需要用到一个新的内置模块 shutil，调用 copy() 方法可以实现复制文件的操作，调用 copytree() 方法可以实现复制文件夹的操作，它们的语法格式如图 2-9 所示。

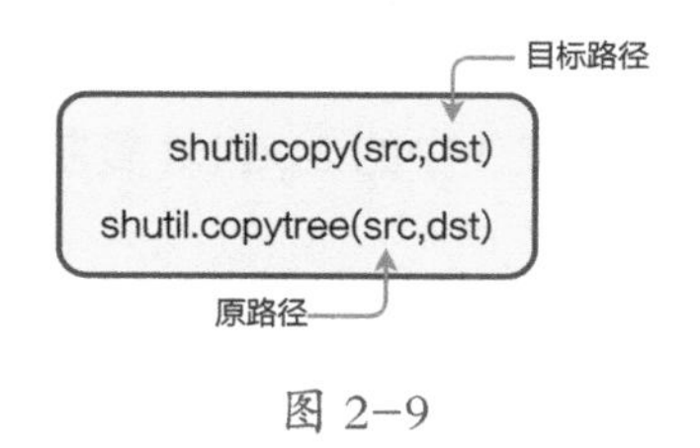

图 2-9

1. 复制文件

用一个案例来演示：将文件夹 1 中的 text.txt 复制到文件夹 2 的目录下。

在交互式环境中输入如下命令：

```
In [1]: import shutil

        src = r"D:\work\文件夹1\text.txt"
        dst = r"D:\work\文件夹2"
        shutil.copy(src,dst)
Out[1]: 'D:\\work\\文件夹2\\text.txt'
```

调用 shutil 模块中的 copy() 方法后，直接将原来的文件复制到了目标文件夹中。

复制文件语句执行前后的文件目录对比如图 2-10 所示。

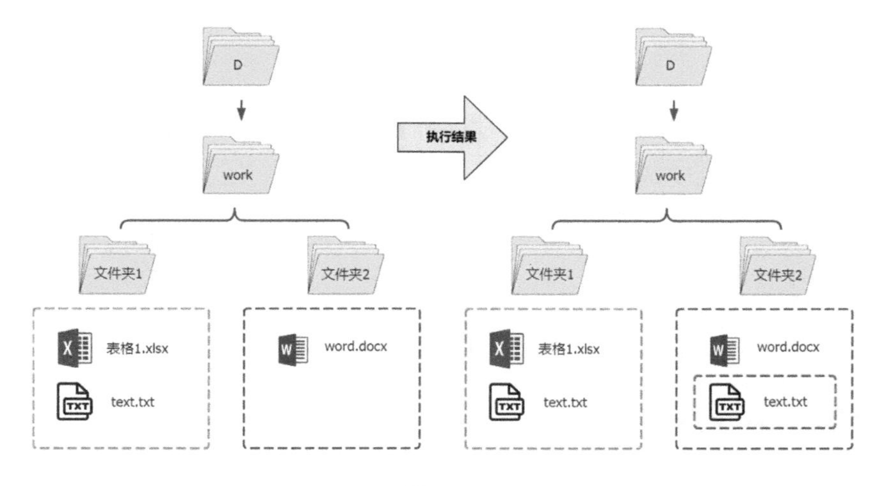

图 2-10

如果在目标文件夹内已经存在同名文件，那么复制操作将直接替换原文件。我们通常在手动复制文件时，会选择将新文件重命名来实现新老文件共存。

2. 复制文件并重命名

用一个案例来演示：将文件夹 1 中的 text.txt 复制到文件夹 2 目录下，并重命名为 text- 副本 .txt。

在交互式环境中输入如下命令：

```
In [1]: src = r"D:\work\ 文件夹 1\text.txt"
        dst = r"D:\work\ 文件夹 2\text- 副本 .txt"
        shutil.copy(src,dst)
Out[1]: 'D:\\work\\ 文件夹 2\\text- 副本 .txt'
```

调用 shutil 模块中的 copy() 方法后，直接将原来的文件复制到了目标文件夹中，并进行了重命名。

复制文件并重命名语句执行前后的文件目录对比如图 2-11 所示。

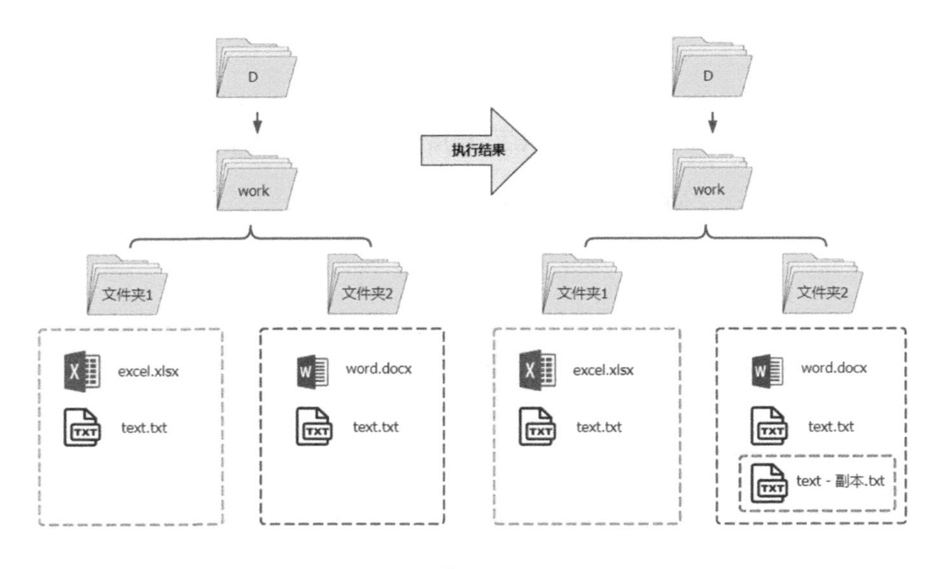

图 2-11

小贴士

如果将文件移动到一个不存在的“目标文件夹”时，系统不会报错，而是相当于重命名。

3. 复制文件夹

用一个案例来演示：将文件夹 1 复制到文件夹 2 目录下。

在交互式环境输入如下命令：

```
In [1]: src = r"D:\work\文件夹1"
        dst = r"D:\work\文件夹2\文件夹1"
        shutil.copytree(src,dst)
Out[1]: 'D:\\work\\文件夹2\\文件夹1'
```

调用 shutil 模块中的 copytree() 方法后，直接将原来的文件夹复制到了目标文件夹中。

复制文件夹语句执行前后的文件目录对比如图 2-12 所示。

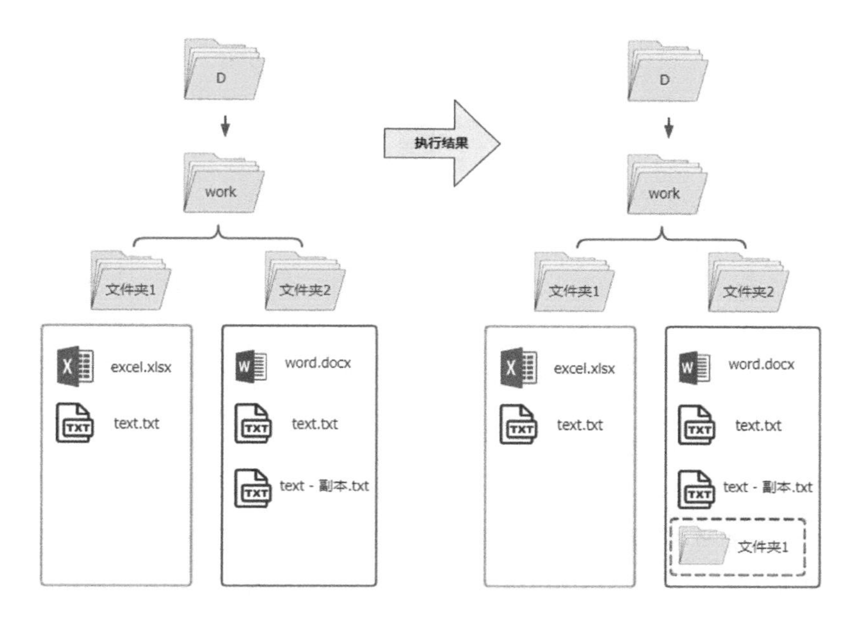

图 2-12

4. 复制文件夹并重命名

用一个案例来演示：将文件夹 1 复制到 D:\work 目录下，并重命名为文件夹 1-副本。

在交互式环境中输入如下命令：

```
In [1]: src = r"D:\work\文件夹1"
        dst = r"D:\work\文件夹1-副本"
        shutil.copytree(src,dst)
Out[1]: 'D:\\work\\文件夹1-副本'
```

调用 shutil 模块中的 copytree() 方法后，直接将原来的文件夹复制到了目标文件夹中，并进行了重命名。

复制文件夹并重命名语句执行前后的文件目录对比如图 2-13 所示。

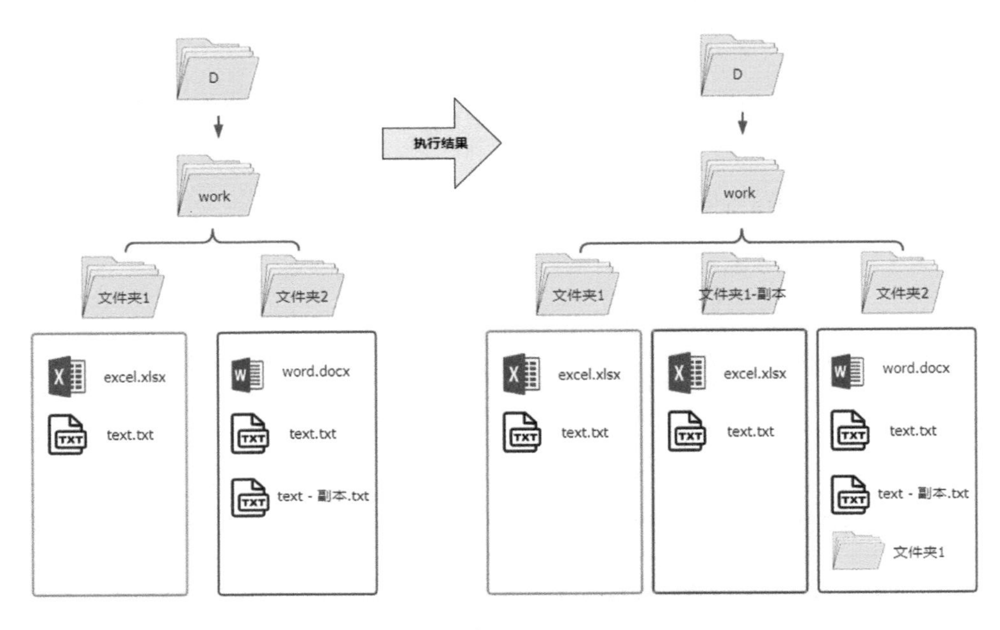

图 2-13

值得注意的是，在使用 copytree() 方法时，如果目标地址中存在同名文件夹，则会报错。

2.3.4 文件 / 文件夹的自动移动

为了分类管理文件 / 文件夹，我们需要将不同的文件 / 文件夹，移动到属于自己的“领地”。

在 shutil 模块中，调用 move() 方法可以实现移动文件 / 文件夹，该方法的语法格式如图 2-14 所示。

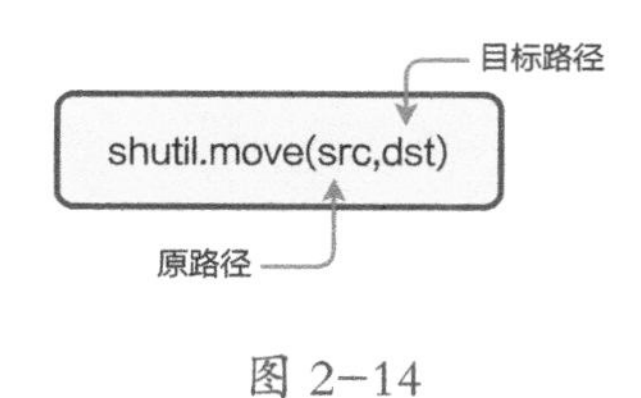

图 2-14

1. 移动文件

用一个案例来演示：将文件夹2中的text-副本.txt移动到文件夹1-副本目录下。

在交互式环境中输入如下命令：

```
In [1]: src = r"D:\work\文件夹2\text-副本.txt"
        dst = r"D:\work\文件夹1-副本"
        shutil.move(src,dst)
Out[1]: 'D:\\work\\文件夹1-副本\\text-副本.txt'
```

调用shutil模块中的move()方法后，直接将原来的文件移动到了目标文件夹中。

移动文件语句执行前后的文件目录对比如图2-15所示。

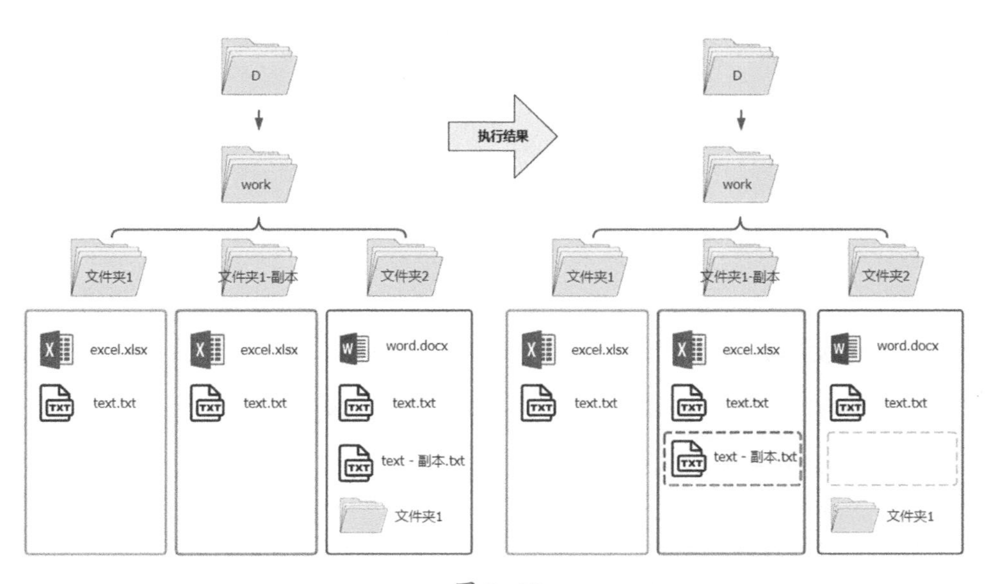

图 2-15

2. 移动文件并重命名

用一个案例来演示：将文件夹2中的text.txt移动到文件夹1-副本目录下，并重命名为text-2.txt。

在交互式环境中输入如下命令：

```
In [1]: src = r"D:\work\ 文件夹 2\text.txt"
        dst = r"D:\work\ 文件夹 1- 副本 \text-2.txt"
        shutil.move(src,dst)
Out[1]: 'D:\\work\\ 文件夹 1- 副本 \\text-2.txt'
```

调用 shutil 模块中的 move() 方法后，直接将原来的文件移动到了目标文件夹中，并进行了重命名。

移动文件并重命名语句执行前后的文件目录对比如图 2–16 所示。

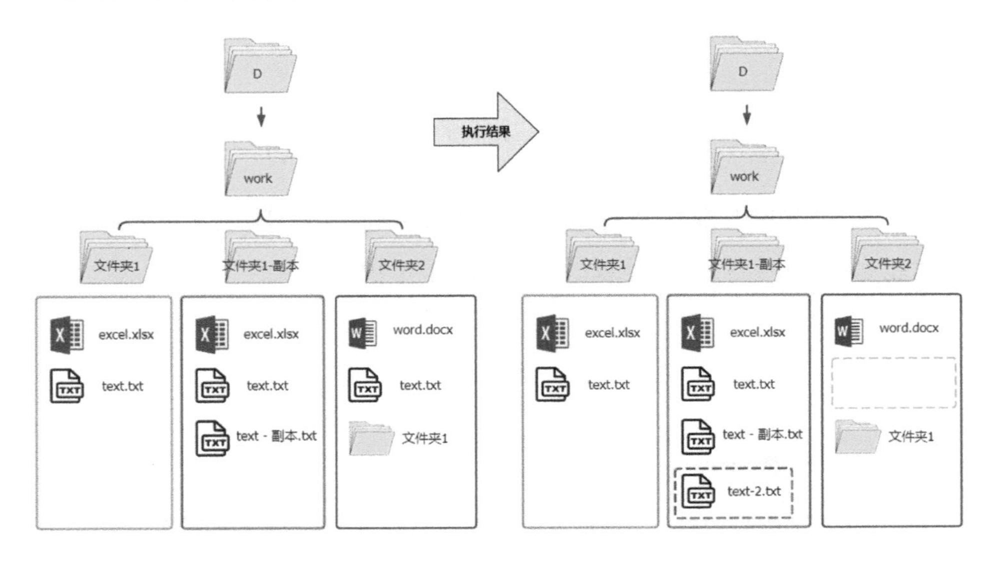

图 2–16

3. 移动文件夹

用一个案例来演示：将文件夹 1 – 副本移动到文件夹 1 目录下。

在交互式环境中输入如下命令：

```
In [1]: src = r"D:\work\ 文件夹 1- 副本 "
        dst = r"D:\work\ 文件夹 1"
        shutil.move(src,dst)
Out[1]: 'D:\\work\\ 文件夹 1\\ 文件夹 1- 副本 '
```

调用 shutil 模块中的 move() 方法后，直接将原来的文件夹移动到了目标文件夹中。

移动文件夹语句执行前后的文件目录对比如图 2–17 所示。

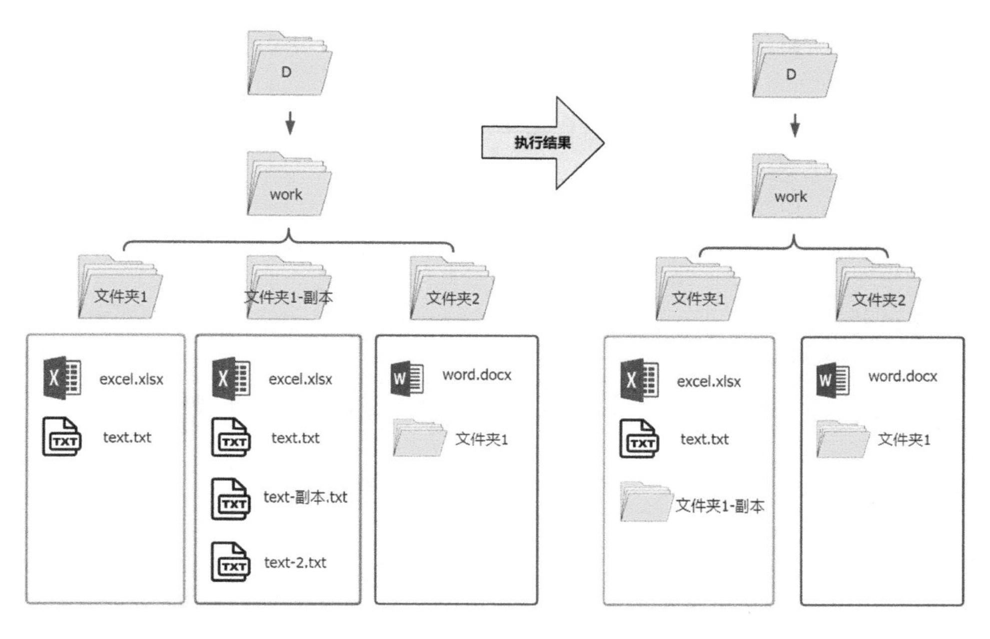

图 2–17

4. 移动文件夹并重命名

用一个案例来演示：将文件夹 1 – 副本移动到文件夹 2 目录下，并重命名为文件夹 4。

在交互式环境中输入如下命令：

```
In [1]: src = r"D:\work\ 文件夹 1\ 文件夹 1- 副本 "
        dst = r"D:\work\ 文件夹 2\ 文件夹 4"
        shutil.move(src,dst)
Out[1]: 'D:\\work\\ 文件夹 2\\ 文件夹 4'
```

调用 shutil 模块中的 move() 方法后，直接将原来的文件移动到了目标文件夹中，并进行了重命名。

移动文件夹并重命名语句执行前后的文件目录对比如图 2–18 所示。

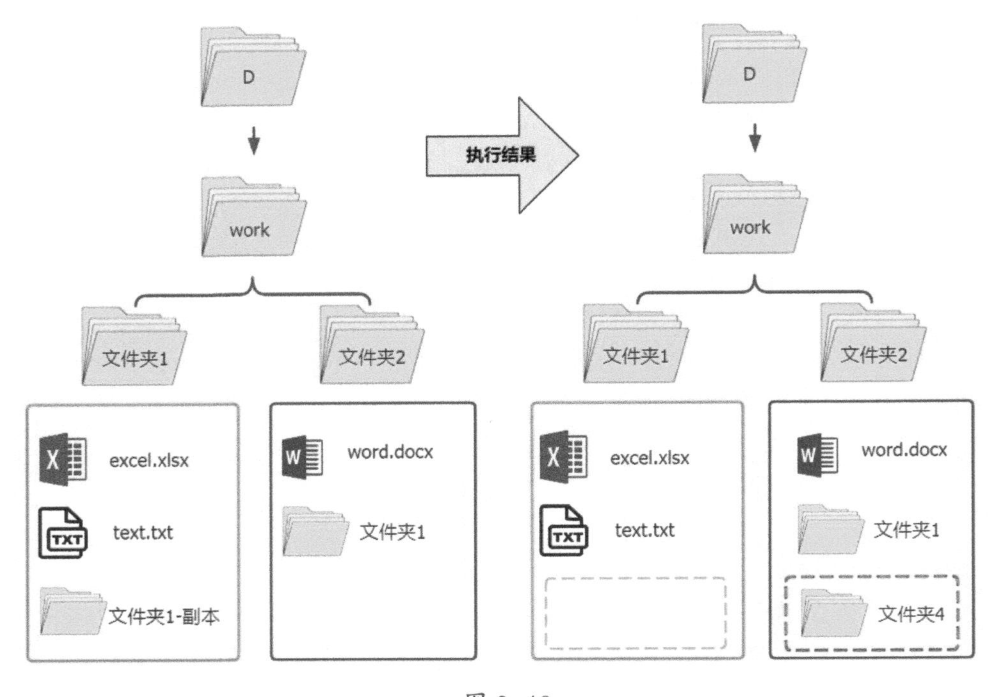

图 2-18

不管是文件还是文件夹，一旦被移动了，原来位置上的文件 / 文件夹就没有了。

2.3.5 文件 / 文件夹的自动删除

对于不需要的文件 / 文件夹，我们会选择将它删除。

这里我们会介绍一种文件删除方式和两种文件夹删除方式，它们的语法格式如下。

- os 模块 remove()：该方法只用于删除文件。
- os 模块 rmdir()：该方法只用于删除空文件夹，删除非空文件夹会报错。
- shutil 模块 rmtree()：该方法只用于删除文件夹，既可以是空文件夹，也可以是非空文件夹。

1. os.remove()

在交互式环境中输入如下命令：

```
In [1]: os.remove(r"D:\work\文件夹2\文件夹1\text.txt")
        os.remove(r"D:\work\文件夹2\文件夹1\表格1.xlsx")
```

调用 os 模块中的 remove() 方法后，目标路径下的两个文件将直接被删除。

删除文件语句执行前后的文件目录对比如图 2-19 所示。

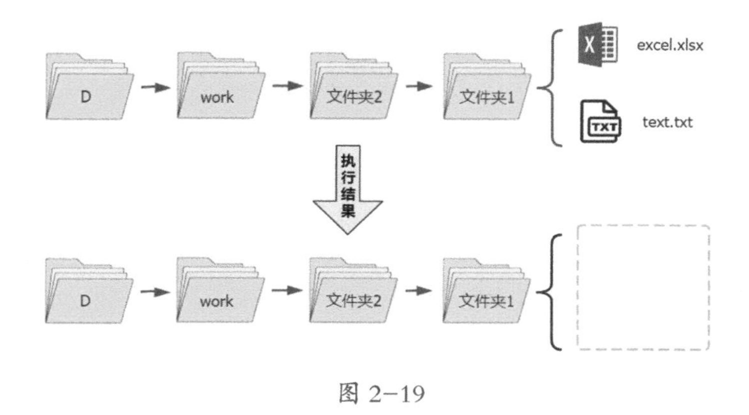

图 2-19

2. os.rmdir()

在交互式环境中输入如下命令：

```
In [1]: os.rmdir(r"D:\work\文件夹2\文件夹1")
```

调用 os 模块中的 rmdir() 方法后，目标路径下的空文件夹将直接被删除。

删除文件夹语句执行前后的文件目录对比如图 2-20 所示。

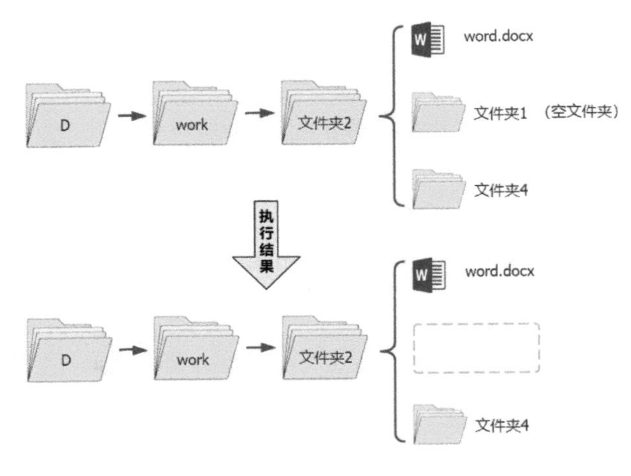

图 2-20

3. shutil.rmtree()

在交互式环境中输入如下命令：

```
In [1]: shutil.rmtree(r"D:\work\文件夹2\文件夹4")
```

调用 shutil 模块中的 rmtree() 方法后，目标路径下的文件夹 4（非空文件夹）将直接被删除。

删除文件夹语句执行前后的文件目录对比如图 2-21 所示。

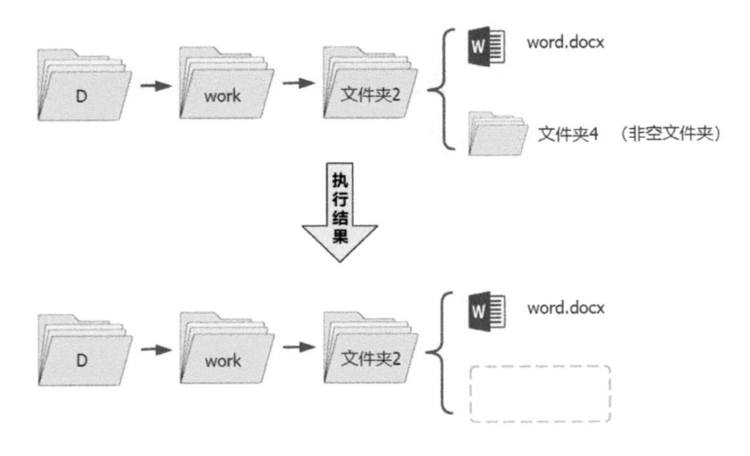

图 2-21

2.3.6 案例：批量重命名文件

在案例文件夹中，有几百份 Excel 文件，它们均按照年份 + 序号的方式命名，如图 2-22 所示。

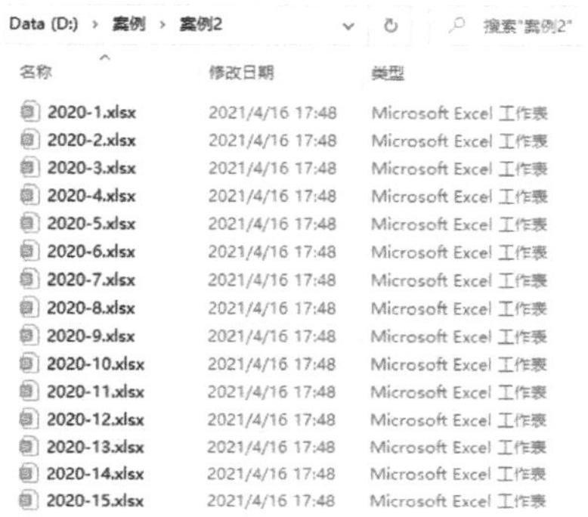

Data (D:) › 案例 › 案例2　　搜索"案例2"

名称	修改日期	类型
2020-1.xlsx	2021/4/16 17:48	Microsoft Excel 工作表
2020-2.xlsx	2021/4/16 17:48	Microsoft Excel 工作表
2020-3.xlsx	2021/4/16 17:48	Microsoft Excel 工作表
2020-4.xlsx	2021/4/16 17:48	Microsoft Excel 工作表
2020-5.xlsx	2021/4/16 17:48	Microsoft Excel 工作表
2020-6.xlsx	2021/4/16 17:48	Microsoft Excel 工作表
2020-7.xlsx	2021/4/16 17:48	Microsoft Excel 工作表
2020-8.xlsx	2021/4/16 17:48	Microsoft Excel 工作表
2020-9.xlsx	2021/4/16 17:48	Microsoft Excel 工作表
2020-10.xlsx	2021/4/16 17:48	Microsoft Excel 工作表
2020-11.xlsx	2021/4/16 17:48	Microsoft Excel 工作表
2020-12.xlsx	2021/4/16 17:48	Microsoft Excel 工作表
2020-13.xlsx	2021/4/16 17:48	Microsoft Excel 工作表
2020-14.xlsx	2021/4/16 17:48	Microsoft Excel 工作表
2020-15.xlsx	2021/4/16 17:48	Microsoft Excel 工作表

图 2-22

由于某位员工的疏忽，错误地将所有文件都命名为 2020 年份，这就需要我们将这些文件名中的年份，都更改成 2021。

在交互式环境中输入如下命令：

```
In [1]: import os                                        ❶

        path = r"D:\案例\案例2"                            ❷
        excel_list = os.listdir(path)                    ❸
        for i in excel_list:                             ❹
            newname = i.replace("2020", "2021")          ❺
            oldpath  = os.path.join(path,i)              ❻
            newpath = os.path.join(path,newname)         ❼
            os.rename(oldpath,newpath)                   ❽
```

在 ❶❷ 处，导入要使用的 os 模块，path 就是我们要操作的目标路径。

在 ❸ 处，调用 listdir() 方法，获取该路径下的所有文件列表。

在 ❹ 处，循环遍历文件列表 excel_list 中的每个文件。

在 ❺ ～ ❽ 处，对于文件列表中的每个文件，我们先将 2020 替换为 2021。然后调用 join() 方法分别拼接出旧文件名的绝对路径 oldpath 和新文件名的绝对路径 newpath。最后直接调用 rename() 方法，即可完成重命名的操作。

运行代码后得到的重命名文件如图 2-23 所示。

Data (D:) › 案例 › 案例2　　搜索"案例2"

名称	修改日期	类型
2021-1.xlsx	2021/4/16 17:48	Microsoft Excel 工作表
2021-2.xlsx	2021/4/16 17:48	Microsoft Excel 工作表
2021-3.xlsx	2021/4/16 17:48	Microsoft Excel 工作表
2021-4.xlsx	2021/4/16 17:48	Microsoft Excel 工作表
2021-5.xlsx	2021/4/16 17:48	Microsoft Excel 工作表
2021-6.xlsx	2021/4/16 17:48	Microsoft Excel 工作表
2021-7.xlsx	2021/4/16 17:48	Microsoft Excel 工作表
2021-8.xlsx	2021/4/16 17:48	Microsoft Excel 工作表
2021-9.xlsx	2021/4/16 17:48	Microsoft Excel 工作表
2021-10.xlsx	2021/4/16 17:48	Microsoft Excel 工作表

图 2-23

2.3.7 案例：批量自动整理文件夹

在案例文件夹中，假如有这样一堆不同格式的文件，看起来非常混乱，详情如图 2-24 所示。

图 2-24

为了方便自己快速检索到文件，我们需要将这些文件按照不同格式分类整理到不同的文件夹中，应该怎么做呢？

在交互式环境中输入如下命令：

```
In [1]: import os
        import shutil                                          ❶

        path = "D:\\ 案例 \\ 案例 3"                            ❷
        for file_name in os.listdir(path):                     ❸
            file_path = os.path.join(path,file_name)           ❹
            if os.path.isfile(file_path):                      ❺
                folder_name = file_name.split(".")[-1]         ❻
                folder_path = os.path.join(path,folder_name)   ❼
```

```
    if not os.path.exists(folder_path):        ❽
        os.mkdir(folder_path)                  ❾
    shutil.move(file_path,folder_path)         ❿
```

在 ❶❷ 处，导入要使用的 os 模块和 shutil 模块，path 就是我们要操作的目标路径。

在 ❸ 处，调用 listdir() 方法，获取该路径下的所有文件列表，并使用 for 循环遍历其中的每个文件。

在 ❹ 处，对于文件列表中的每个文件，我们首先利用 join() 方法拼接出它的绝对路径，方便下一步使用。

在 ❺ 处，将上述拼接好的绝对路径传入 isfile() 方法，用于判断它是否是文件。

在 ❻❼ 处，如果判断出它是文件，就利用 split() 方法对它的绝对路径进行切分，获取它的文件后缀。并针对文件后缀，我们需要再次利用 join() 方法拼接出一个新的文件夹路径。

在 ❽❾ 处，当判断出拼接的新文件夹路径不存在时，我们就创建一个新文件夹。

在 ❿ 处，调用 shutil 模块的 move() 方法，将原文件移动到每个新创建的文件夹中。

运行代码整理后的文件夹如图 2-25 所示。

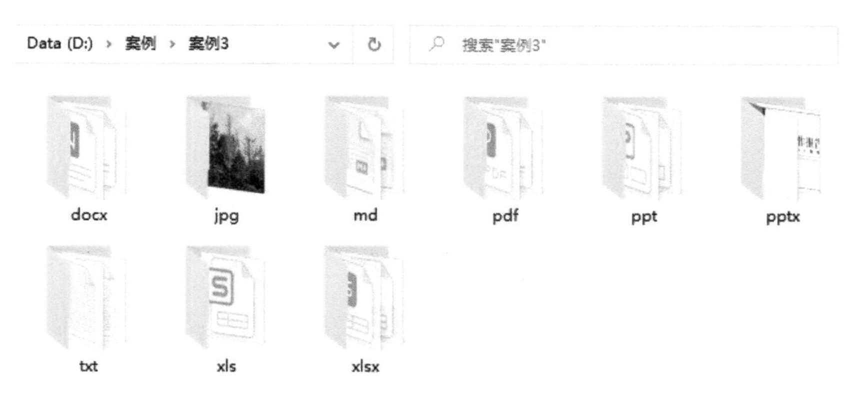

图 2-25

2.4 文件的匹配查找

为了帮助我们更加方便、快捷地查找文件 / 文件夹，本节将为大家再介绍一个超级好用的 Python 模块——glob 模块。

2.4.1 文件的自动匹配

glob 模块可以查找符合特定规则的文件 / 文件夹，并将搜索到的结果返回到一个列表中。

该模块之所以强大的原因在于，它支持几个正则通配符，分别介绍如下。

- *：匹配 0 个或多个字符。
- ?：匹配一个字符。
- []：匹配指定范围内的字符，比如可以用 [0-9] 匹配数字，用 [a-z] 匹配小写字母。

当前工作目录下的文件如图 2-26 所示，为了方便理解 glob 模块，我们直接用三个案例来展示它的用法。

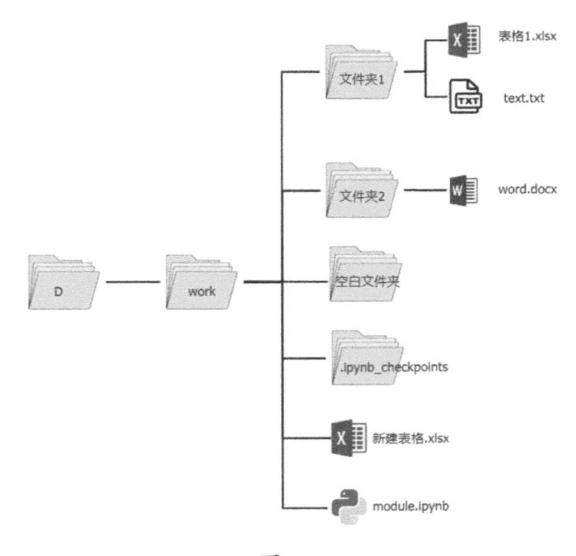

图 2-26

在交互式环境中输入如下命令：

```
In [1]: import glob               ❶
        glob.glob("*")            ❷
```

```
Out[1]: ['module.ipynb', '文件夹1', '文件夹2', '新建表格.xlsx', '空白文件夹']
In [2]: glob.glob("*.*")        ❸
Out[2]: ['module.ipynb', '新建表格.xlsx']
In [3]: glob.glob("*.xlsx")     ❹
Out[3]: ['新建表格.xlsx']
In [4]: glob.glob("*文件夹*")    ❺
Out[4]: ['文件夹1', '文件夹2', '空白文件夹']
In [5]: glob.glob("文件夹?")     ❻
Out[5]: ['文件夹1', '文件夹2']
In [6]: glob.glob("文件夹[2]")   ❼
Out[6]: ['文件夹2']
```

在❶处，我们首先需要导入 glob 模块。

在❷处，* 号表示匹配的该路径下所有文件名组成的列表。

在❸处，*.* 表示我们要找到文件名称中包含“.”的文件。

在❹处，*.xlsx 表示我们要找到以 .xlsx 结尾的文件。

在❺处，* 文件夹 * 表示我们要找到文件名称中包含“文件夹”三个字的文件。

在❻处，文件夹？表示我们要找到以“文件夹”三个字开头，并且后面紧跟一个字符的文件。

在❼处，文件夹 [2] 表示我们要找到以“文件夹”三个字开头，并且后面紧跟的一个字符必须是数字 2。

小贴士

案例中使用的是相对路径，返回结果也是相对路径；如果使用绝对路径，则返回的结果就是绝对路径。

在交互式环境中输入如下命令：

```
In [1]: glob.glob(r"D:\work\文件夹[2]")
Out[1]: ['D:\\work\\文件夹2']
```

除了上面提到的三个通配符，在 glob 模块的 3.5 版本中，又新增了一个通配符 **，它主要与参数 recursive 搭配使用。参数 recursive 代表递归调用，其默认为 False，当其值为 True 时，表示递归调用。两者搭配可以实现进入路径的子目录中去匹配文件。

在交互式环境中输入如下命令：

```
In [7]: import glob
        glob.glob("**")          ❶
Out[7]: ['module.ipynb', '文件夹1', '文件夹2', '新建表格.xlsx', '空白文件夹']
In [8]: glob.glob('**',recursive=True) ❷
Out[8]: ['module.ipynb',
         '文件夹1',
         '文件夹1\\text.txt',
         '文件夹1\\表格1.xlsx',
         '文件夹2',
         '文件夹2\\word.docx',
         '新建表格.xlsx',
         '空白文件夹']
```

在❶处，如果 ** 仅仅作为通配符单独使用，运行结果与 * 是一致的。如果我们与参数 recursive 搭配使用，它能将子文件夹（文件夹1、文件夹2）中的文件也匹配出来（见❷）。

2.4.2 案例：自动搜索文件

在计算机的某个文件夹中，假如有这样一大堆不同格式的文件，详情如图 2-27 所示。

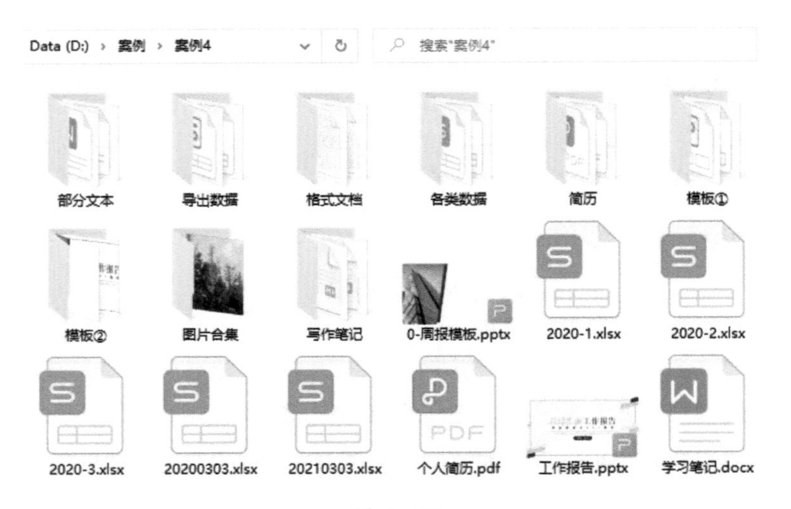

图 2-27

我们的目的：快速查找出文件名中包含 2021 的 Excel 文件，看看它们究竟存放在哪里?

通过分析，这些文件可能是存放在当前文件夹中，也可能在某个子文件夹里。我们可以使用两种方法，来解决这个查找问题!

1. os 模块实现

利用 os 模块的 walk() 方法来获取文件列表，再通过 if 条件语句筛选符合规则的文件。

在交互式环境中输入如下命令：

```
In [1]: import os                                              ❶

        path = r'D:\ 案例 \ 案例 4'                             ❷
        for dirpath, dirnames, filenames in os.walk(path):     ❸
            for name in filenames:                             ❹
                if '2021' in name and '.xlsx' in name:         ❺
                    file_path = os.path.join(dirpath,name)     ❻
                    print(file_path)                           ❼
Out[1]: D:\ 案例 \ 案例 4\20210303.xlsx
        D:\ 案例 \ 案例 4\ 各类数据 \20210101.xlsx
        D:\ 案例 \ 案例 4\ 导出数据 \20210202.xlsx
```

在 ❶❷ 处，导入要使用的 os 模块，path 就是我们要操作的目标路径。

在 ❸ 处，os 模块的 walk() 方法会递归来帮助我们获取文件夹中的所有文件，并得到一个文件列表，具体用法详见 2.2.2 节。

在 ❹ ～ ❼ 处，针对文件列表 filenames 中的每个文件，我们首先判断它是否是包含 2021 的 Excel 文件。如果同时满足这两个条件，再调用 join() 方法拼接出它的绝对路径，打印出最终的结果即可。

2. glob 模块实现

利用 glob 模块的正则通配符，来筛选符合规则的文件。

在交互式环境中输入如下命令：

```
In [1]: import glob                                                ❶
        for i in glob.glob(r'D:\ 案例 \ 案例 4\**\*2021*.xlsx',
        recursive=True):                                           ❷
            print(i)                                               ❸
Out[1]: D:\ 案例 \ 案例 4\20210303.xlsx
        D:\ 案例 \ 案例 4\ 各类数据 \20210101.xlsx
        D:\ 案例 \ 案例 4\ 导出数据 \20210202.xlsx
```

在 ❶ 处，导入 glob 模块后，直接调用 glob() 方法（见 ❷），即可实现我们想要的效果。其中 ** 搭配 recursive 参数，可以实现递归查找文件夹，*2021*.xlsx 表示文件名中含有 2021 字样的 Excel 文件。

对比方法 1 和方法 2，可以清楚地看到 glob 模块在文件查找这方面的优势。

第3章 学习Python，可以自动化处理数据

在这数据爆炸的时代，我们无时无刻不在和数据打交道。面对杂乱无章的数据，Pandas 模块应运而生了，它提供了数据导入、数据清洗、数据处理、数据导出等一套流程方法，可以很方便地帮助我们自动整理数据。

3.1 Pandas 基础

本节主要讲述 Pandas 相关基础知识，包括 Pandas 简介、Pandas 常用数据结构，以及 Pandas 的简单用法。

3.1.1 Pandas 简介

Pandas 是专为解决复杂数据任务而创建的，它提供了大量的数据处理方法，能够帮助我们快速、灵活地处理数据。

由于 Pandas 模块属于 Python 第三方开源模块，因此需要我们额外安装、导入后才能使用。

1. 如何安装 Pandas 模块

这里推荐使用 pip 安装，在命令行窗口中输入如下命令：

```
pip install pandas
```

2. 测试安装是否成功

安装完成之后，我们可以导入 Pandas 模块，测试一下是否安装成功。

在交互式环境中输入如下命令：

```
In [1]: import pandas as pd # 这里导入 Pandas 模块后，并取了别名 pd。
```

如果运行上述程序没有报错，则证明 Pandas 模块安装成功。

如果你安装了 Anaconda，Pandas 库则已经默认安装好了，这时不用再次安装。

3.1.2 Pandas 常用数据结构

Pandas 模块提供了 Series 和 DataFrame 两个最常用的数据结构，对于处理结构化数据非常方便。

当我们把“数据”转换为这两种数据结构后，就可以利用它们各自提供的方法进行数据处理了。

因此在正式学习 Pandas 之前，我们必须对 Series 和 DataFrame 的结构有一个清楚的了解。

1. Series 结构

Series 用于存储一维数据，相当于 Excel 表格中的某一行或某一列，也叫做“序列”，它的基本结构如图 3-1 所示。

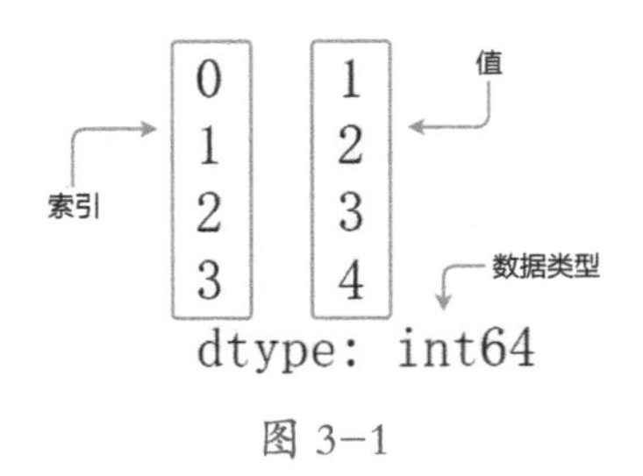

图 3-1

仔细观察图 3-1，可以看到一个 Series 序列大致由索引、值和值的数据类型 3 个部分组成，分别介绍如下。

- 索引：用来标识序列中的每一行，我们可以通过索引来获取对应的值。
- 值：序列中的具体值。
- 数据类型：序列中每个值的数据类型。

2. DataFrame 结构

DataFrame 用于存储二维数据，类似一个 Excel 表格，也叫做“数据框”，它的基本结构如图 3-2 所示。

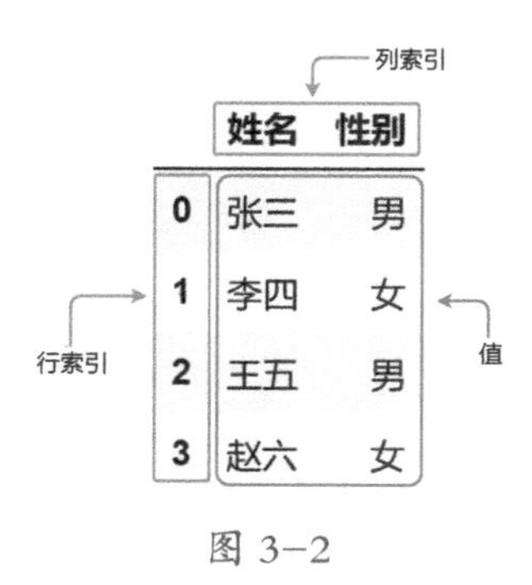

图 3-2

仔细观察图 3-2，可以看到一个 DataFrame 数据框大致由行索引、列索引和值 3 个部分组成，分别介绍如下。

- 行索引：用来标识数据框中的每一行，我们可以通过行索引来获取对应的值。
- 列索引：用来标识数据框中的每一列，我们可以通过列索引来获取对应的值。
- 值：数据框中的具体值。

小贴士

不管是 Series 序列，还是 DataFrame 数据框，它们的索引都可以是数字或者字符串中的一种，这对于获取序列或数据框中的值，有着很重要的意义。

3.1.3 Series 和 DataFrame 的创建方式

学习了 Pandas 的两种常用数据结构后，本小节就为大家讲述如何创建一个 Series 序列和一个 DataFrame 数据框。

1. Series 的 4 种创建方式

在 Pandas 模块中，调用 Series() 方法可以帮助我们创建一个序列，这里介绍 4 种常见的方法。

（1）通过标量创建 Series

在交互式环境中输入如下命令：

```
In [1]: x = 22                                    ❶
        s1 = pd.Series(x)                          ❷
        s1
Out[1]: 0    22
        dtype: int64
In [2]: s2 = pd.Series(x,index=list(range(5)))    ❸
        s2
Out[2]: 0    22
        1    22
        2    22
        3    22
        4    22
        dtype: int64
```

在❶处我们定义了一个标量22，将其传入Series()方法中（见❷），得到的是一个包含单个元素的序列。接着，再次调用Series()方法（见❸），此时我们为序列指定了索引，可以发现创建的序列长度与指定的索引长度一致。

（2）通过可迭代对象创建Series

在交互式环境中输入如下命令：

```
In [1]: x = range(1,7)
        s1 = pd.Series(x)
        s1
Out[1]: 0    1
        1    2
        2    3
        3    4
        4    5
        5    6
        dtype: int64
```

（3）通过列表创建Series

在交互式环境中输入如下命令：

```
In [1]: x = [1,3,5,7,9]
        s1 = pd.Series(x)
        s1
Out[1]: 0    1
        1    3
        2    5
        3    7
        4    9
        dtype: int64
```

（4）通过字典创建 Series

在交互式环境中输入如下命令：

```
In [1]: x = dict(a=22,b=18,c=35)              ❶
        x
Out[1]: {"a": 22, "b": 18, "c": 35}
In [2]: s1 = pd.Series(x)                     ❷
        s1
Out[2]: a    22
        b    18
        c    35
        dtype: int64
```

在 ❶ 处，我们定义了一个字典 x，将其传入 Series() 方法后（见 ❷），可以帮助我们创建一个序列。可以发现序列的索引就是字典的“键”，序列的值就是字典的“值”。

2. DataFrame 的 4 种创建方式

在 Pandas 模块中，调用 DataFrame() 方法可以帮助我们创建一个数据框，这里介绍 4 种常见的方法。

（1）通过列表组成的列表创建 DataFrame

在交互式环境中输入如下命令：

```
In [1]: x = [[1,2,3,4],[5,6,7,8],[9,10,11,12]]                              ❶
        df1 = pd.DataFrame(x)                                               ❷
        df1
Out[1]:     0   1   2   3
        0   1   2   3   4
        1   5   6   7   8
        2   9   10  11  12
In [2]: df2 = pd.DataFrame(x,index=["aa","bb","cc"],columns=list("abcd"))  ❸
        df2
Out[2]:     a   b   c   d
        aa  1   2   3   4
        bb  5   6   7   8
        cc  9   10  11  12
```

在 ❶ 处，我们定义了一个列表嵌套。第一次调用 DataFrame() 方法（见 ❷），可以发现数据框默认的行索引和列索引都是 0，1，2，……第二次调用 DataFrame() 方法（见 ❸），我们使用参数 index 和 columns 分别指定了行索引和列索引，最终可以发现原始索引已经被替换掉。

（2）通过列表组成的字典创建 DataFrame

在交互式环境中输入如下命令：

```
In [1]: x = {
            "name":[" 张三 "," 李四 "," 王燕 "],
            "age":[18,20,22],
            "sex":[" 男 "," 男 "," 女 "]
        }
        df1 = pd.DataFrame(x)
        df1
Out[1]:
            name  age  sex
        0   张三   18   男
        1   李四   20   男
        2   王燕   22   女
```

（3）通过字典组成的列表创建 DataFrame

在交互式环境中输入如下命令：

```
In [1]: x = [
              {"one":1,"two":2,"three":3},
              {"one":5,"two":10,"three":15}
        ]
        df1 = pd.DataFrame(x)
        df1
Out[1]:
            one  two  three
        0   1    2    3
        1   5    10   15
```

（4）通过字典组成的字典创建 DataFrame

在交互式环境中输入如下命令：

```
In [1]: x = {
            " 张三 ":{"MySQL":90, "Python":89, "Hive":78},
            " 李四 ":{"MySQL":82, "Python":95, "Hive":96},
            " 王五 ":{"MySQL":85, "Python":94,"Hive":100}
        }
        df1 = pd.DataFrame(x)
        df1
Out[1]:
                  张三  李四  王五
        MySQL     90    82    85
        Python    89    95    94
        Hive      78    96    100
```

3.1.4 Series 和 DataFrame 常用属性介绍

本小节为大家介绍 Series 序列对象或 DataFrame 数据框对象的常用属性，它能够帮助我们更清楚地认识它们。

1. Series 的 6 个常用属性

在 Series 序列中，有 6 个常用属性需要我们了解，分别介绍如下。

- ndim：返回 Series 的维数。
- shape：返回 Series 的行列数。
- size：返回 Series 元素的个数。
- dtype：返回 Series 元素的数据类型。
- index：返回 Series 的索引。
- values：返回 Series 的数值。

```
In [1]: x = [1,3,5,7,9]
        s = pd.Series(x)
        s                    ❶
Out[1]: 0    1
        1    3
        2    5
        3    7
        4    9
        dtype: int64
In [2]: s.ndim               ❷
Out[2]: 1
In [3]: s.shape              ❸
Out[3]: (5,)
In [4]: s.size               ❹
Out[4]: 5
In [5]: s.dtypes             ❺
Out[5]: dtype("int64")
In [6]: list(s.index)        ❻
Out[6]: [0, 1, 2, 3, 4]
In [7]: s.values             ❼
Out[7]: array([1, 3, 5, 7, 9], dtype=int64)
```

在 ❶ 处，我们首先创建了一个 Series 序列。

在 ❷ 处，调用 ndim 属性，打印得到序列是一维的。

在 ❸ 处，调用 shape 属性，得到的是一个元组，打印出序列是 5 行一列的。

在 ❹ 处，调用 size 属性，打印出序列共有 5 个元素。

在 ❺ 处，调用 dtypes 属性，打印出序列元素的数据类型。

在 ❻ 处，调用 index 属性，得到的只是一个索引对象，我们可以利用 list() 函数将它们转换为索引列表。

在 ❼ 处，调用 values 属性，可以获取序列的值，但它是一个 numpy 一维数组。

2. DataFrame 的 7 个常用属性

在 DataFrame 数据框中，有 7 个常用属性需要我们了解，分别介绍如下。

- ndim：返回 DataFrame 的维数。
- shape：返回 DataFrame 的行列数。
- size：返回 DataFrame 元素的个数。
- dtypes：返回 DataFrame 每一列元素的数据类型。
- index：返回 DataFrame 的行索引。
- columns：返回 DataFrame 的列索引。
- values：返回 DataFrame 的数值。

在交互式环境中输入如下命令：

```
In [1]: x = {
               "name":["张三","李四","王燕"],
               "age":[18,20,22],
               "sex":["男","男","女"]
        }
        df = pd.DataFrame(x)
        df                                    ❶
Out[1]:     name  age  sex
        0   张三   18   男
        1   李四   20   男
        2   王燕   22   女
In [2]: df.ndim                               ❷
Out[2]: 2
In [3]: df.shape                              ❸
Out[3]: (3, 3)
In [4]: df.size                               ❹
Out[4]: 9
In [5]: df.dtypes                             ❺
Out[5]: name    object
        age     int64
        sex     object
        dtype: object
In [6]: list(df.index)                        ❻
Out[6]: [0, 1, 2]
In [7]: list(df.columns)                      ❼
Out[7]: ["name", "age", "sex"]
In [8]: df.values                             ❽
Out[8]: array([["张三", 18, "男"],
```

```
        ["李四", 20, "男"],
        ["王燕", 22, "女"]], dtype=object)
```

在 ❶ 处，我们首先创建了一个 DataFrame 数据框。

在 ❷ 处，调用 ndim 属性，打印出数据框是二维。

在 ❸ 处，调用 shape 属性，得到的是一个元组，打印出数据框是 3 行 3 列。

在 ❹ 处，调用 size 属性，打印出数据框共有 9 个元素。

在 ❺ 处，调用 dtypes 属性，打印出数据框每一列元素的数据类型。

在 ❻❼ 处，调用 index 属性和 columns 属性，得到的只是一个索引对象，我们同样利用 list() 函数将其转换为行索引、列索引列表。

在 ❽ 处，调用 values 属性，可以获取数据框的值，但它是一个 numpy 二维数组。

3.1.5 数据的导入与导出

在实际工作生产中，我们获取到的往往是一个外部数据，这就需要我们学会如何导入外部数据。经过一定的数据处理后，我们同样需要将其完整地导出。

本小节就给大家讲述如何利用 Pandas 实现数据的导入和导出。

1. Excel 格式数据导入

Pandas 支持导入多种外部数据，包括 Excel、CSV、txt、JSON、SQL 等格式，它们的常用方法如表 3-1 所示。

表 3-1

文件格式	读取方法
Excel 文件	read_excel()
CSV 文件	read_csv()
txt 文件	read_table()
Json 文件	read_json()
MySQL 文件	read_sql_table()

对于上述这些方法，只需要一行代码就可以实现不同格式数据的导入，唯一的区别在于它们拥有不同的参数。

如图 3-3 所示，假如有这样一个 Excel 文件，它有 Sheet1 和 Sheet2 两张表，我们将利用它来详细介绍 read_excel() 方法的各种常用参数。

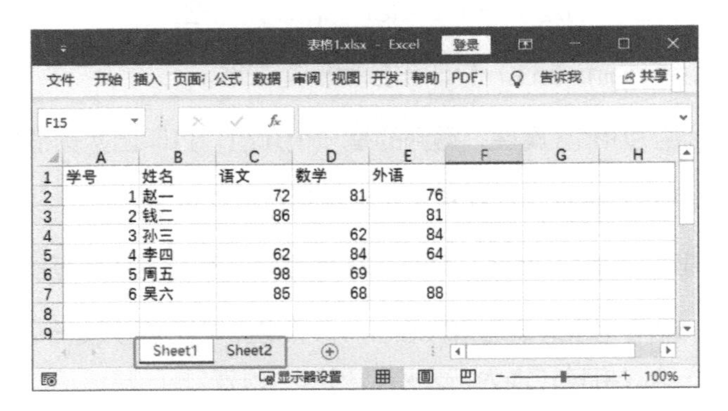

	A	B	C	D	E	F	G	H
1	学号	姓名	语文	数学	外语			
2	1	赵一	72	81	76			
3	2	钱二	86		81			
4	3	孙三		62	84			
5	4	李四	62	84	64			
6	5	周五	98	69				
7	6	吴六	85	68	88			
8								
9								

图 3-3

（1）不添加任何参数

在交互式环境中输入如下命令：

```
In [1]: df1 = pd.read_excel("表格1.xlsx")
        df1  ❶
Out[1]:
     学号  姓名  语文  数学  外语
  0   1   赵一   72   81   76
  1   2   钱二   86   NaN  81
  2   3   孙三   NaN  62   84
  3   4   李四   62   84   64
  4   5   周五   98   69   NaN
  5   6   吴六   85   81   88
```

如果不添加任何参数，会默认将 Excel 表格中的第一行识别为标题行。

（2）sheet_name 参数

作用：指定读取 Excel 表格中的那个 Sheet，默认是读取第一个 Sheet。

在交互式环境中输入如下命令：

```
In [1]: df1 = pd.read_excel("表格1.xlsx",sheet_name="Sheet1")
        df1
Out[1]:
     学号  姓名  语文  数学  外语
  0   1   赵一   72   81   76
  1   2   钱二   86   NaN  81
  2   3   孙三   NaN  62   84
  3   4   李四   62   84   64
  4   5   周五   98   69   NaN
  5   6   吴六   85   81   88
```

在一个Excel表格中，可能会有一个或多个Sheet，设置了sheet_name="Sheet1"表示我们想要读取Sheet1这个表格。

（3）index_col参数

作用：指定将Excel表格的第几列当作行索引。

在交互式环境中输入如下命令：

```
In [1]: df1 = pd.read_excel("表格1.xlsx",index_col=0)
        df1
Out[1]:    姓名  语文  数学  外语
        学号
        1  赵一  72   81   76
        2  钱二  86   NaN  81
        3  孙三  NaN  62   84
        4  李四  62   84   64
        5  周五  98   69   NaN
        6  吴六  85   81   88
```

当设置了index_col=0时，表示将Excel表格中的学号列设置为了行索引，原始索引被替换。

（4）header参数

作用：指定将Excel表格的第几行当作标题行。

在交互式环境中输入如下命令：

```
In [1]: df1 = pd.read_excel("表格1.xlsx",sheet_name="Sheet1")
        df1
Out[1]:    学号  姓名  语文  数学  外语
        0  1    赵一  72   81   76
        1  2    钱二  86   NaN  81
        2  3    孙三  NaN  62   84
        3  4    李四  62   84   64
        4  5    周五  98   69   NaN
        5  6    吴六  85   81   88
In [2]: df2 = pd.read_excel("表格1.xlsx",sheet_name="sheet1",header=None)
        df2
Out[2]:    0    1    2    3    4
        0  学号  姓名  语文  数学  外语
        1  1    赵一  72   81   76
        2  2    钱二  86   NaN  81
        3  3    孙三  NaN  62   84
        4  4    李四  62   84   64
        5  5    周五  98   69   NaN
        6  6    吴六  85   81   88
```

```
In [3]: df1 = pd.read_excel("表格1.xlsx",sheet_name="Sheet2")
        df1
Out[3]:    1   赵一   72   81   76
        0  2   钱二   86   NaN  81
        1  3   孙三   NaN  62   84
        2  4   李四   62   84   64
        3  5   周五   98   69   NaN
        4  6   吴六   85   81   88
```

利用 read_excel() 方法读取 Excel 表格，总是默认将第一行数据识别为标题行。由于 Sheet1 表格自带标题行，我们可以不做任何设置。但是 Sheet2 表格没有标题行，我们需要设置 header=None，告诉 Python 程序该表格没有标题行。此时如果不做任何设置，就会默认把第一行数据识别为标题行，这不是我们想要的结果。

（5）usecols 参数

作用：指定导入 Excel 表格中的哪几列。

在交互式环境中输入如下命令：

```
In [1]: df1 = pd.read_excel("表格1.xlsx",usecols=["姓名","语文","数学","外语"])
        df1
Out[1]:    姓名  语文  数学  外语
        0  赵一   72   81   76
        1  钱二   86   NaN  81
        2  孙三   NaN  62   84
        3  李四   62   84   64
        4  周五   98   69   NaN
        5  吴六   85   81   88
```

一个 Excel 表格往往会有多行多列，但是我们有时候只需要其中的某些列，这时候就可以利用 usecols 参数，指定读取 Excel 中的哪几列。

1. Pandas 读取其他格式文件时，其用法基本类似，区别在于不同方法拥有不同的参数。大家可以按照本小节所讲的内容，去学习其他方法。

2. 上述结果中的 NaN，表示这是一个缺失值。

2. Excel 格式数据导出

对于导入的数据，经过数据处理后，往往都需要将结果导出，方便我们做进一步的数据分析。其中，最常见的就是将处理好的数据，导出为 Excel 文件或 CSV 文件。

在 Pandas 模块中，利用 to_excel() 方法可以将数据导出为 Excel 文件，利用 to_csv() 方法可以将数据导出为 CSV 文件。

下面我们同样以导出为 Excel 文件为例，为大家讲述 to_excel() 的详细用法。

在交互式环境中输入如下命令：

```
In [1]: df = pd.read_excel("表格1.xlsx")
        df
Out[1]:
     学号  姓名  语文  数学  外语
   0  1   赵一  72   81   76
   1  2   钱二  86   NaN  81
   2  3   孙三  NaN  62   84
   3  4   李四  62   84   64
   4  5   周五  98   69   NaN
   5  6   吴六  85   81   88
In [2]: df.to_excel(excel_writer="导出.xlsx",                  ❶
                   index=False,                                ❷
                   sheet_name = "成绩表",                       ❸
                   columns=["姓名","语文","数学","外语"],        ❹
                   na_rep=0,                                   ❺
                   encoding="gbk")                             ❻
```

当我们得到一个数据框对象 df 后，就可以调用 to_excel() 方法，实现数据的导出。

在 ❶ 处，excel_writer 参数用于指明文件的保存路径。

在 ❷ 处，index 参数为 False 表示隐藏序号列，否则会自动生成一个序号列。

在 ❸ 处，sheet_name 用于设置表格的名称。

在 ❹ 处，columns 参数可以指定导出哪些列。

在 ❺ 处，na_rep 参数可以将表格中的缺失值用指定值填充。

在 ❻ 处，encoding 参数用于设置文件编码，一般根据自己的系统环境来设置。

3.2 Pandas 数据处理

通过前面的学习，大家对于 Pandas 模块的数据结构和基础用法有了一定的了解。

本节我们将会用一个完整的案例，带大家学习 Pandas 数据处理的全流程。

3.2.1 数据预览

假如你是某学校高三年级的教导主任，期末考试结束后，你拿到了他们的考试数据（如图 3-4 所示），并希望对该数据做一个数据分析。

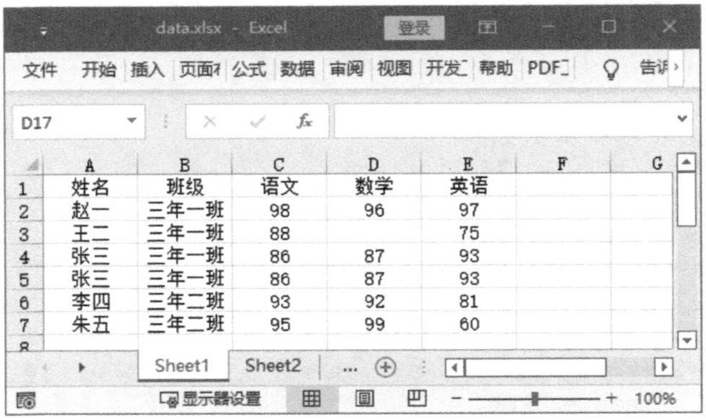

	A	B	C	D	E
1	姓名	班级	语文	数学	英语
2	赵一	三年一班	98	96	97
3	王二	三年一班	88		75
4	张三	三年一班	86	87	93
5	张三	三年一班	86	87	93
6	李四	三年二班	93	92	81
7	朱五	三年二班	95	99	60

图 3-4

注明：本章使用的案例数据均为虚构数据，仅供学习使用。

首先，我们调用 read_excel() 方法读取该数据。

```
In [1]: import pandas as pd
        df = pd.read_excel("data.xlsx")
        df
Out[1]:
           姓名     班级      语文   数学    英语
        0  赵一   三年一班    98   96.0    97
        1  王二   三年一班    88   NaN     75
        2  张三   三年一班    86   87.0    93
        3  张三   三年一班    86   87.0    93
        4  李四   三年二班    93   92.0    81
        5  朱五   三年二班    95   99.0    60
```

在成功导入数据后，我们要做的第一件事，就是熟悉数据，它对于后续的处理分析起着至关重要的作用。

在 Pandas 模块中，有 5 种常用的方法和属性，可以帮助我们熟悉数据，分别是 shape、head()/tail()、dtypes、describe() 和 info()。

1. shape 属性

作用：可以帮助我们查看数据包含几行几列。

在交互式环境中输入如下命令：

```
In [1]: df.shape
Out[1]: (6,5)
```

从结果中可以看出，这份数据一共有 6 行 5 列数据。

2. head() 或 tail() 方法

作用：head() 方法可以帮助我们查看数据的前几行，tail() 方法可以帮助我们查看数据的后几行。

在交互式环境中输入如下命令：

```
In [1]: df.head()
Out[1]:
     姓名    班级    语文  数学   英语
0    赵一   三年一班   98   96.0   97
1    王二   三年一班   88   NaN    75
2    张三   三年一班   86   87.0   93
3    张三   三年一班   86   87.0   93
4    李四   三年二班   93   92.0   81
In [2]: df.tail(2)
Out[2]:
     姓名    班级    语文  数学   英语
4    李四   三年二班   93   92.0   81
5    朱五   三年二班   95   99.0   60
```

head() 方法默认展示的是前 5 行数据，tail() 方法默认展示的是后 5 行数据。当给它们传入指定的数字时，就可以帮助我们获取指定的行数。例如 tail(2)，表示获取数据的后两行。

3. dtypes 属性

作用：可以帮助我们查看每列数据的数据类型。

在交互式环境中输入如下命令：

```
In [1]: df.dtypes
Out[1]: 姓名      object
        班级      object
        语文       int64
        数学     float64
        英语       int64
        dtype: object
```

仔细观察上述结果，可以看到 object 表示“姓名”和“班级”字段的类型是字符串，int64 表示“语文”和“英语”字段的类型是整型，float64 表示“数学”字段的类型是浮点型。

4. describe() 方法

作用：可以帮助我们查看数值型变量的描述性统计量。

在交互式环境中输入如下命令：

```
In [1]: df.describe()
Out[1]:
              语文          数学          英语
count    6.000000    5.000000    6.000000
mean    91.000000   92.200000   83.166667
std      5.059644    5.357238   14.091369
min     86.000000   87.000000   60.000000
25%     86.500000   87.000000   76.500000
50%     90.500000   92.000000   87.000000
75%     94.500000   96.000000   93.000000
max     98.000000   99.000000   97.000000
```

在这份数据中，只有“语文”、“数学”和“英语”属于数值型变量，因此这里会展示它们的描述性统计量。其中，count 表示计数，mean 表示均值，std 表示标准差，min 和 max 分别表示最小值和最大值，25%、50%、75% 表示四分位数。

5. info() 方法

作用：可以帮助我们查看数据的列名、数据类型、非空值，以及内存占用情况。

在交互式环境中输入如下命令：

```
In [1]: df.info()
Out[1]: <class "pandas.core.frame.DataFrame">
RangeIndex: 6 entries, 0 to 5
Data columns (total 5 columns):
 #   Column  Non-Null Count  Dtype
---  ------  --------------  -----
 0   姓名      6 non-null      object
 1   班级      6 non-null      object
 2   语文      6 non-null      int64
 3   数学      5 non-null      float64
 4   英语      6 non-null      int64
dtypes: float64(1), int64(2), object(2)
memory usage: 368.0+ bytes
```

仔细观察上述结果，我们可以清楚地看到每一个列字段的列名、非空值和数据类型。另外“数学”这一列只有 5 个非空值，表明该列存在缺失值。同时 memory usage 为我们展示了这份数据占用内存的大小。

3.2.2 数据预处理

通过数据预览，可以做到对数据心中有数。然而，在正式进行数据处理和分析之前，我们必须进行数据预处理，它直接关系到分析结果的准确性。

再次观察原始数据，我们会发现它存在如下几个问题。

- 第二行数据存在缺失值。
- 第三、第四行数据属于重复值。

当数据量很小的时候，我们还可以通过肉眼来发现数据中的“缺失值”和“重复值”。但当数据量很大时，就需要我们学会如何判断数据中是否存在“缺失值”和“重复值”。

1. 检测缺失值

其实检测缺失值最简单的方法，就是调用 info() 方法，通过观察每一列的非空值，即可判断出哪些列存在缺失值。

另外还有一种检测是否存在缺失值的方法，即 isnull() 方法搭配 any() 方法，具体介绍如下。

- isnull()：对于缺失值，返回 True；对于非缺失值，返回 False。
- any()：一个序列中有一个 True，则返回 True，否则返回 False。

在交互式环境中输入如下命令：

```
In [1]: df.isnull()                     ❶
Out[1]:      姓名      班级     语文     数学     英语
        0   False    False    False    False    False
        1   False    False    False    True     False
        2   False    False    False    False    False
        3   False    False    False    False    False
        4   False    False    False    False    False
        5   False    False    False    False    False
In [2]: df.isnull().any(axis=1)         ❷
Out[2]: 0     False
        1      True
        2     False
        3     False
        4     False
        5     False
        dtype: bool
```

在 ❶ 处，调用 isnull() 方法，可以打印出每个数据的 True 或 False 值。接着在 ❷ 处，再调用 isnull() 方法，并指明 axis=1，可以帮助我们打印出每一行是否存在缺失值。仔细观察上述结果，可以发现第二行存在缺失值。

2. 检测重复值

在 Pandas 模块中，调用 duplicated() 方法，可以用于检测重复值。

在交互式环境中输入如下命令：

```
In [1]: df.duplicated()                    ❶
Out[1]: 0    False
        1    False
        2    False
        3     True
        4    False
        5    False
        dtype: bool
In [2]: df.duplicated().any()              ❷
Out[2]: True
```

在 ❶ 处，调用 duplicated() 方法，可以返回某一行是否是重复值。由于第 4 行数据相对于第 3 行数据属于重复行，因此这里返回的是 True。接着在 ❷ 处，调用 any() 方法，即可判断出数据中存在重复值。

3. 缺失值处理

在 Python 中，通常使用 NaN 表示缺失值。如果数据中存在了缺失值，我们就可以调用 Pandas 模块中的 fillna() 方法来填充数据，具体语法和处理结果如图 3-5 所示。

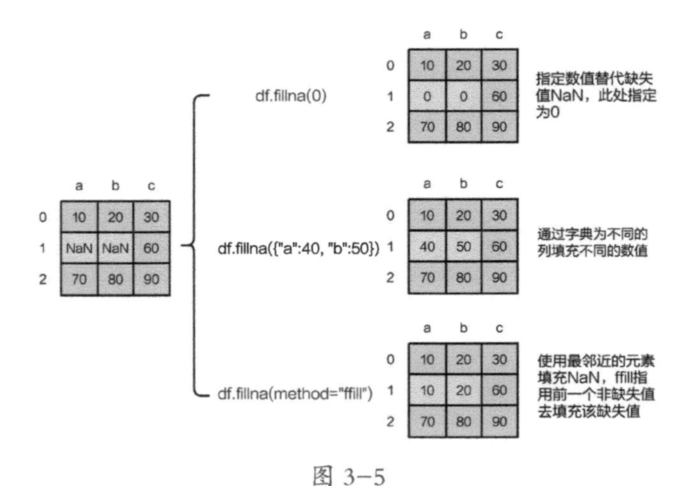

图 3-5

我们也可以调用 Pandas 模块中的 dropna() 方法删除缺失值，具体语法和处理结果如图 3-6 所示。

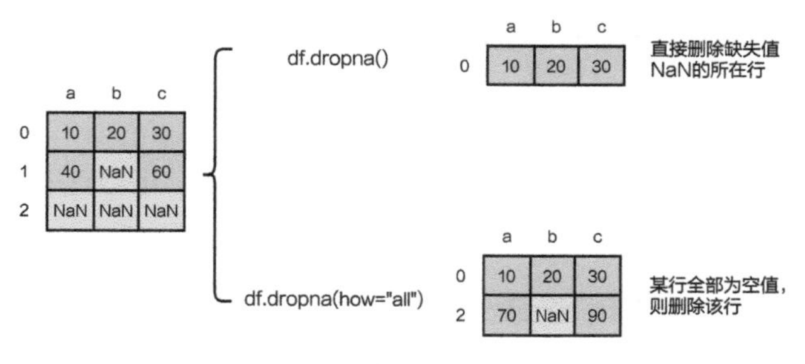

图 3-6

在案例数据中，缺失值是由于缺考导致的，因此我们可以将缺失数据指定为 0。

在交互式环境中输入如下命令：

```
In [1]: df = df.fillna({"数学":0})        ❶
        df                              ❷
Out[1]:
      姓名    班级     语文  数学   英语
   0  赵一  三年一班   98   96.0   97
   1  王二  三年一班   88   0.0    75
   2  张三  三年一班   86   87.0   93
   3  张三  三年一班   86   87.0   93
   4  李四  三年二班   93   92.0   81
   5  朱五  三年二班   95   99.0   60
```

在 ❶ 处，调用 fillna() 方法，我们将“数学”这一列的缺失值用 0 填充。再次打印填充后的效果（见 ❷），可以发现缺失值已经被 0 填充。

4. 重复值处理

在 Pandas 模块中，我们可以利用 drop_duplicates() 方法，进行重复值处理。它可以对所有值进行重复值判断，并默认保留第一个（行）值。

在案例数据中，第三、第四行数据存在重复录入问题，因此需要进行去重操作。

在交互式环境中输入如下命令：

```
In [1]: df = df.drop_duplicates()       ❶
        df                              ❷
Out[1]:
      姓名    班级     语文  数学   英语
   0  赵一  三年一班   98   96.0   97
   1  王二  三年一班   88   0.0    75
   2  张三  三年一班   86   87.0   93
   4  李四  三年二班   93   92.0   81
   5  朱五  三年二班   95   99.0   60
```

在 ❶ 处，调用 drop_duplicates() 方法，可以帮助我们删除重复行，并帮助我们只保留第一行的数据。打印最终的结果（见 ❷），可以发现重复行已经被删除。

5. 数据替换

通过前面的操作，我们已经将王二的“数学”成绩，用 0 进行了填充。假如他现在通过补考并获得 90 分的成绩，作为教导主任的你，又应该如何更新成绩表呢？

在 Pandas 模块中，调用 replace() 方法，可以实现数据替换，例如 replace(A,B) 表示将 A 替换成 B。

在交互式环境中输入如下命令：

```
In [1]: df[" 数学 "] = df[" 数学 "].replace(0,90) ❶
        df
Out[1]:
        姓名    班级      语文  数学    英语
   0    赵一   三年一班    98   96.0    97
   1    王二   三年一班    88   90.0    75
   2    张三   三年一班    86   87.0    93
   4    李四   三年二班    93   92.0    81
   5    朱五   三年二班    95   99.0    60
```

在 ❶ 处，调用 replace() 方法，我们将“数学”这一列的 0 替换成了 90。其中，df[" 数学 "] 表示选取“数学”这一列，这将在下一小节为大家讲述。

3.2.3 数据选取

经过数据预处理后，原始的“脏”数据，已经变成了“干净”数据。此时，我们可以进行数据选取，以便于后续的数据分析。

常见的数据选取方式有 2 种，第一种是按行 / 列筛选，第二种是按条件筛选。

1. 按行 / 列筛选

对于一个 DataFrame 数据框来说，它既有行索引，也有列索引。而对于行索引和列索引来说，它既可以是默认生成的数字索引（又叫位置索引），也可以是我们指定的标签索引。

因此，Pandas 提供了 loc 和 iloc 这两种方法，用于行 / 列筛选，分别介绍如下。

- loc：利用标签索引的方式获取行或列。
- iloc：利用位置索引的方式获取行或列。

如图 3-7 所示，我们为大家列举了按行 / 列筛选数据的各种可能情况，方便大家学习和记忆。

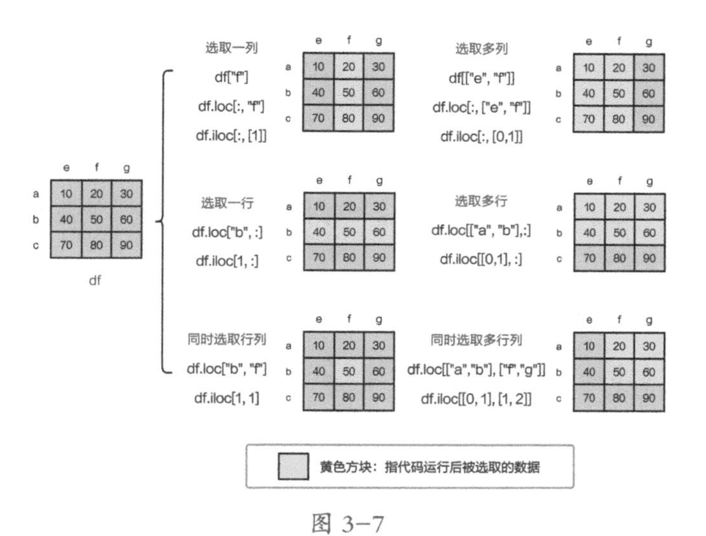

图 3-7

在案例数据中，如果我们想只选取“赵一”和“李四”这两位同学的数据信息，应该怎么做?

在交互式环境中输入如下命令：

```
In [1]: df1 = df.set_index("姓名")        ❶
        df1                               ❷
Out[1]:         班级    语文   数学   英语
        姓名
        赵一   三年一班   98   96.0    97
        王二   三年一班   88   90.0    75
        张三   三年一班   86   87.0    93
        李四   三年二班   93   92.0    81
        朱五   三年二班   95   99.0    60
In [2]: df1.loc[["赵一","李四"]]           ❸
Out[2]:         班级    语文   数学   英语
        姓名
        赵一   三年一班   98   96.0    97
        李四   三年二班   93   92.0    81
In [3]: df1.iloc[[0,3]]                   ❹
Out[3]:         班级    语文   数学   英语
        姓名
        赵一   三年一班   98   96.0    97
        李四   三年二班   93   92.0    81
```

在 ❶ 处，调用 set_index() 方法，我们将数据框中的“姓名”列设置为新的索引，打印设置索引后的效果（见 ❷）。我们既可以使用 loc 传入标签索引的方式，获取这两位同学的数据信息（见 ❸），也可以使用 iloc 传入位置索引的方式，获取这两位同学的数据信息（见❹）。

这里我们将“姓名”设置为了行索引。针对这个数据框来说，“赵一”就是第一行数据的“标签索引”。由于 Python 中的索引是从 0 开始的，因此 0 也是第一行数据的“位置索引”。

2. 按条件筛选

有时候，我们想要筛选出符合某些条件的数据，应该怎么办呢？

在 Pandas 模块中，提供了 query()、isin() 和 between() 这 3 个常用方法，帮助我们按照条件筛选数据。

这里我们将利用 4 个案例，为大家讲解如何按照条件筛选数据。

在案例数据中，如果我们想筛选数学成绩在 95 分以上的同学，应该怎么做？

在交互式环境中输入如下命令：

```
In [1]: df[df["数学"]>95]
Out[1]:    姓名    班级    语文  数学  英语
        0  赵一  三年一班  98    96   97
        5  朱五  三年二班  95    99   60
```

在案例数据中，如果我们想筛选语文和数学成绩都在 90 分以上的同学，应该怎么做？

在交互式环境中输入如下命令：

```
In [1]: df.query("语文>90 & 数学>90")
Out[1]:    姓名    班级    语文  数学   英语
        0  赵一  三年一班   98   96.0   97
        4  李四  三年二班   93   92.0   81
        5  朱五  三年二班   95   99.0   60
```

在案例数据中，如果我们想筛选语文成绩是 88 或 95 的同学，应该怎么做？

在交互式环境中输入如下命令：

```
In [1]: df[df["语文"].isin([88,95])]
Out[1]:    姓名    班级    语文  数学   英语
        1  王二  三年一班   88   90.0   75
        5  朱五  三年二班   95   99.0   60
```

在案例数据中，如果我们想筛选数学成绩在 85 ~ 95 之间的同学，应该怎么做？

在交互式环境中输入如下命令：

```
In [1]: df[df["数学"].between(85,95)] # 不包含边界值 85 和 95。
Out[1]:    姓名    班级     语文   数学    英语
        1  王二  三年一班    88   90.0    75
        2  张三  三年一班    86   87.0    93
        4  李四  三年二班    93   92.0    81
```

3.2.4 数据运算

在学会了如何选取数据后，接着就可以按照我们的需求，来进行数据运算了。

数据运算主要分为两种，一种是利用加 +、减 -、乘 *、除 / 进行数据运算，另一种是利用统计方法进行数据运算。

在 Pandas 模块中，常见的统计方法有 18 个，如表 3-2 所示。

表 3-2

方法	作用	方法	作用
sum()	求和	abs()	求绝对值
count()	计数	mod()	求余数
mean()	求均值	value_counts()	求每个值出现的个数
max()	求最大值	prod()	求连乘积
min()	求最小值	argmax()	求最大值的索引值
mode()	求众数	idxmax()	求最大值的索引值
var()	求方差	argmin()	求最小值的索引值
std()	求标准差	idxmin()	求最小值的索引值
median()	求中位数	unique()	去重（求唯一值）

这里我们将利用 3 个案例，为大家讲述 Pandas 中的数据运算。

在案例数据中，如果我们想要计算出每个同学的总成绩，应该怎么做？

在交互式环境中输入如下命令：

```
In [1]: df["总分"] = df["语文"] + df["数学"] + df["英语"]
        df
Out[1]:    姓名    班级     语文   数学    英语   总分
        0  赵一  三年一班    98   96.0    97   291.0
        1  王二  三年一班    88   90.0    75   253.0
        2  张三  三年一班    86   87.0    93   266.0
```

```
4  李四  三年二班   93  92.0   81  266.0
5  朱五  三年二班   95  99.0   60  254.0
```

在案例数据中，如果我们想要计算出每个班级的总人数，应该怎么做？

在交互式环境中输入如下命令：

```
In [1]: df["班级"].value_counts()
Out[1]: 三年一班    3
        三年二班    2
        Name: 班级, dtype: int64
```

在案例数据中，如果我们想要计算出每个同学的平均分，并保留两位小数，应该怎么做？

在交互式环境中输入如下命令：

```
In [1]: df["平均分"] = df["总分"].apply(lambda x: round(x/3, 2))    ❶
        df
Out[1]:
        姓名    班级    语文  数学   英语   总分    平均分
     0  赵一  三年一班   98  96.0   97  291.0   97.00
     1  王二  三年一班   88  90.0   75  253.0   84.33
     2  张三  三年一班   86  87.0   93  266.0   88.67
     4  李四  三年二班   93  92.0   81  266.0   88.67
     5  朱五  三年二班   95  99.0   60  254.0   84.67
```

在 ❶ 处，我们调用了 apply() 方法，将“总分”这一列的每个元素，都除以 3 且结果保留两位小数，从而得到了“平均分”这一列。

在 Pandas 模块中，有两个非常好用的数据清洗方法，分别是 apply() 和 applymap()。

apply() 方法能对 DataFrame 中的某一行或列中的元素执行相同的函数操作，applymap() 方法能对 DataFrame 中的每一个元素执行相同的函数操作。

它们最大的优势就是可以搭配自定义函数使用。在上面的案例中，我们搭配使用了匿名函数 lambda。当然，你也可以搭配自定义函数，实现更为复杂的逻辑。

3.2.5 数据排序与排名

通过前面的数据运算，我们统计了每位同学的总分和平均分，接下来就可以对它们进行排序或排名。

1. 数据排序

在 Pandas 模块中，调用 sort_values() 方法可以实现数据排序，它的语法格式如图 3-8 所示。

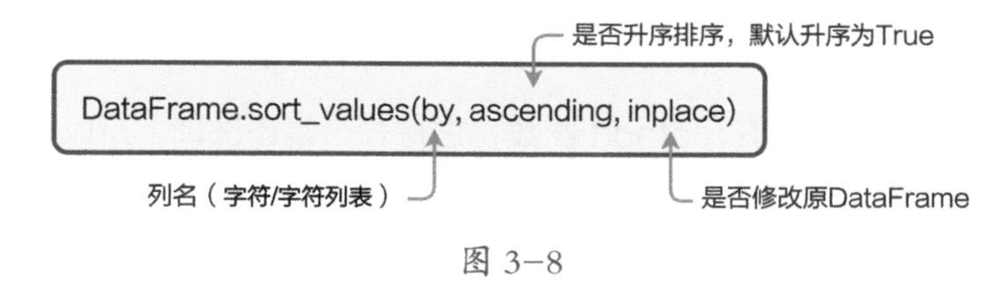

图 3-8

在案例数据中，如果我们想要按照总分降序排列，应该怎么做?

在交互式环境中输入如下命令：

```
In [1]: df.sort_values(by = ["总分"],ascending=False,inplace=True) ❶
        df
Out[1]:
      姓名   班级     语文  数学   英语  总分    平均分
   0  赵一   三年一班  98   96.0   97   291.0   97.00
   2  张三   三年一班  86   87.0   93   266.0   88.67
   4  李四   三年二班  93   92.0   81   266.0   88.67
   5  朱五   三年二班  95   99.0   60   254.0   84.67
   1  王二   三年一班  88   90.0   75   253.0   84.33
In [2]: df.sort_values(by=["总分", "英语"],ascending=[False,True],
        inplace=True)                                              ❷
        df
Out[2]:
      姓名   班级     语文  数学   英语  总分    平均分
   0  赵一   三年一班  98   96.0   97   291.0   97.00
   4  李四   三年二班  93   92.0   81   266.0   88.67
   2  张三   三年一班  86   87.0   93   266.0   88.67
   5  朱五   三年二班  95   99.0   60   254.0   84.67
   1  王二   三年一班  88   90.0   75   253.0   84.33
```

在 ❶ 处，调用 sort_values() 方法，我们将原始数据按照“总分”降序排列。观察结果可以发现，“张三”和“李四”的总分相同，此时我们可以实现多列数据排序。在 ❷ 处，再次调用 sort_values() 方法，我们先按照“总分”降序排列。如果总分相同，再按照“英语”升序排列。

2. 数据排名

当我们对数据完成排序后，就可以进行数据排名操作了。在 Pandas 模块中，调用 rank() 方法可以实现数据排名，它的语法格式如图 3-9 所示。

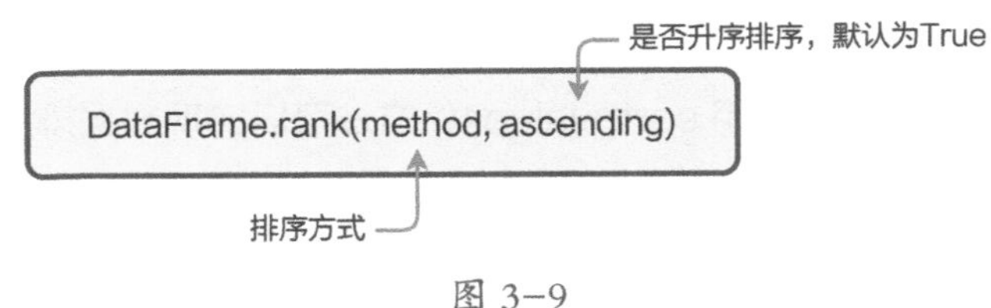

图 3-9

这里需要特别说明一下 method 参数，它有 5 个常用选项，可以帮助我们实现不同情况下的排名，如图 3-10 所示。

first

姓名	总分	排名
赵一	291	1
张三	266	2
李四	266	3
朱五	254	4
王二	253	5

average

姓名	总分	排名
赵一	291	1
张三	266	2.5
李四	266	2.5
朱五	254	4
王二	253	5

min

姓名	总分	排名
赵一	291	1
张三	266	2
李四	266	2
朱五	254	4
王二	253	5

max

姓名	总分	排名
赵一	291	1
张三	266	3
李四	266	3
朱五	254	4
王二	253	5

dense

姓名	总分	排名
赵一	291	1
张三	266	2
李四	266	2
朱五	254	3
王二	253	4

图 3-10

在案例数据中，如果我们想要按照总分排名，应该怎么做?

在交互式环境中输入如下命令：

```
In [1]: df["排名"] = df["总分"].rank(method="dense",
                                    ascending=False).astype("int")   ❶
        df
Out[1]:
        姓名   班级     语文  数学   英语   总分    平均分  排名
    0   赵一   三年一班  98   96.0   97   291.0   97.00   1
    4   李四   三年二班  93   92.0   81   266.0   88.67   2
    2   张三   三年一班  86   87.0   93   266.0   88.67   2
    5   朱五   三年二班  95   99.0   60   254.0   84.67   3
    1   王二   三年一班  88   90.0   75   253.0   84.33   4
```

在 ❶ 处，我们调用 rank() 方法实现数据排名，其中参数 method="dense" 指的是"密集排序"，即相同成绩的同学排名相同，后续同学排名依次加 1。由于这里返回的排名值是一个浮点型，因此需要调用 astype() 方法实现数据类型转换。

3.3 Pandas 数据合并与连接

在前面的各节中，我们学习的主要是对单表的操作。在 Pandas 模块中，为我们提供了“数据合并”与“数据连接”的方法，用于实现对多表的操作。

其中，“数据合并”常用于将同种性质表的不同部分合并在一起，一般不需要考虑公共列。“数据连接”常用于将不同性质表连接在一起，一般需要考虑公共列。

3.3.1 数据合并

“数据合并”分为横向合并和纵向合并两种方式。Pandas 模块的 concat() 方法，可以帮助我们实现数据合并，具体语法和效果如图 3-11 所示。

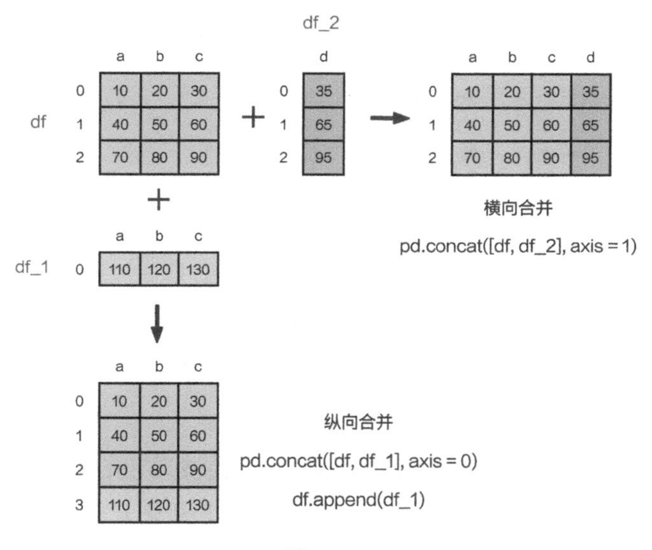

图 3-11

在案例数据中，如果想要加入“三年三班”的数据，应该怎么做?

在交互式环境中输入如下命令：

```
In [1]: df1 = df.iloc[:,:5]                                    ❶
        df1
Out[1]:     姓名    班级      语文   数学    英语
        0   赵一   三年一班    98   96.0    97
        4   李四   三年二班    93   92.0    81
        2   张三   三年一班    86   87.0    93
        5   朱五   三年二班    95   99.0    60
        1   王二   三年一班    88   90.0    75
In [2]: df2 = pd.read_excel("data_1.xlsx")                     ❷
        df2
Out[2]:     姓名    班级      语文 数学 英语
        0   马六   三年三班    86   90   89
```

```
1    黄七   三年三班     96   88    91
In [3]: df_concat = pd.concat([df1,df2],axis=0)    ❸
        df_concat
Out[3]:
     姓名     班级       语文   数学    英语
0    赵一   三年一班     98   96.0    97
4    李四   三年二班     93   92.0    81
2    张三   三年一班     86   87.0    93
5    朱五   三年二班     95   99.0    60
1    王二   三年一班     88   90.0    75
0    马六   三年三班     86   90.0    89
1    黄七   三年三班     96   88.0    91
In [4]: df_concat = df_concat.reset_index(drop=True)  ❹
        df_concat
Out[4]:
     姓名     班级       语文   数学    英语
0    赵一   三年一班     98   96.0    97
1    李四   三年二班     93   92.0    81
2    张三   三年一班     86   87.0    93
3    朱五   三年二班     95   99.0    60
4    王二   三年一班     88   90.0    75
5    马六   三年三班     86   90.0    89
6    黄七   三年三班     96   88.0    91
```

在❶处，我们选取数据框 df 中的前 5 列数据，得到数据框 df1。接着，再读取导入的“三年三班”的数据，得到一个数据框 df2（见❷）。最后，调用 concat() 方法，即可实现两表数据的纵向合并（见❸）。

此时，观察最终得到的数据框 df_concat，会发现它的索引是错乱的。因此，调用 reset_index() 方法，可以帮助我们重置索引（见❹）。

小贴士

在❸处，直接将 pd.concat([df1,df2]) 替换为 df1.append(df2)，可以实现同样的需求。

在案例数据中，如果想要加入“学生信息表”的数据，应该怎么做？

在交互式环境中输入如下命令：

```
In [1]: df3 = pd.read_excel("学生信息表.xlsx")  ❶
        df3
Out[1]:
     姓名  性别    住址
0    王二   男    朝阳
1    李四   女    朝阳
2    朱五   男    海淀
```

```
3   黄七  男   海淀
4   赵一  女   朝阳
5   马六  女   海淀
6   张三  男   海淀
In [2]: pd.concat([df_concat, df3], axis=1)   ❷
Out[2]:
    姓名    班级     语文 数学 英语  姓名 性别  住址
0   赵一  三年一班   98   96   97   王二  男   朝阳
2   李四  三年二班   93   92   81   李四  女   朝阳
1   张三  三年一班   86   87   93   朱五  男   海淀
3   朱五  三年二班   95   99   60   黄七  男   海淀
4   王二  三年一班   88   90   75   赵一  女   朝阳
5   马六  三年三班   86   90   89   马六  女   海淀
6   黄七  三年三班   96   88   91   张三  男   海淀
```

在 ❶ 处，我们导入新增的“学生信息表”，其中包括学生的性别和住址。接着，调用 concat() 方法，指明 axis=1 用于横向合并成绩表与信息表（见 ❷），此时会发现输出结果中的两表数据产生了错乱，如图 3-12 所示。

	姓名	班级	语文	数学	英语	姓名	性别	住址
0	赵一	三年一班	98	96.0	97	王二	男	朝阳
1	李四	三年二班	93	92.0	81	李四	女	朝阳
2	张三	三年一班	86	87.0	93	朱五	男	海淀
3	朱五	三年二班	95	99.0	60	黄七	男	海淀
4	王二	三年一班	88	90.0	75	赵一	女	朝阳
5	马六	三年三班	86	90.0	89	马六	女	海淀
6	黄七	三年三班	96	88.0	91	张三	男	海淀

图 3-12

这是由于 concat() 方法合并数据依赖索引，当两表的数据顺序不一致时，就会产生这类错误。

要想规避这种错误，我们可以考虑以“姓名”为连接键，将它们连接在一起，这就是我们接下来要讲述的“数据连接”。

3.3.2 数据连接

在 Pandas 模块中，调用 merge() 方法，可以帮助我们实现数据连接，它的基本语法格式如图 3-13 所示。

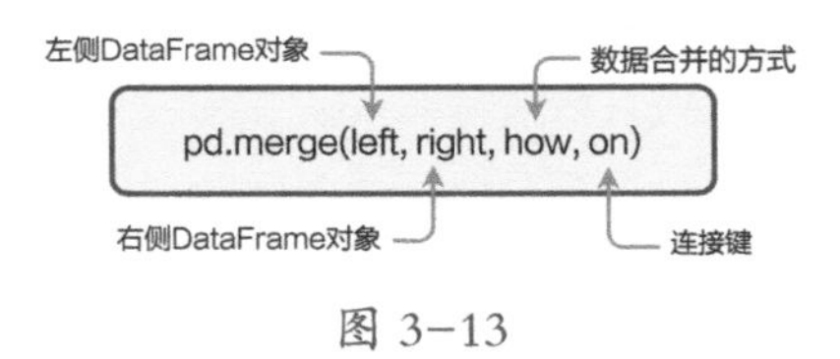

图 3-13

两个数据框 DataFrame 想要进行数据连接，需要依赖某个“公共列”作为连接键，数据连接后的结果受参数 how 的影响，有如下 4 种常见的情况。

- how="left"：左表中的数据都会展示出来，右表会根据“连接键”将数据连接到左表上，对于不符合条件的数据用 NaN 补充（左连接）。
- how="right"：右表中的数据都会展示出来，左表会根据“连接键”将数据连接到右表上，对于不符合条件的数据用 NaN 补充（右连接）。
- how="inner"：参数的默认值，显示左表和右表中“连接键”都存在的数据（内连接）。
- how="outer"：保留两个表的所有信息（全连接）。

如图 3-14 所示，为大家演示了参数 how 的 4 大具体应用场景。

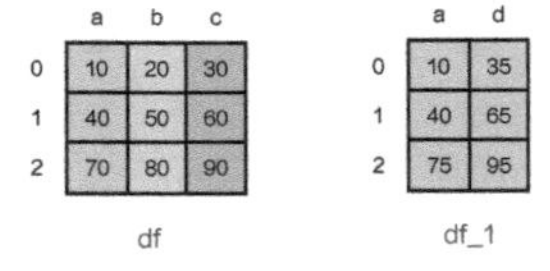

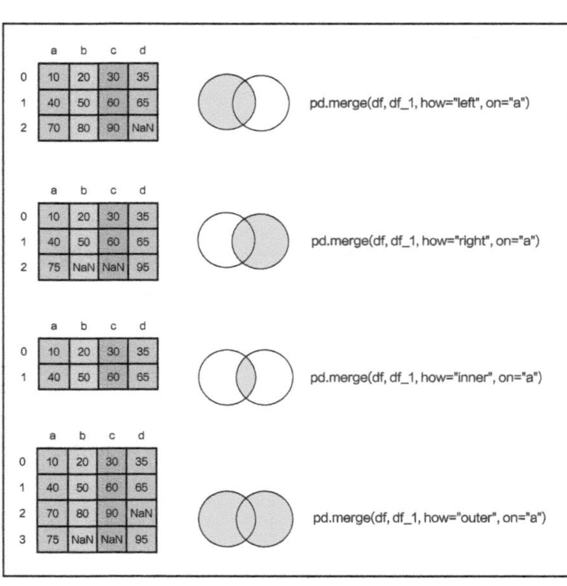

图 3-14

在交互式环境中输入如下命令：

```
In [1]: df_concat                                                    ❶
Out[1]:
     姓名    班级     语文   数学    英语
0    赵一   三年一班   98   96.0    97
1    李四   三年二班   93   92.0    81
2    张三   三年一班   86   87.0    93
3    朱五   三年二班   95   99.0    60
4    王二   三年一班   88   90.0    75
5    马六   三年三班   86   90.0    89
6    黄七   三年三班   96   88.0    91
In [2]: df_merge = pd.merge(df_concat,df3,how="inner",on="姓名")      ❷
        df_merge
Out[2]:
     姓名    班级     语文   数学    英语  性别   住址
0    赵一   三年一班   98   96.0    97    女    海淀
1    李四   三年二班   93   92.0    81    男    朝阳
2    张三   三年一班   86   87.0    93    男    海淀
3    朱五   三年二班   95   99.0    60    男    海淀
4    王二   三年一班   88   90.0    75    女    朝阳
5    马六   三年三班   86   90.0    89    女    海淀
6    黄七   三年三班   96   88.0    91    男    海淀
```

在 ❶ 处，我们获取的是“学生成绩表”中的数据。在 ❷ 处，获取的是“学生信息表”中的数据。此时，调用 merge() 方法，以“姓名”为连接键，就可以将这两张表连接成一张大表，轻松解决 3.3.1 节出现的问题。

3.4 Pandas 数据分组与透视表

通过数据合并和连接得到的大表，一般用于“数据分组”和“数据透视表”的计算，本节就为大家介绍如何使用 Pandas 完成这两个操作。

3.4.1 数据分组

在日常工作中，对数据进行分组统计是很常见的一个需求。

在 Pandas 模块中，调用 groupby() 方法，可以帮助我们实现数据分组，它的基本语法格式如图 3-15 所示。

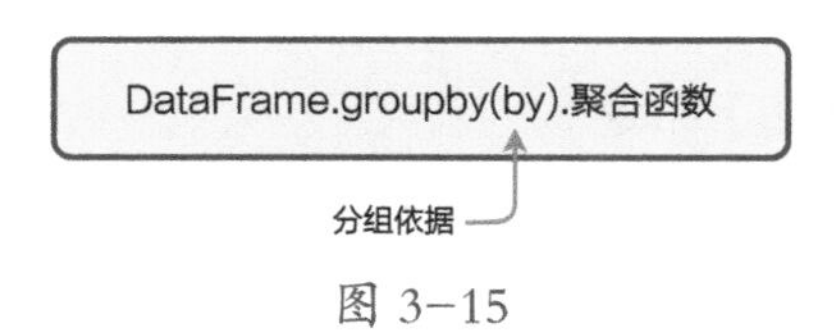

图 3-15

一般分组和聚合是搭配使用的，对数据进行分组后，可以在此基础上调用聚合函数，完成聚合操作。如表 3-3 所示，我们为大家列举了 10 种常见的聚合函数。

表 3-3

函数	作用	函数	作用
sum()	求和	median()	求中位数
count()	计数	var()	求方差
mean()	求均值	std()	求标准差
max()	求最大值	describe()	计算描述性统计量
min()	求最小值	first	第一次出现的值
mode()	求众数	last	最后一次出现的值

接下来我们将利用 4 个案例，为大家讲解数据分组和聚合。

在案例数据中，以“班级”分组，计算每个班级的学生数量，应该怎么做?

在交互式环境中输入如下命令：

```
In [1]: df_merge.groupby("班级").count()                    ❶
Out[1]:           姓名  语文  数学  英语  性别  住址
        班级
        三年一班    3    3    3    3    3    3
        三年三班    2    2    2    2    2    2
        三年二班    2    2    2    2    2    2
In [2]: df_merge.groupby("班级")["姓名"].count()             ❷
Out[2]:   班级
        三年一班    3
        三年三班    2
        三年二班    2
        Name: 姓名, dtype: int64
```

在 ❶ 处，我们调用 groupby() 方法并搭配聚合函数 count()，就按照“班级”这列进行分组并对其他列进行计数，从而统计出每个班级的学生数量。

实际上只需对“姓名”这列计数就够了，所以我们可以在分组后只选取“姓名”列（见 ❷）。

在案例数据中，以“班级”和“住址”分组，计算每个班级不同地区的学生数量，应该怎么做?

在交互式环境中输入如下命令：

```
In [1]: df_merge.groupby(["班级", "住址"])["姓名"].count()  ❶
Out[1]: 班级        住址
```

```
三年一班    朝阳      2
            海淀      1
三年三班    海淀      2
三年二班    朝阳      1
            海淀      1
Name: 姓名 , dtype: int64
```

在 ❶ 处，我们设置参数 by 为包含两个列名的列表，就可以实现按照多列分组。

在案例数据中，以“班级”分组，计算每个班级语文成绩最高的分数，应该怎么做？

在交互式环境中输入如下命令：

```
In [1]: df_merge.groupby(" 班级 ")[" 语文 "].max()
Out[1]: 班级
        三年一班     98
        三年三班     96
        三年二班     95
        Name: 语文 , dtype: int64
```

3.4.2 数据透视表

“数据透视表”是 Excel 中非常强大的一个功能。在 Pandas 模块中，调用 pivot_table() 方法，可以帮助我们实现数据透视表的操作。

图 3-16 展示的是 Excel 中数据透视表的操作步骤。这里我们将对比图 3-16，为大家介绍 pivot_table() 方法中的 8 个常用参数，具体如表 3-4 所示。

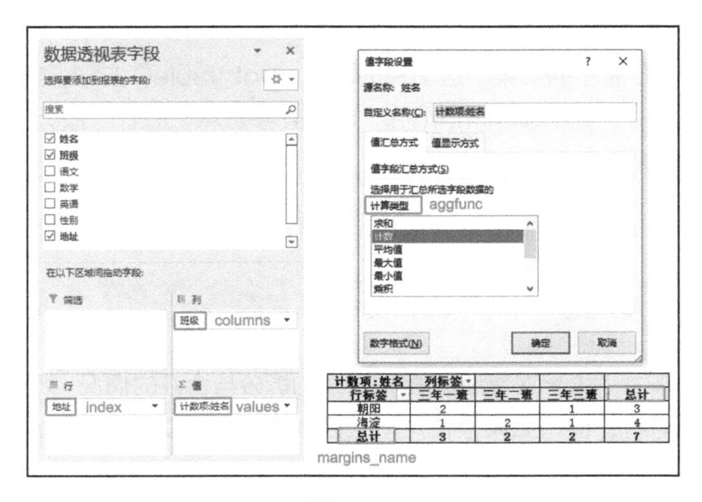

图 3-16

表 3-4

参数	作用
data	相当于 Excel 中的“选中数据源”
index	相当于图 3-16 中“数据透视表字段”中的行
columns	相当于图 3-16 中“数据透视表字段”中的列
values	相当于图 3-16 中“数据透视表字段”中的值
aggfunc	相当于图 3-16 中的计算类型
margins	相当于图 3-16 中“结果”中的总计
margins_name	相当于修改“总计”名
fill_value	将“缺失值”用某个指定值填充

在案例数据中，以“住址”为行，“班级”为列，计算每个班级的学生数量，并统计它们的合计值，应该怎么做？

在交互式环境中输入如下命令：

```
In [1]: pd.pivot_table(df_merge, values="姓名",
                       columns="班级",index="住址",
                       aggfunc="count", fill_value=0,
                       margins_name="合计", margins=True)
Out[1]: 班级   三年一班   三年三班   三年二班   合计
        住址
        朝阳      2          0          1        3
        海淀      1          2          1        4
        合计      3          2          2        7
```

对比图 3-16 展示的结果，这里我们调用 pivot_table() 方法，实现了同样的操作。不同之处在于，我们调用 margins_name 参数将“总计”改为了“合计”，调用 fill_value 参数将“缺失值”用 0 填充。

3.5 实战项目：Excel 拆分与合并的 4 种情况

在实际工作中，我们经常会遇到各种表格的拆分与合并的情况。如果只是少量表，手动操作还算可行，但是如果存在几十上百张表，最好使用 Python 编程进行自动化处理。

这里我们为大家介绍在 4 种案例场景下如何用 Pandas 实现 Excel 文件的拆分与合并。

3.5.1 按条件将 Excel 文件拆分到不同的工作簿

假设现在有一个汇总表，内部存储了整个年级的成绩数据。现在需要按照班级分类，将不同班级的数据拆分到不同的工作簿中，最终实现如图 3-17 所示的效果。

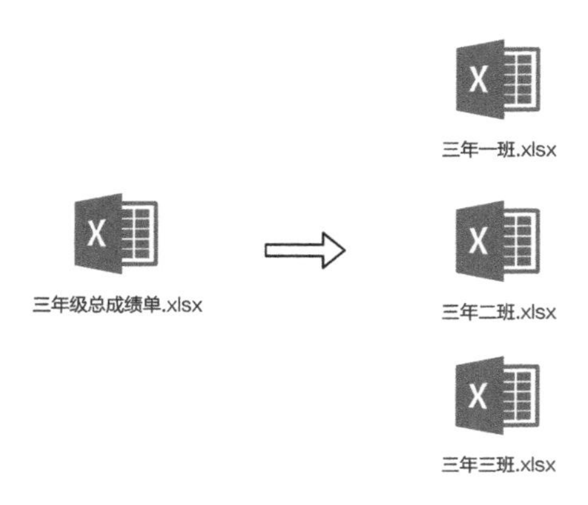

图 3-17

在交互式环境中输入如下命令：

```
In [1]: import pandas as pd

        df = pd.read_excel("三年级总成绩单.xlsx")                    ❶

        for i in df["班级"].unique():                              ❷
            df[df["班级"]== i].to_excel(f"{i}.xlsx",index=False)   ❸
```

在 ❶ 处，调用 read_excel() 方法，用于读取“三年级总成绩单”工作簿中的数据。

接着，利用 for 循环，我们按照“班级”筛选出不同的数据，并将它们写入不同的 Excel 文件中（见 ❷❸）。

其中，df["班级"].unique() 获取的是不同班级的名称，df[df["班级"]== i] 用于筛选出不同班级中的数据。

执行上述代码后，最终效果如图 3-18 所示。

图 3-18

3.5.2 按条件将 Excel 文件拆分到不同的工作表

假设现在有一个汇总表，内部存储了整个年级的成绩数据。现在需要按照班级分类，将不同班级的数据拆分到一个工作簿的不同工作表中，并保留原来的汇总数据工作表，最终实现如图 3-19 所示的效果。

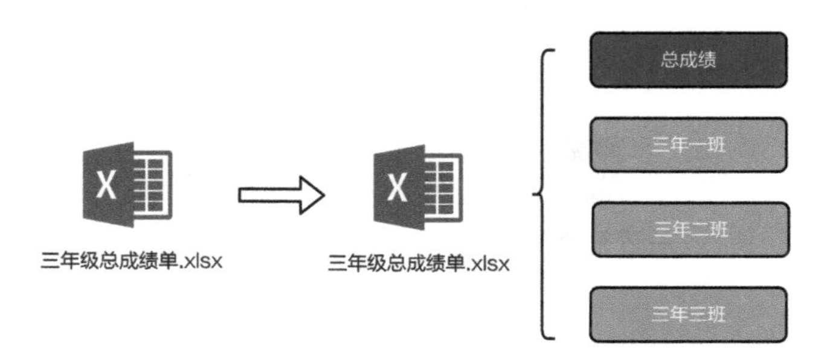

图 3-19

对比前一个案例，有的读者朋友可能已经想到了方法，只需要在导出数据时，修改一下参数就好了，我们不妨试一下。

在交互式环境中输入如下命令：

```
In [1]: import pandas as pd

df = pd.read_excel("三年级总成绩单.xlsx")

for i in df["班级"].unique():
    df[df["班级"]== i].to_excel("三年级总成绩单
_1.xlsx",index=False,sheet_name=f"{i}")
```

但是在执行上述代码后，你会发现每次生成的工作表都会覆盖前一个，最终该工作簿中只剩最后一个工作表，具体效果如图 3-20 所示。

图 3-20

由于上述方法根本行不通，这里我们将介绍另外一种方法来实现这个需求。

在交互式环境中输入如下命令：

```
In [1]: import pandas as pd
```

```
df = pd.read_excel("三年级总成绩单.xlsx")

writer = pd.ExcelWriter("三年级总成绩单.xlsx")                              ❶
df.to_excel(writer,sheet_name="总成绩",index=False)                        ❷

for j in df["班级"].unique():                                              ❸
    df[df["班级"]==j].to_excel(writer,sheet_name=j,index=False)            ❹

writer.save()                                                              ❺
```

在❶处，调用了 ExcelWriter() 方法，它会帮助我们创建一个空的容器对象 writer。基于这个对象，我们可以向同一个 Excel 文件的不同工作表中，写入对应的表格数据。

第一次调用 to_excel() 方法时，我们将原来的“汇总数据工作表”写入了这个容器对象，并指明了工作表名（见❷）。

接着利用 for 循环遍历总表，再次调用 to_excel() 方法，并将拆分后的每个班级的数据，分别写入同一个容器对象（见❸❹）。

此时，这个容器对象不仅保存了原来的“汇总数据工作表”，还保存了拆分后的每个班级的数据。

最后，调用容器对象的 save() 方法（见❺），即可将拆分后的数据写入 Excel 文件中，最终效果如图 3-21 所示。

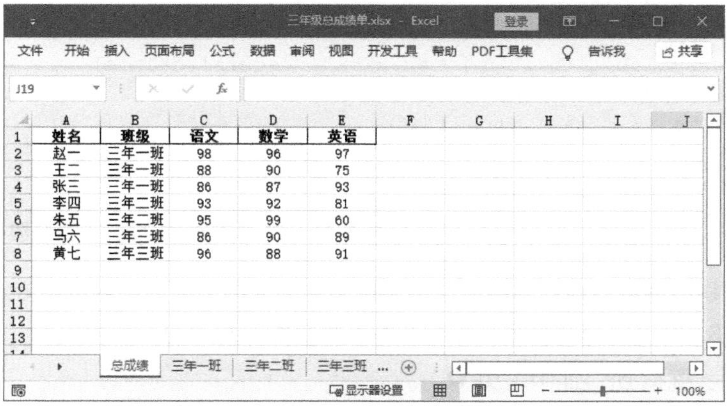
三年级总成绩单.xlsx - Excel
登录
文件 开始 插入 页面布局 公式 数据 审阅 视图 开发工具 帮助 PDF工具集 告诉我 共享
J19
姓名 班级 语文 数学 英语
赵一 三年一班 98 96 97
王二 三年一班 88 90 75
张三 三年一班 86 87 93
李四 三年二班 93 92 81
朱五 三年二班 95 99 60
马六 三年三班 86 90 89
黄七 三年三班 96 88 91
总成绩 三年一班 三年二班 三年三班
显示器设置
100%

图 3-21

3.5.3 批量将不同的工作簿合并到同一个 Excel 文件

通过前面两个案例，我们学习了如何使用 Pandas 拆分数据，接下来就为大家讲述如何使用 Pandas 合并数据。

假设现在有 3 张表格，内部存储了各个班级的成绩数据。现在需要将其汇总到同一个工作簿中，最终实现如图 3-22 所示的效果。

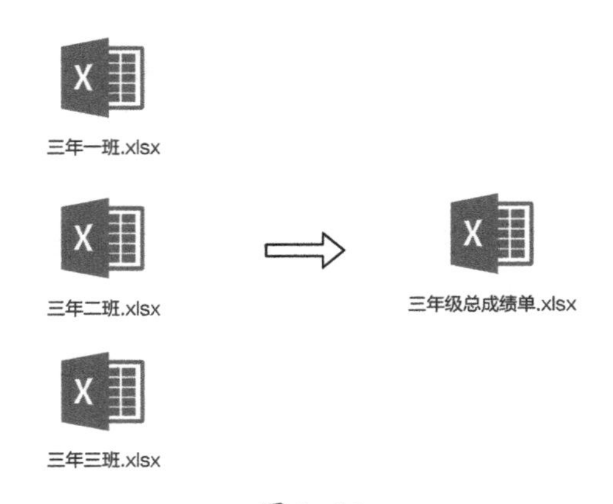

图 3-22

在交互式环境中输入如下命令：

```
In [1]: import glob

    df_all = pd.DataFrame()                                    ❶

    for i in glob.glob(r"三年*班.xlsx", recursive=True):       ❷
        df = pd.read_excel(i)                                  ❸
        df_all = df_all.append(df)                             ❹

    df_all.to_excel("三年级总成绩单.xlsx",index=False)          ❺
```

在 ❶ 处，我们首先定义一个空的数据框 df_all，用于存放合并后的数据（见 ❶）。

接着，我们使用 glob 模块中的 glob() 方法，筛选出符合条件的 Excel 文件（见 ❷）。每遍历一个 Excel 文件，就读取其中的数据（见 ❸），并调用 append() 方法将其合并到数据框 df_all 中（见 ❹）。

最后，在 ❺ 处调用 to_excel() 方法，将合并后的数据导出为 Excel 文件，最终效果如图 3-23 所示。

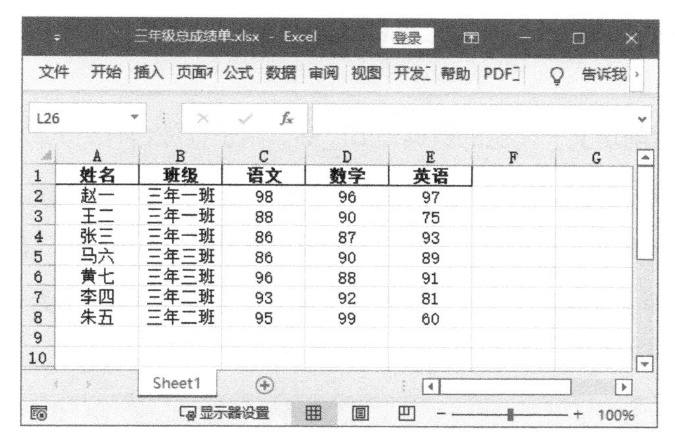

	A	B	C	D	E
1	姓名	班级	语文	数学	英语
2	赵一	三年一班	98	96	97
3	王二	三年一班	88	90	75
4	张三	三年一班	86	87	93
5	马六	三年三班	86	90	89
6	黄七	三年三班	96	88	91
7	李四	三年二班	93	92	81
8	朱五	三年二班	95	99	60

图 3-23

3.5.4 批量将不同的工作表合并到同一个 Excel 文件

假设现在有一个工作簿，内部的不同工作表存储了各个班级的成绩数据。现在需要将其汇总到同一个工作簿中，最终实现如图 3-24 所示的效果。

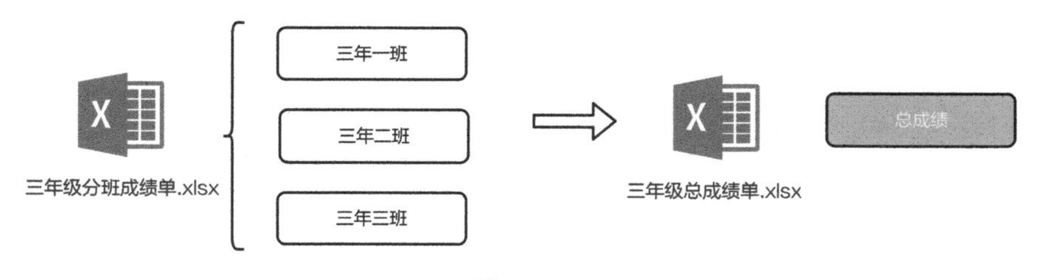

图 3-24

在交互式环境中输入如下命令：

```
In [1]: import pandas as pd

        sheet_names = pd.ExcelFile("三年级分班成绩单.xlsx").sheet_names        ❶

        df_all = pd.DataFrame()                                                ❷

        for i in sheet_names:                                                  ❸
            df = pd.read_excel("三年级分班成绩单.xlsx",sheet_name= i)          ❹
            df_all = df_all.append(df)                                         ❺

        df_all.to_excel("三年级总成绩单.xlsx",
                        index=False,sheet_name="总成绩")                       ❻
```

在 ❶ 处，调用 ExcelFile() 方法，会得到一个 ExcelFile 对象。该对象有一个很好用的 sheet_names 属性，它能够获取当前表格中所有工作表的名称，并以一个列表返回。

这里我们提前定义一个空的数据框 df_all，用于存放合并后的数据（见 ❷）。

接着，我们就可以利用 for 循环遍历每个工作表（见 ❸），并读取其中的数据（见 ❹）。然后调用 append() 方法，将它们都合并到数据框 df_all 中（见 ❺）。

最后，在 ❻ 处调用 to_excel() 方法，将合并后的数据导出为 Excel 文件，最终效果如图 3-25 所示。

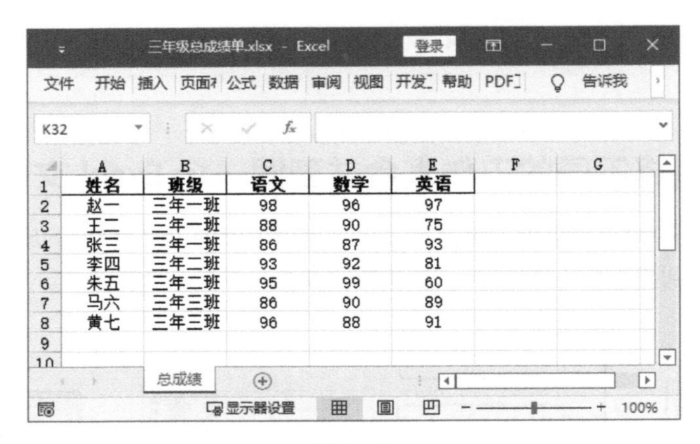

姓名	班级	语文	数学	英语
赵一	三年一班	98	96	97
王二	三年一班	88	90	75
张三	三年一班	86	87	93
李四	三年二班	93	92	81
朱五	三年二班	95	99	60
马六	三年三班	86	90	89
黄七	三年三班	96	88	91

图 3-25

操作篇

第4章 学习Python，可以自动化操作Excel

只要是和数据打交道的人，就避免不了接触Excel。对于大量的重复性工作，依靠人工往往会耗费大量的时间。借助Python编程，可以批量自动化完成这些操作，起到事半功倍的效果。

我们在第3章讲述的Pandas模块，它能够方便快捷地处理Excel数据，但是对于Excel格式的设置，借助openpyxl模块是一个很好的选择，这也是本章的重点内容。

4.1 操作Excel文档的准备工作

本节主要为大家讲述Excel文档的基础构成，以及Excel处理模块openpyxl的安装与导入。

4.1.1 Excel文档的基础构成

知己知彼，百战不殆。想要熟练使用Python操作Excel文档，就需要对它的结构有一个清楚的认识。

如图4–1所示，我们先来认识Excel中的5个重要概念，分别介绍如下。

- 工作簿：英文名是workbook，简写为wb，每个Excel文件，就是一个工作簿。
- 工作表：英文名是worksheet，简写为ws，一个工作簿中可以有多个工作表。
- 单元格：英文名是cell，每个工作表是由多个长方形的“存储单元”构成的，这些存储单元被称为“单元格”，一行或者一列都是由多个单元格构成的。
- 行：英文名是row，由一系列单元格组成，每一行用数字1，2，3，…标识。

- 列：英文名是 column，由一系列单元格组成，每一列用大写英文字母 A，B，C，…标识。

注明：后续章节如果没有特殊说明，则 wb 代表工作簿，ws 代表工作表。

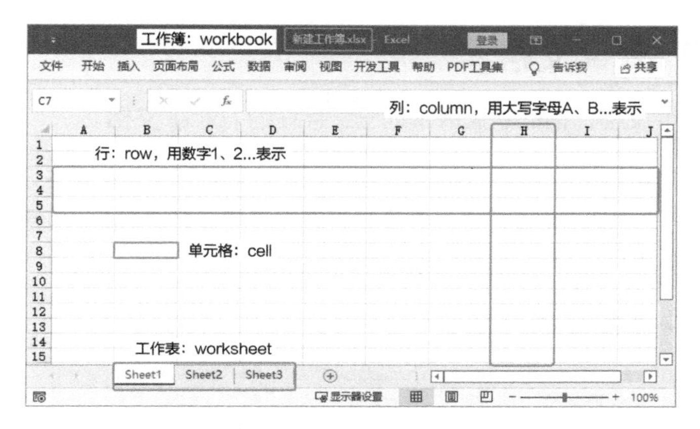

图 4-1

4.1.2 openpyxl 模块的安装与导入

openpyxl 模块简单易用、方便易学、功能齐全，基本可以实现 Excel 的所有功能。因此，本章将会基于 openpyxl 模块来操作 Excel 文档。

openpyxl 模块属于 Python 的第三方开源模块，需要我们额外安装、导入后，才能使用。

1. 如何安装 openpyxl 模块

这里推荐使用 pip 安装，在命令行窗口中输入如下命令：

```
pip install openpyxl
```

2. 测试安装是否成功

安装完成之后，我们可以导入 openpyxl 模块，测试一下是否安装成功。

在交互式环境中输入如下命令：

```
In [1]: import openpyxl
```

如果运行上述程序没有报错，则证明 openpyxl 模块安装成功。

4.2 Excel 文档内容读取

本节主要为大家讲述如何读取 Excel 文档中的关键信息。

4.2.1 打开 Excel 文档

打开 Excel 文档，指的是读取本地已经存在的 Excel 文档。

openpyxl 模块中的 load_workbook() 方法，接受一个文件名，返回一个工作簿对象，类似于在 Windows 系统中手动打开一个 Excel 文档。但是我们看不见这个打开操作，整个过程是在系统后台运行的。

在交互式环境中输入如下命令：

```
In [1]: from openpyxl import load_workbook        ❶
        wb = load_workbook("4_2_1.xlsx")         ❷
        wb.save("4_2_1.xlsx")                    ❸
```

在 ❶ 处，我们导入了 openpyxl 模块中的 load_workbook() 方法。接着，调用该方法帮助我们读取本地的 Excel 文档，并得到一个工作簿对象 wb（见 ❷）。在操作完 Excel 文档后，一定不要忘了调用工作簿对象的 save() 方法来保存工作簿（见 ❸）。

4.2.2 读取 Excel 工作表信息

如图 4-2 所示的工作簿包含了两个工作表。我们如何获取所有工作表的表名呢？如何获取某个指定工作表，来实现对指定工作表的操作呢？这就需要我们学会获取 Excel 工作表相关信息的方法。

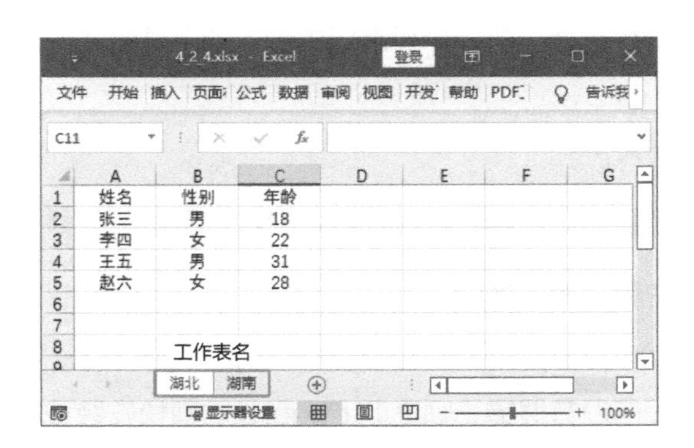

图 4-2

1. 获取所有工作表的表名

在 openpyxl 模块中，直接调用工作簿对象的 sheetnames 属性，可以返回一个由工作表表名组成的列表。

在交互式环境中输入如下命令：

```
In [1]: from openpyxl import load_workbook
        wb = load_workbook("4_2_4.xlsx")
        wb.sheetnames          ❶
Out[1]: ['湖南', '湖北']
```

在获取工作簿对象wb后，直接调用sheetnames属性，返回了由['湖南', '湖北']组成的列表，表示这个工作簿包含两个工作表（见 ❶）。

2. 获取指定工作表对象

观察上述结果可以发现，该工作簿包含“湖南”“湖北”两个工作表。我们如何获取指定工作表对象，实现对指定工作表的操作呢?

在 openpyxl 模块中，有两种方法可用来帮助我们获取指定工作表对象。

- wb.active：此方法适用于一个工作簿包含一个工作表的情况，它可以直接获取这个工作表对象。
- wb[" 工作表名 "]：此方法适用于一个工作簿包含多个工作表的情况，传入工作表名，获取指定工作表对象。

在交互式环境中输入如下命令：

```
In [1]: wb.active              ❷
Out[1]: <Worksheet "湖北">
In [2]: wb["湖南"]             ❸
Out[2]: <Worksheet "湖南">
```

在 ❷ 处，调用工作簿对象的 active 属性，默认了“湖北”这个工作表对象。而采用 wb[" 湖南 "] 这种语法（见 ❸），表示我们获取了“湖南”这个工作表对象。

小贴士

我们只有获取工作表对象后，才能实现对表中单元格的操作，这个知识点在后续章节中会经常遇到。

4.2.3 读取 Excel 单个单元格的信息

“单元格”是 Excel 中存储信息的最小单元，本小节就为大家讲述如何获取单元格中的值，以及单元格的坐标信息（行坐标、列坐标、坐标）。

对于如图 4-3 所示的工作簿，我们如何获取第一个单元格的值？对于存储“姓名”的单元格，它的坐标又是多少？

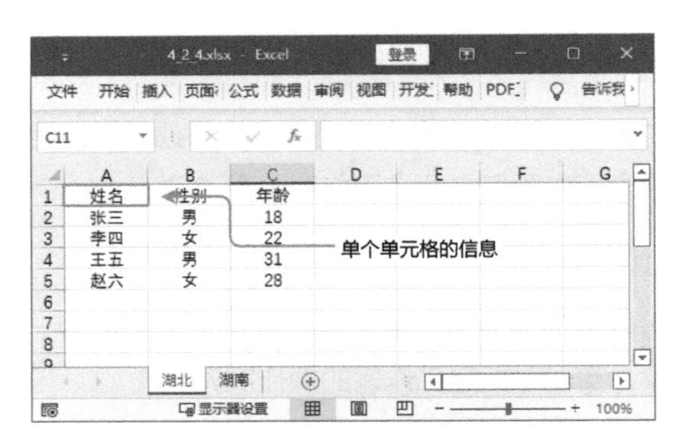

图 4-3

1. 获取单元格的值

在 openpyxl 模块中，有两种方法可用来帮助我们获取指定单元格对象。

- wb[" 位置坐标 "]：传入单元格的位置坐标（例 A1），定位指定单元格。
- wb.cell(row= 行数，column= 列数）：传入单元格的行数、列数，定位指定单元格。

其实使用上述方法，得到的只是一个单元格对象，并不能直接获取单元格中的值。此时调用单元格对象的 value 属性，才可以获取其中的具体值。

在交互式环境中输入如下命令：

```
In [1]: from openpyxl import load_workbook
        wb = load_workbook("4_2_4.xlsx")
        ws = wb.active
In [2]: cell = ws.cell(row=1, column=1)              ❶
        cell
Out[2]: <Cell '湖北'.A1>
In [3]: cell.value                                   ❷
Out[3]: '姓名'
```

在获取工作表对象 ws 后，调用 cell() 方法并传入行数和列数（见 ❶），我们就返回了该单元格对象。接着，调用 values 属性，可以直接获取单元格中的具体值（见 ❷）。

小思考

如何利用 wb[" 位置坐标 "] 这种方式获取单元格对象呢？

2. 获取单元格的坐标信息

单元格的坐标信息，指的是单元格的行坐标、列坐标和坐标，它们的用法如下。

- cell.row：用于获取单元格的行坐标。
- cell.column：用于获取单元格的列坐标。
- cell.coordinate：用于获取单元格的坐标。

在交互式环境中输入如下命令：

```
In [1]: cell.row            ❸
Out[1]: 1
In [2]: cell.column         ❹
Out[2]: 1
In [3]: cell.coordinate     ❺
Out[3]: 'A1'
```

在获取单元格对象 cell 后，分别调用 row、column 和 coordinate 属性（见 ❸ ～ ❺），可以帮助我们获取这个单元格的行坐标、列坐标和坐标。

4.2.4 读取 Excel 单元格区域的信息

上一小节为大家讲述了如何获取“单个单元格”中的信息。但是我们的操作往往不会局限于单个单元格，而是某个单元格区域。

本节就为大家讲述如何获取“单元格区域”的尺寸大小，以及指定区域中的具体值，如图 4-4 所示。

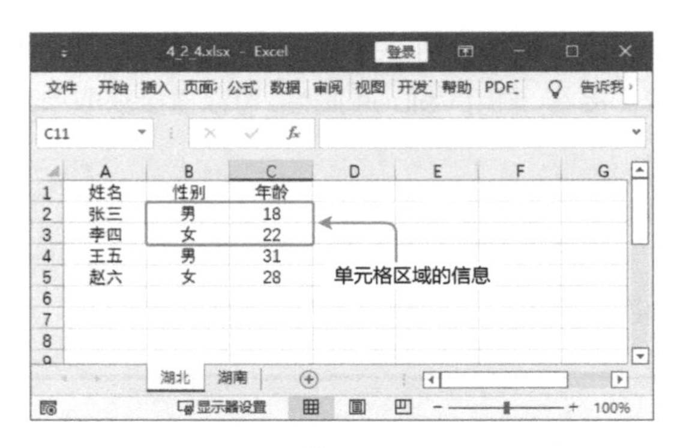

图 4-4

1. 获取单元格区域的尺寸大小

在 openpyxl 中，有两种方法可用来帮助我们获取单元格区域的尺寸大小。

- ws.dimensions：返回一个单元格区域包围的字符串对象，例如 'A1:C5'。
- ws.max_row 和 ws.max_column：分别返回单元格区域的最大行数和最大列数。

在交互式环境中输入如下命令：

```
In [1]: from openpyxl import load_workbook
        wb = load_workbook("4_2_4.xlsx")
        ws = wb["湖北"]
In [2]: ws.dimensions        ❶
Out[2]: 'A1:C5'
In [3]: ws.max_row           ❷
Out[3]: 5
In [4]: ws.max_column        ❸
Out[4]: 3
```

在获取到工作表对象 ws 后，调用 dimensions 属性（见 ❶），返回一个字符串对象 'A1:C5'，虽然它也能够标识单元格区域的大小，但是不够明显。接着，分别调用 max_row 和 max_column 属性（见 ❷❸），可以帮助我们直接获取单元格区域的最大行和最大列，表明这个单元格区域是 5 行 3 列。

2. 获取单元格区域的具体值

在 openpyxl 模块中，调用工作表对象的 iter_rows() 和 iter_cols() 方法，可以帮助我们获取单元格区域中的值。

这两个方法的参数相同，我们以 iter_rows() 为例，讲述该方法的 4 个参数，语法格式如图 4-5 所示。

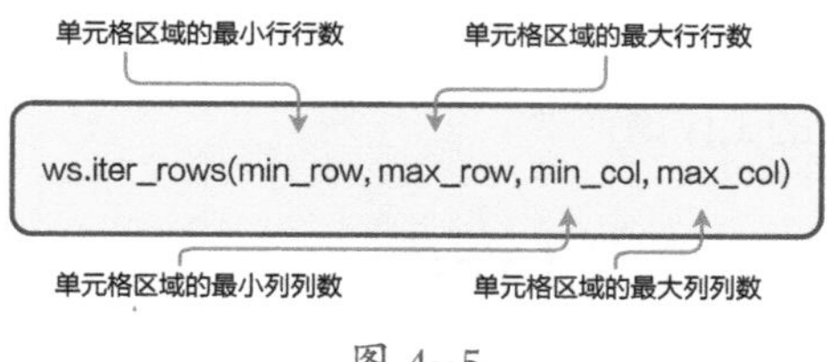

图 4-5

在交互式环境中输入如下命令：

```
In [1]: for i in ws.iter_rows(min_row=2,max_row=3,min_col=2,max_col=3):    ❹
            for j in i:
                print(j.value,end=" ")
            print()
Out[1]: 男 18
        女 22
```

调用工作表对象的 iter_rows() 方法，这里我们想要获取的是第 2 ~ 3 行与第 2 ~ 3 列围成的单元格区域（见 ❹）。由于该单元格区域是两行两列的，因此需要使用两次循环，才能得到每个单元格的值。

小思考

我们将 iter_rows() 方法换成 iter_cols() 方法，会打印出什么结果呢?

4.3 Excel 文档内容写入

本节主要为大家讲述如何将内容写入 Excel 文档。

4.3.1 创建新工作簿

在前面的章节中，我们已经知道如何打开一个“已有”的 Excel 工作簿，那么如何创建一个“全新”的空白 Excel 工作簿呢?

在交互式环境中输入如下命令：

```
In [1]: from openpyxl import Workbook    ❶
        wb = Workbook()                  ❷
        wb.save("4_3_1.xlsx")            ❸
```

创建一个新的工作簿，首先需要导入 openpyxl 模块中的 Workbook() 方法（见

❶）。接着，调用该方法（见❷），当且仅当调用 save() 方法保存工作簿后（见❸），才会在本地生成一个新的工作簿。

4.3.2 新建 / 删除 / 复制工作表

工作表存放在工作簿中，对于一个工作簿而言，我们如何对其新建、删除或者复制某个工作表呢?

在 openpyxl 模块中，调用工作簿对象的 create_sheet()、remove() 和 copy_worksheet() 方法，可以帮助我们实现上述操作，分别介绍如下。

- wb.create_sheet()：新建一个工作表。
- wb.remove()：删除指定工作表。
- wb.copy_worksheet()：复制指定工作表。

在交互式环境中输入如下命令：

```
In [1]: from openpyxl import load_workbook
        wb = load_workbook("4_3_2.xlsx")
        wb.sheetnames                        ❶
Out[1]: ['湖北', '湖南', '湖北1']
In [2]: wb.create_sheet("北京")              ❷
Out[2]: <Worksheet "北京">
In [3]: wb.sheetnames                        ❸
Out[3]: ['湖北', '湖南', '湖北1', '北京']
In [4]: ws = wb["湖北1"]                     ❹
        wb.remove(ws)                        ❺
In [5]: wb.sheetnames                        ❻
Out[5]: ['湖北', '湖南', '北京']
In [6]: ws = wb["湖南"]                      ❼
        new_ws = wb.copy_worksheet(ws)       ❽
        new_ws
Out[6]: <Worksheet "湖南 Copy">
```

从❶处可以看出，原始工作簿中有['湖北','湖南','湖北1']这三个工作表。

在❷处，我们调用 create_sheet() 方法，表示创建一个新的工作表。再次打印当前工作簿中的工作表，会发现列表中多了一个“北京”工作表（见❸）。

接着，我们激活了表名为“湖北1”的工作表（见❹），将获取的工作表对象 ws 传入 remove() 方法，表示删除这个工作表（见❺）。再次打印当前工作簿中的工作表，可以发现表名为“湖北1”的工作表已经被删除（见❻）。

在❼处，我们又激活了表名为“湖南”的工作表，并将获取的工作表对象 ws

传入 copy_worksheet() 方法（见❽），相当于复制了“湖南”这个表。此时，new_ws 对象中就拥有了这个工作表中的所有信息。

4.3.3 插入 / 删除行与列

由于业务的变动，我们需要对原来的数据区域进行一定的修改。比如在指定位置新增几行、几列，或者删除某些行、某些列，应该怎么办呢？

1. 插入行或列

在 openpyxl 模块中，提供了 insert_rows() 和 insert_cols() 方法，帮助我们插入空行和空列，它们的语法格式如图 4-6 所示。

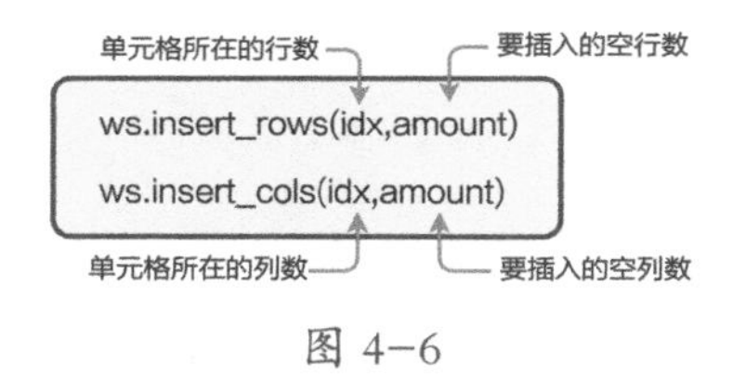

图 4-6

如图 4-7 所示，要想在第 3 行的上方插入 1 行，在第 2 列的左侧插入 1 列，应该怎么操作呢？

	A	B	C	D	E	F	G
1	学号	姓名	性别	住址			
2	1	张三	男	湖北			
3	2	李四	女	广东			
4	3	王五	男	山东			
5	4	赵六	男	河北			
6	5	沈七	女	河南			
7							
8							

图 4-7

在交互式环境中输入如下命令：

```
In [1]: from openpyxl import load_workbook
        wb = load_workbook("4_3_3.xlsx")
        ws = wb["湖北"]
In [2]: ws.insert_rows(idx=3,amount=1)                ❶
In [3]: ws.insert_cols(idx=2,amount=1)                ❷
In [4]: wb.save("4_3_3_插入行和列后.xlsx")
```

在获取工作表对象 ws 后，调用 insert_rows() 方法，我们在第 3 行数据的上方插入了 1 个空白行（见 ❶）。接着，再调用 insert_col() 方法，我们在第 2 列数据的左侧插入了 1 个空白列（见 ❷），最终效果如图 4-8 所示。

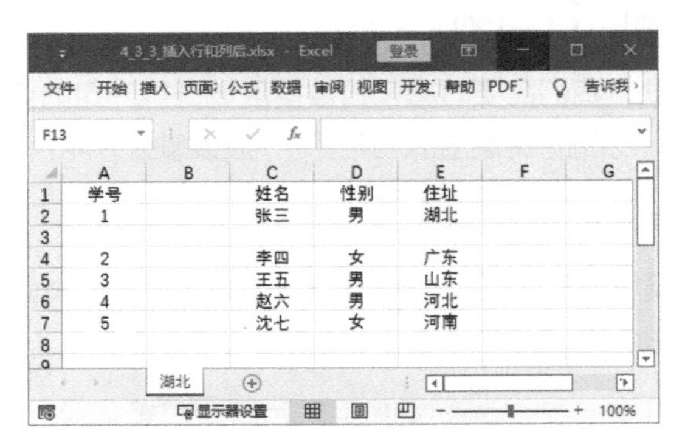

图 4-8

2. 删除行或列

在 openpyxl 模块中，调用 delete_rows() 和 delete_cols() 方法，可以帮助我们删除行和列，它们的语法格式如图 4-9 所示。

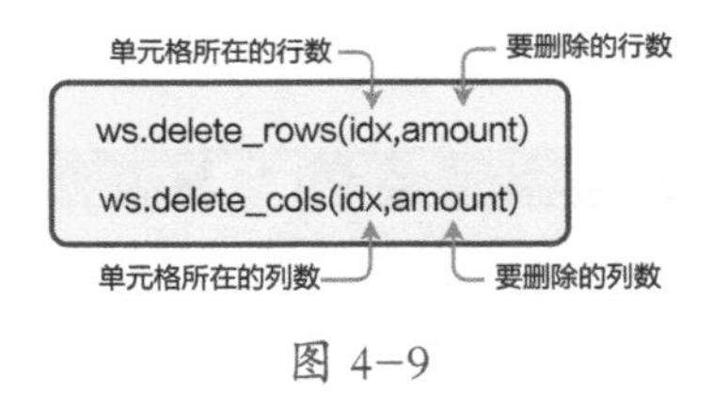

图 4-9

如图 4-10 所示，要想删除第 3 行和第 2 列的数据，应该如何操作呢？

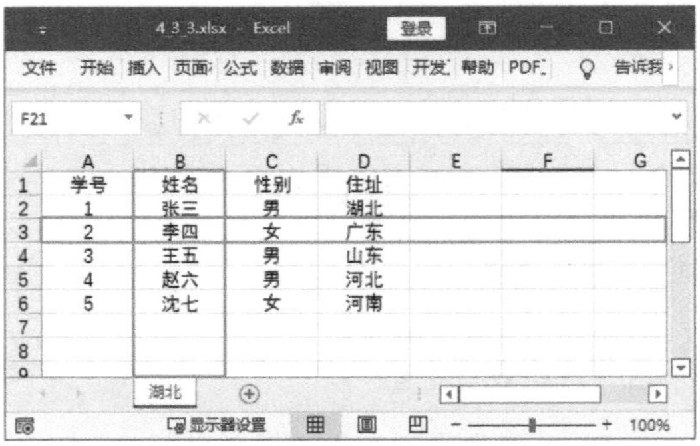

图 4-10

在交互式环境中输入如下命令：

```
In [1]: from openpyxl import load_workbook
        wb = load_workbook("4_3_3.xlsx")
        ws = wb[" 湖北 "]
In [2]: ws.delete_rows(idx=3,amount=1)          ❶
In [3]: ws.delete_cols(idx=2,amount=1)          ❷
In [4]: wb.save("4_3_3_ 删除行和列后 .xlsx")
```

在获取工作表对象 ws 后，调用 delete_rows() 方法，我们删除了第 3 行数据下方连续 1 行的数据（见 ❶）。接着，再调用 delete_col() 方法，我们删除了第 2 列右侧连续 1 列的数据（见 ❷），最终效果如图 4-11 所示。

图 4-11

4.3.4 案例：将外部数据写入 Excel

本小节将为大家讲述如何将获取的外部数据写入 Excel。

1. 向单个单元格写入数据

在获取工作表对象后，可以利用“赋值”操作来实现单元格数据写入。

在交互式环境中输入如下命令：

```
In [1]: from openpyxl import Workbook
        wb = Workbook()
        ws = wb.active
In [2]: ws["A1"] = 100               ❶
In [3]: wb.save("4_3_4_1.xlsx")
```

ws["A1"] 表示获取了单元格对象 A1，通过赋值操作，我们将 100 这个数值写入单元格 A1 中（见 ❶），最终效果如图 4-12 所示。

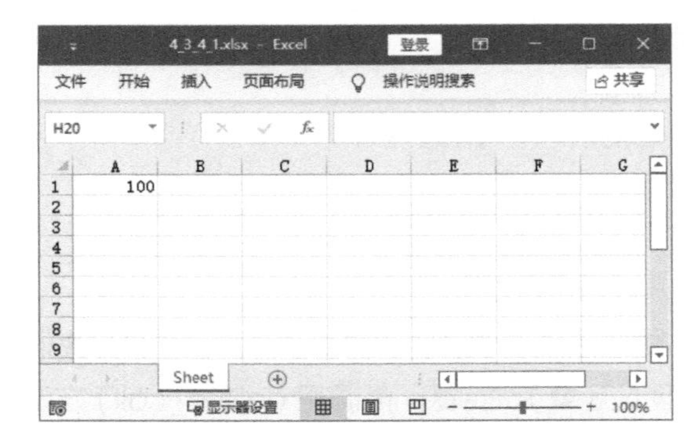

图 4-12

2. 批量向单元格写入数据

为了提高工作效率，通常需要批量向 Excel 写入数据。在 openpyxl 模块中，调用工作表对象的 append() 方法，可以完成批量写入数据的操作。

在交互式环境中输入如下命令：

```
In [1]: from openpyxl import Workbook
        wb = Workbook()
        ws = wb.active
In [2]: data_list = [["姓名","学号"],["张三",100]]        ❶
In [3]: for data in data_list:                            ❷
            ws.append(data)                               ❸
In [4]: wb.save("4_3_4_2.xlsx")
```

假如有这样一批数据 data_list（见 ❶），它是一个列表嵌套。我们可以利用 for 循环，遍历其中的每个元素（见 ❷），并调用工作表对象的 append() 方法（见 ❸），将其一行行地写入 Excel，最终效果如图 4-13 所示。

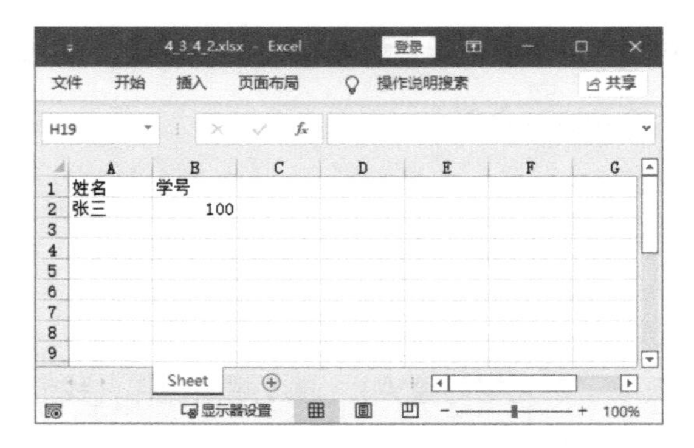

图 4-13

4.3.5 案例：如何调用 Excel 函数

Excel 之所以强大，原因之一就是它有很多函数供我们使用。本小节就为大家讲述如何使用 Python 调用 Excel 中的函数，完成函数运算。

如图 4-14 所示的工作簿是某公司 2020 年各地区的销售数据，请计算出 2020 年该公司的总销售额。

	A	B
1	地区	销售额（万元）
2	东北	5000
3	华东	4500
4	华北	4800
5	华中	6500
6	华南	7000
7	西南	3000
8	西北	3500

图 4-14

在交互式环境中输入如下命令：

```
In [1]: from openpyxl import load_workbook
        wb = load_workbook("4_3_5.xlsx")
        ws = wb["销售统计"]
In [2]: ws["B9"] = "=sum(B2:B8)"        ❶
In [3]: wb.save("4_3_5_写入函数后.xlsx")
```

在单元格中写入函数，其实和在单元格中写入数据的原理是一样的。在 ❶ 处，ws["B9"] 表示获取了 B9 这个单元格对象，利用赋值操作，我们将 "=sum(B2:B8)" 这个公式写入单元格 B9 中，最终效果如图 4-15 所示。

	A	B
1	地区	销售额（万元）
2	东北	5000
3	华东	4500
4	华北	4800
5	华中	6500
6	华南	7000
7	西南	3000
8	西北	3500
9		34300

图 4-15

4.3.6 案例：批量创建多个工作簿

如何一次性批量创建多个文件，并为每个文件命名呢？

在交互式环境中输入如下命令：

```
In [1]: from openpyxl import Workbook
        name_list = ["湖南","湖北","河南","河北","山东","山西","广东",
                     "广西","贵州","陕西"]                          ❶
        for name in name_list:                                       ❷
            wb = Workbook()                                          ❸
            wb.save(f"{name}.xlsx")                                  ❹
```

由于篇幅问题，我们创建 10 个工作簿作为演示。在 ❶ 处，我们定义了一个文件名列表 name_list。接着，利用 for 循环遍历该列表（见 ❷），依次以列表元素作为文件名，批量生成了新的工作簿（见 ❸❹），最终效果如图 4-16 所示。

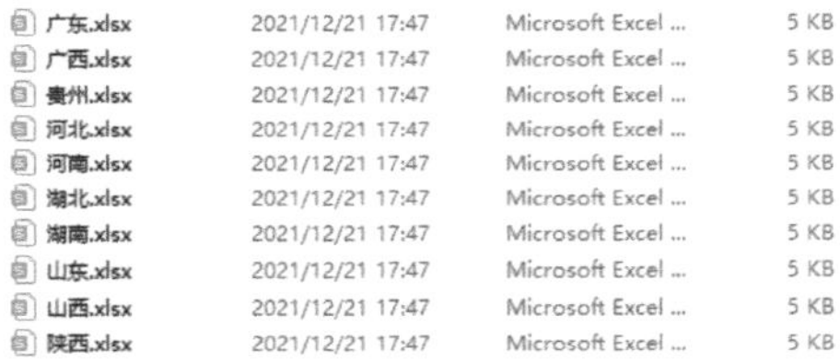

广东.xlsx	2021/12/21 17:47	Microsoft Excel ...	5 KB
广西.xlsx	2021/12/21 17:47	Microsoft Excel ...	5 KB
贵州.xlsx	2021/12/21 17:47	Microsoft Excel ...	5 KB
河北.xlsx	2021/12/21 17:47	Microsoft Excel ...	5 KB
河南.xlsx	2021/12/21 17:47	Microsoft Excel ...	5 KB
湖北.xlsx	2021/12/21 17:47	Microsoft Excel ...	5 KB
湖南.xlsx	2021/12/21 17:47	Microsoft Excel ...	5 KB
山东.xlsx	2021/12/21 17:47	Microsoft Excel ...	5 KB
山西.xlsx	2021/12/21 17:47	Microsoft Excel ...	5 KB
陕西.xlsx	2021/12/21 17:47	Microsoft Excel ...	5 KB

图 4-16

4.4 Excel 文档格式美化

本节主要为大家讲述如何美化 Excel 文档，使我们的 Excel 更美观、更实用。

4.4.1 单元格样式设置

Excel 中的每个单元格，都可以根据自己的实际需求，进行样式设置。

单元格样式设置一共涉及字体样式、对齐样式、边框样式和填充样式等 4 个方面的内容，具体介绍如下。

- Font()：字体样式设置。
- Alignment()：对齐样式设置。
- Side() 和 Border()：边框样式设置。
- PatternFill()：填充样式设置。

Font() 方法的语法格式如图 4-17 所示。

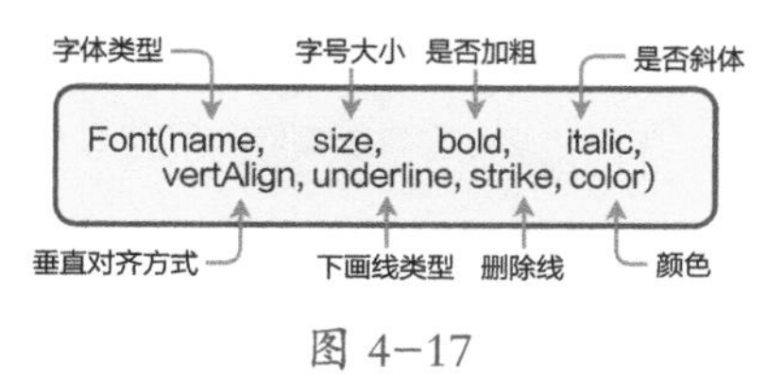

图 4-17

Alignment() 方法的语法格式如图 4-18 所示。

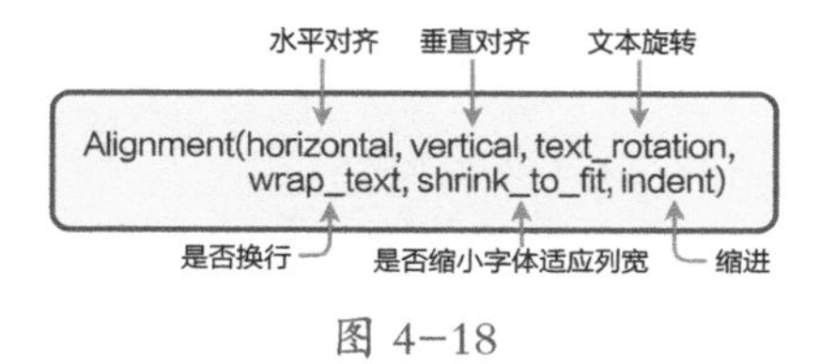

图 4-18

Side() 和 Border() 方法的语法格式如图 4-19 所示。

图 4-19

PatternFill() 方法的语法格式如图 4-20 所示。

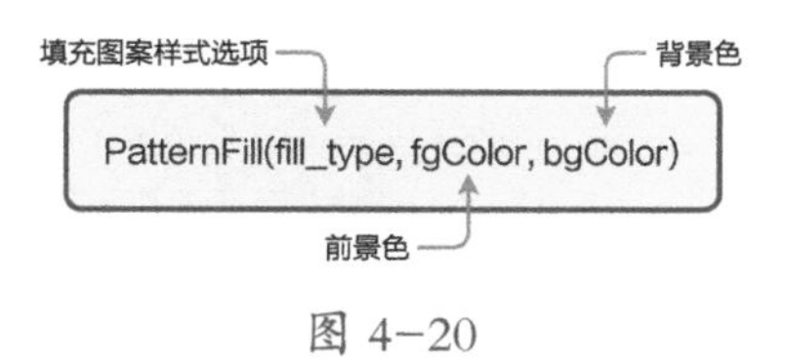

图 4-20

4.4.2 案例：批量设置单元格样式

对于如图 4-21 所示的工作簿，如何批量为多个单元格设置不同的单元格样式呢？

图 4-21

在交互式环境中输入如下命令：

```
In [1]: from openpyxl import load_workbook
        from openpyxl.styles import Font,Alignment,Side,Border,
        PatternFill                                                          ❶

        wb = load_workbook("4_4_2.xlsx")
        ws = wb[" 湖北 "]                                                     ❷

        cell1 = ws["A3"]                                                     ❸
        font = Font(name=" 微软雅黑 ",size=20, bold=True,italic=True,
        color="FF0000")                                                      ❹
        cell1.font = font                                                    ❺

        cell2 = ws["C3"]                                                     ❻
        alignment = Alignment(horizontal="center")                           ❼
        cell2.alignment = alignment                                          ❽

        cell3 = ws["E3"]                                                     ❾
        side1 = Side(style="double",color="6A5ACD")                          ❿
        side2 = Side(style="dashed",color="FFFF0000")                        ⓫
        border = Border(left=side1,right=side1,top=side2,bottom=side2)       ⓬
        cell3.border = border                                                ⓭

        cell4 = ws["G3"]                                                     ⓮
        pattern_fill = PatternFill(fill_type="solid",fgColor="99ccff")⓯
        cell4.fill = pattern_fill                                            ⓰

        wb.save("4_4_2_ 样式设置 .xlsx")
```

在❶处，我们需要导入 openpyxl.styles 模块中的 Font()、Alignment()、Side()、Border() 和 PatternFill() 方法，来完成单元格样式的设置。

在❷处，我们读取了本地的 Excel 文档，并得到了一个工作表对象 ws。紧接着，又分别获取了 A3、C3、E3、G3 这 4 个单元格的单元格对象（见 ❸❻❾⓮）。

在 ❹ 处，调用 Font() 方法，将字体设置为微软雅黑，字号大小设置为 20，还设置了加粗、斜体，并进行了字体颜色设置。

在 ❼ 处，调用 Alignment() 方法，将单元格设置为水平对齐。

在 ❿⓫⓬ 处，我们两次调用 Side() 方法，分别设置了“double”和“dashed”两种边线样式。接着，再调用 Border() 方法，将单元格的左、右边界进行了 side1 样式设置，将单元格的上、下边界进行了 side2 样式设置。

在 ⓯ 处，我们调用 PatternFill() 方法，将填充样式设置为 solid（solid 是最常用的图案样式，表示纯色填充）。

最后，分别调用单元格对象的 font、alignment、border、fill 属性，利用赋值操作（见 ❺❽⓭⓰），完成了所有单元格样式的设置。此时，每个单元格便应用上了各自的样式，最终效果如图 4-22 所示。

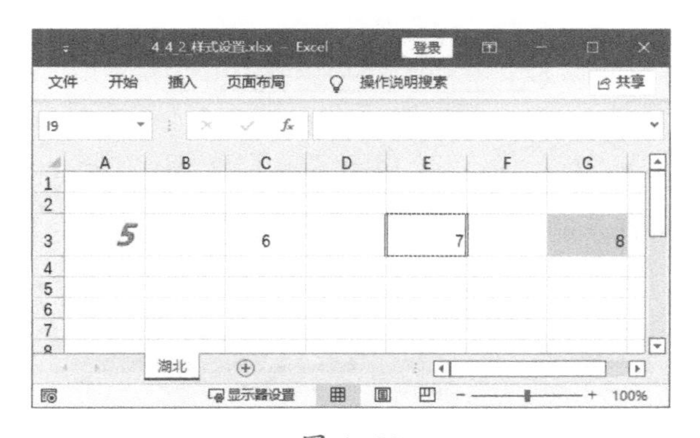

图 4-22

关于“对齐方式”“边线样式”“填充图案样式”的设置，可以参考附录 A。

4.4.3 单元格区域调整

有时候，为了让你的 Excel 更加易读，或者基于某种实际需求，需要对单元格区域进行调整。这里一共列出了 5 种常见操作，分别是设置行高和列宽、合并单元格、移动单元格、冻结窗口、添加筛选器。

1. 设置行高和列宽

当 Excel 文档中的行、列数过多时，会导致看起来特别费劲。因此可以通过调节单元格的行高和列宽，来帮助我们解决这个问题。

在 Office 2013 中，Excel 默认行高是 13.5，默认列宽是 8.38（不同版本的 Excel 可能会有不同）。如果你想根据自己的需求来修改行高或列宽，应该怎么做呢？

由于 Excel 文档由多行、多列的单元格组合而成，首先调用工作表对象的 row_dimensions 和 column_dimensions 属性，可以帮助我们分别获取所有行、列维度对象组成的列表。接着利用索引的方式，可以获取指定的每个行、列维度对象。最后再调用行、列维度对象的 height 和 width 属性，利用赋值操作，即可完成行高或列宽的修改。

它们的语法格式如图 4-23 所示。

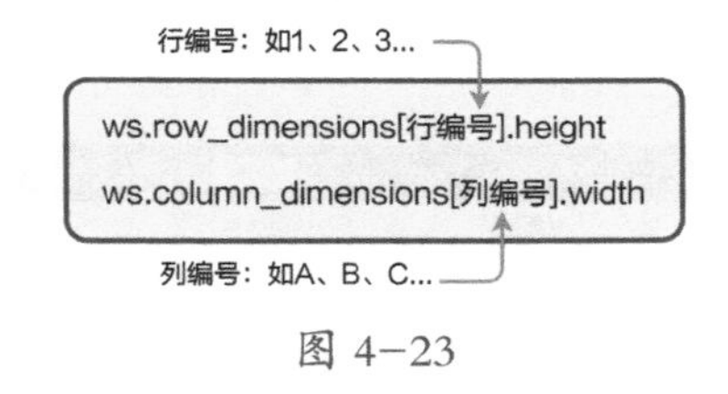

图 4-23

对于如图 4-24 所示的工作簿，如何将第 1 行的行高设置为 50，将第 2 列的列宽设置为 40 呢？

图 4-24

在交互式环境中输入如下命令：

```
In [1]: from openpyxl import load_workbook
        wb = load_workbook("4_4_3_1.xlsx")
        ws = wb[" 湖北 "]
```

```
In [2]: ws.row_dimensions[1].height = 50          ❶
In [3]: ws.column_dimensions["B"].width = 40      ❷
In [4]: wb.save("4_4_3_1_修改行高和列宽.xlsx")
```

在获取工作表对象 ws 后，调用 row_dimensions[1]，获取的是第 1 行的行维度对象，再调用 height 属性，利用赋值操作，即可完成行高的设置（见 ❶）。接着，调用 column_dimensions["B"]，获取的是 B 列（第 2 列）的列维度对象，再调用 width 属性，利用赋值操作，即可完成列宽的设置（见 ❷），最终效果如图 4-25 所示。

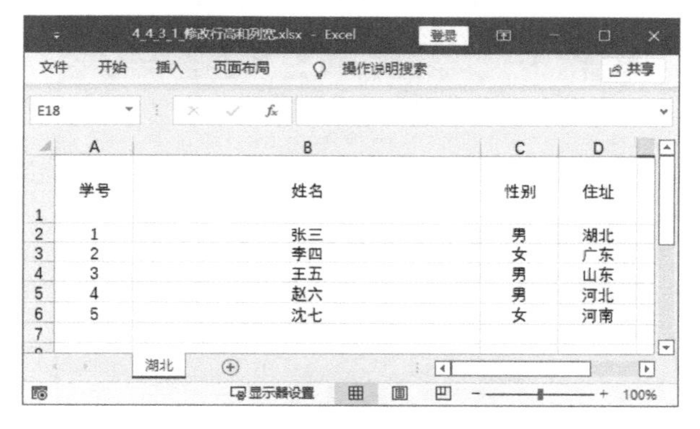

图 4-25

2. 合并 / 取消单元格

不管是合并单元格，还是取消单元格，都是为了我们更方便地观察表格。

在 openpyxl 模块中，调用工作表对象的 merge_cells() 方法用于合并单元格，unmerge_cells() 方法用于取消合并单元格。

一般来说，合并单元格的情况相对较多，这里以“合并单元格”为例为大家讲述。

“合并单元格”是以合并单元格区域左上角单元格中的数据为基准，覆盖其他单元格中的数据，而得到一个大的单元格，如图 4-26 所示。

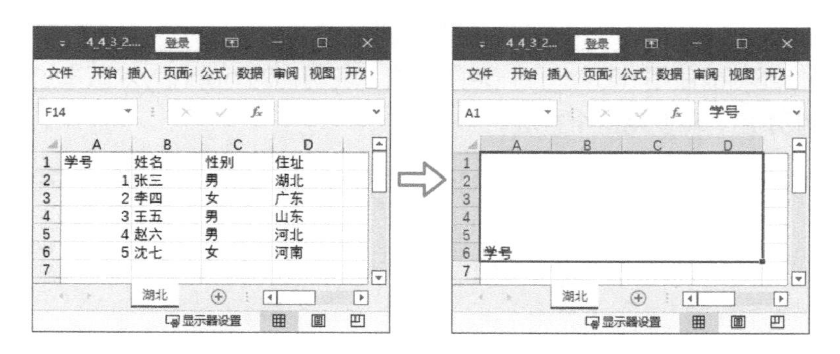

图 4-26

在交互式环境中输入如下命令：

```
In [1]: from openpyxl import load_workbook
        wb = load_workbook("4_4_3_2.xlsx")
        ws = wb["湖北"]
In [2]: ws.merge_cells("A1:D6")           ❶
In [3]: wb.save("4_4_3_2_合并单元格.xlsx")
```

在获取工作表对象 ws 后，调用 merge_cells() 方法，即可完成“A1:D6”单元格区域的数据合并（见 ❶），最终效果如图 4-27 所示。

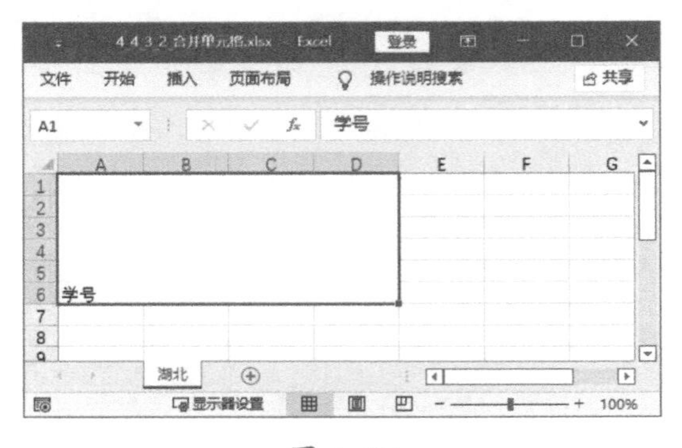

图 4-27

3. 移动单元格

如果你需要将某行、某列或者某个区域的数据移动到指定位置，应该怎么办呢？

在 openpyxl 模块中，提供了 move_range() 方法来完成这个操作，其语法格式如图 4-28 所示。

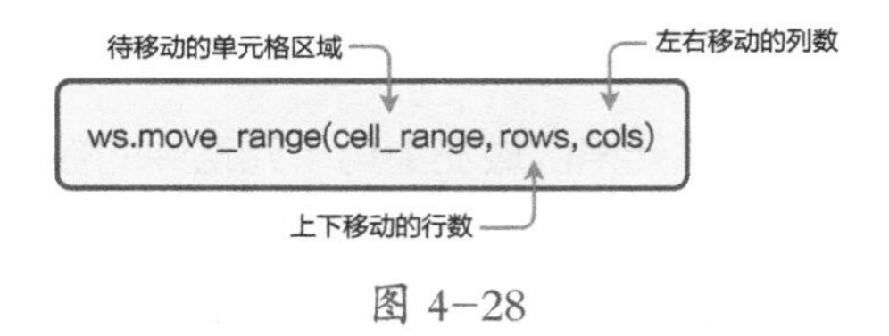

图 4-28

如果你还不能使用 move_range() 方法，证明你的 openpyxl 版本过低，请升级到更高版本后，再使用这个方法。

我们将通过一个案例为大家讲述如何移动单元格，案例文件如图 4-29 所示。

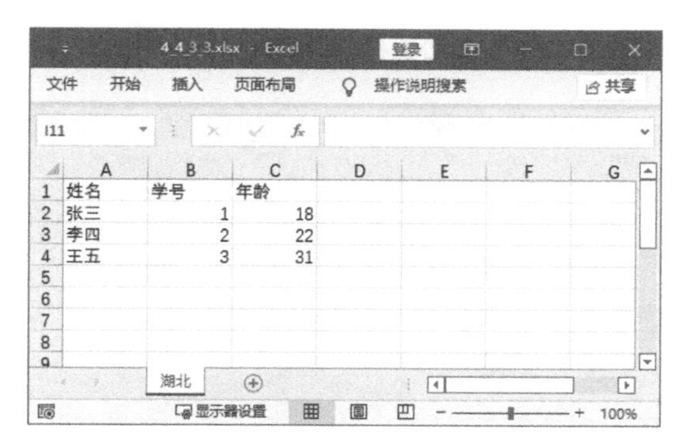

图 4-29

在交互式环境中输入如下命令：

```
In [1]: from openpyxl import load_workbook
        wb = load_workbook("4_4_3_3.xlsx")
        ws = wb[" 湖北 "]
In [2]: ws.move_range("A1",rows=0,cols=5)            ❶
In [3]: ws.move_range("C2:C4",rows=3,cols=-2)        ❷
In [4]: wb.save("4_4_3_3_ 移动单元格 .xlsx")
```

在获取工作表对象 ws 后，调用 move_range() 方法，将“A1”单元格向右移动 5 个单元格（见 ❶）。再次调用 move_range() 方法，将“C2:C4”单元格区域，向左移动 2 个单元格，再向下移动 3 个单元格（见 ❷），最终效果如图 4-30 所示。

图 4-30

4. 冻结窗口

当 Excel 行数过多时，向下移动表格时表头会被隐藏，此时就无法看出每一列字段所表示的含义，冻结窗口能很好地解决这个问题。

如图 4-31 所示，我们冻结了 B2 单元格。此时，当向下拖动表格的时候，第一行表头会一直存在。当我们向右拖动表格的时候，第一列数据会一直存在。

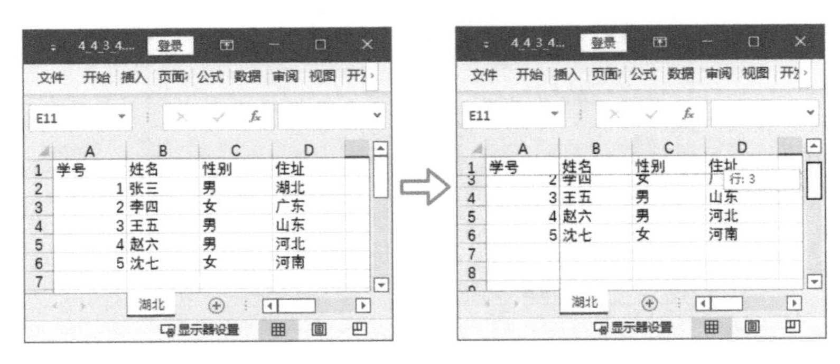

图 4-31

在 openpyxl 模块中，调用工作表对象的 freeze_panes 属性，可以帮助我们冻结单元格。

在交互式环境中输入如下命令：

```
In [1]: from openpyxl import load_workbook
        wb = load_workbook("4_4_3_4.xlsx")
        ws = wb[" 湖北 "]
In [2]: ws.freeze_panes = "B2"          ❶
In [3]: wb.save("4_4_3_4_ 冻结窗口 .xlsx")
```

在获取工作表对象 ws 后，调用工作表对象的 freeze_panes 属性，利用赋值操作，即可完成对 B2 单元格的冻结（见 ❶），最终效果只能自己打开 Excel 后查看。

</> 小贴士

所谓冻结窗口，冻结的是某个单元格的左侧和上方的区域。因此，冻结 A1 单元格是没有任何效果的。

5. 添加筛选器

为了更加方便、快捷地筛选出自己想要的数据，就需要给某些字段添加筛选器。

我们既可以给某个字段添加筛选器，也可以给所有字段添加筛选器，具体介绍如下。

- ws.auto_filter.ref = "A1"：仅给 A1 这个字段添加筛选器。
- ws.auto_filter.ref =ws.dimension：为所有字段添加筛选器。

如图 4-32 所示，我们想要给“性别”“住址”这 2 列添加一个筛选器，应该怎么做呢？

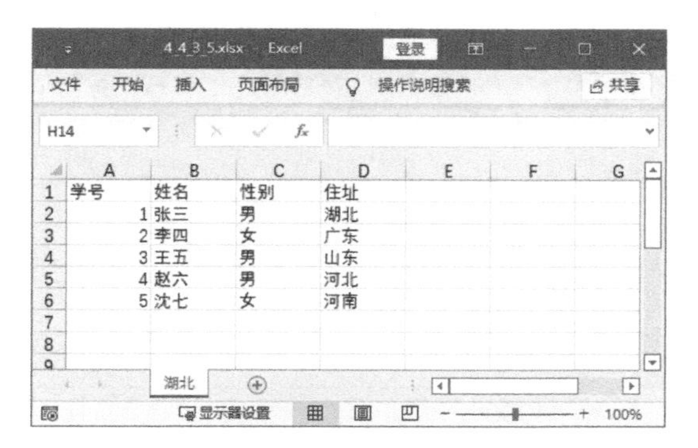

图 4-32

在交互式环境中输入如下命令：

```
In [1]: from openpyxl import load_workbook
        wb = load_workbook("4_4_3_5.xlsx")
        ws = wb["湖北"]
In [2]: ws.auto_filter.ref = "C1:D1"    ❶
In [3]: wb.save("4_4_3_5_添加筛选器.xlsx")
```

在获取工作表对象 ws 后，调用工作表对象的 auto_filter.ref 属性，利用赋值操作，给“性别”“住址”这 2 列添加一个筛选器（见 ❶），最终效果如图 4-33 所示。

图 4-33

4.4.4 数字格式化设置

有时候，我们会碰到这样的需要：将数字以某种格式进行展示。

在 openpyxl 模块中，获取单元格对象后，调用 number_format 属性，即可完成每个单元格的数字格式化设置。我们罗列了一些常用的数字格式化选项，如表 4-1 所示。

表 4-1

数字格式化选项	数字	正数效果展示	负数效果展示
General	1	1	-1
0	1.6	2	-2
0.00	1	1.00	-1.00
0%	0.5	50%	-50%
0.00%	0.5	50.00%	-50.00%
#,##0	1000	1,000	-1.000
#,##0.00	1000	1,000.00	-1,000.00
0.00E+00	10000	1.00E+04	-1.00E+04
￥#,##0;- ￥#,##0	1234	￥1,234	- ￥1,234
$#,##0.00;-$#,##0.00	1234	$1,234.00	-$1,234.00
mm-dd-yy	2020-12-12	2020/12/12	
h:mm:ss	10:30:30	10:30:30	

这里我们随意挑选几个数字格式化选项，为大家做个演示。

在交互式环境中输入如下命令：

```
In [1]: import datetime                                          ❶
        from openpyxl import Workbook
        wb = Workbook()
        ws = wb.active
In [2]: print(datetime.datetime(2020,12,12,10,30,30))            ❷
Out[2]: 2020-12-12 10:30:30
In [3]: ws["A1"] = datetime.datetime(2020,12,12,10,30,30)        ❸
        ws["A1"].number_format = "mm-dd-yy"                      ❹
In [4]: ws["B1"] = 12345678                                      ❺
        ws["B1"].number_format = "$#,##0.00;-$#,##0.00"          ❻
In [5]: wb.save(filename = "4_4_4.xlsx")
```

在❶❷处，我们导入了 datetime 模块，并调用 datetime() 方法，以帮助我们生成一个指定的日期和时间。

在获取工作表对象 ws 后，首先利用赋值操作，将数据写入 A1、B1 单元格（见❸❺）。接着，调用单元格对象的 number_format 属性，再次利用赋值操作，分别为 A1、B1 单元格设置不同的数字格式（见❹❻），最终效果如图 4-34 所示。

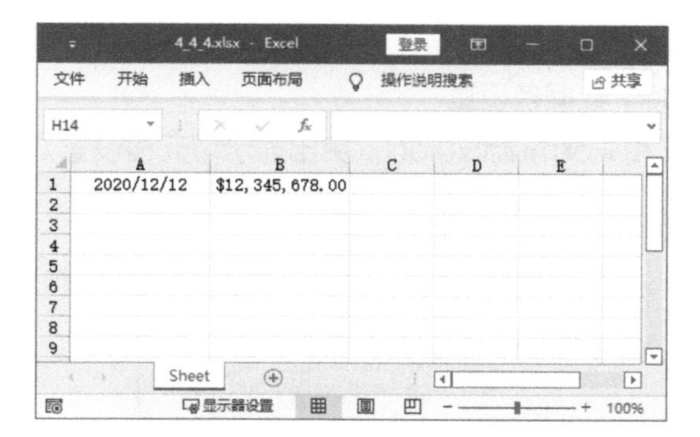

图 4-34

4.4.5 条件格式的应用

打开 Excel 文件后，依次单击【开始】→【条件格式】选项，会发现有很多种条件格式规则，如图 4-35 所示。

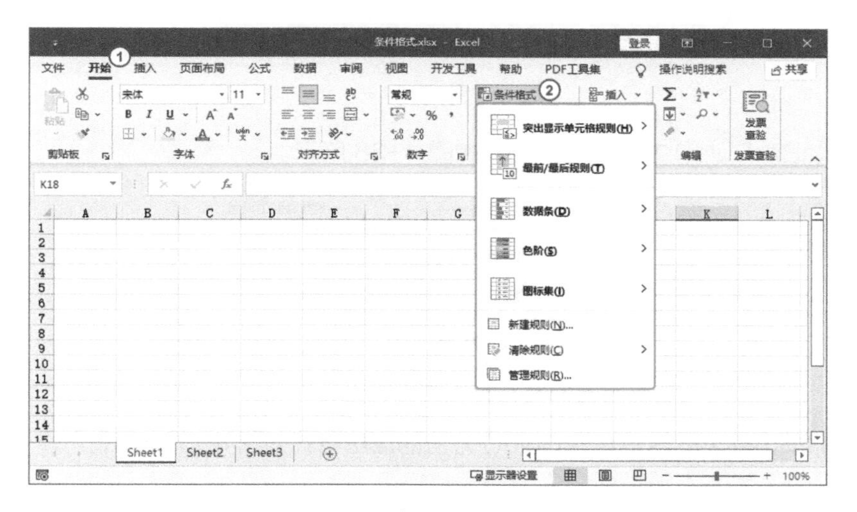

图 4-35

条件格式包含一系列格式设置，将选定的类型与单元格的值做比较，可能的类型有："数字 num""百分比 percent""最大 max""最小 min""公式 formula""百分点值 percentile"。

本小节将从色阶、图标集、数据条和突出显示单元格规则这 4 个方面入手，为大家讲述常见的条件格式规则。

- ColorScaleRule()：色阶设置。

- IconSetRule()：图标设置。
- DataBarRule：数据条设置。
- CellIsRule() 和 FormulaRule()：突出显示单元格设置。

ColorScaleRule() 方法的语法格式如图 4-36 所示。

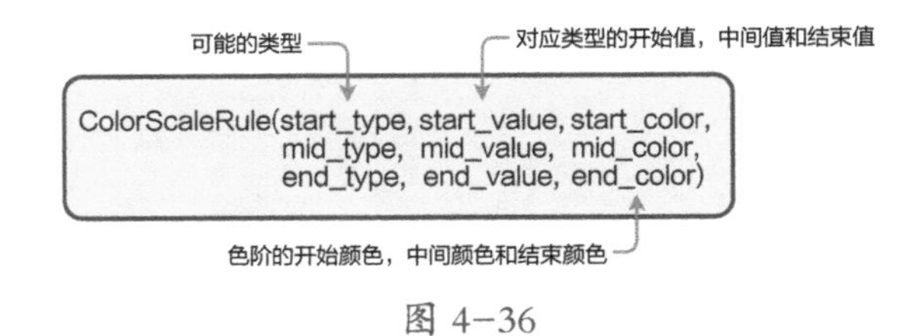

图 4-36

IconSetRule() 方法的语法格式如图 4-37 所示。

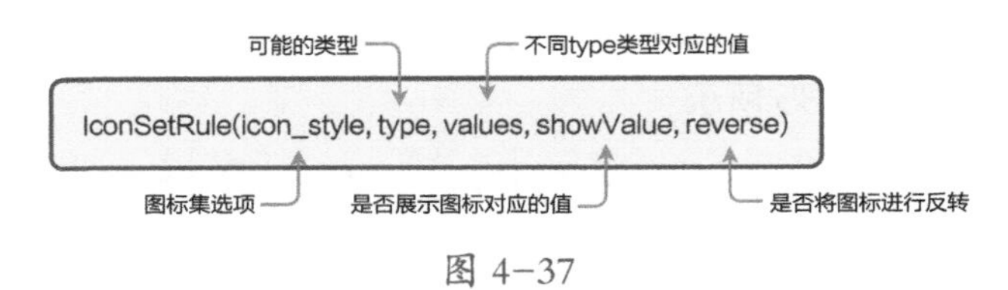

图 4-37

DataBarRule() 方法的语法格式如图 4-38 所示。

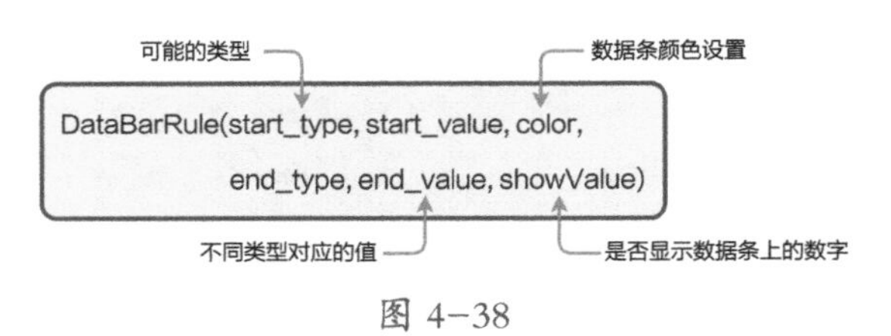

图 4-38

CellIsRule() 和 FormulaRule() 方法的语法格式如图 4-39 所示。

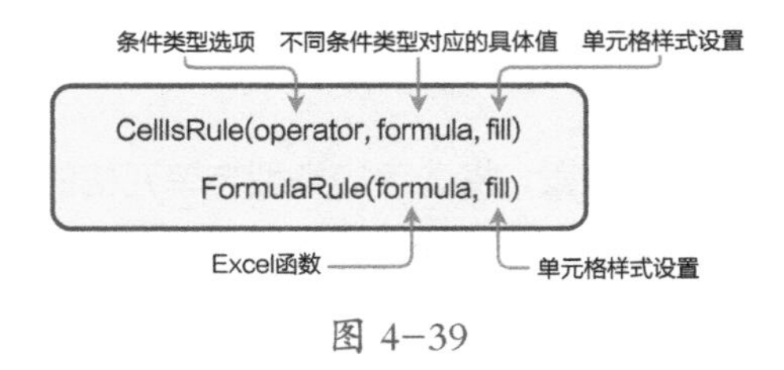

图 4-39

当我们了解了上述条件格式的规则后，调用工作表对象的 conditional_formatting.add() 方法，即可将这些规则应用到指定的单元格区域中，其语法格式如图 4-40 所示。

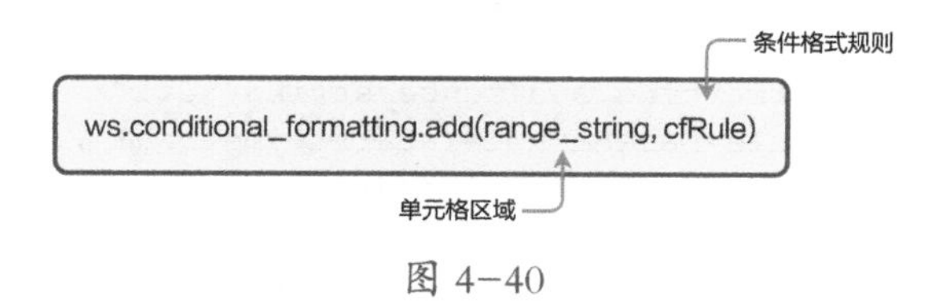

图 4-40

4.4.6 案例：批量设置条件格式

如图 4-41 所示的工作簿一共有 5 列数据，我们将对它进行条件格式的批量设置。

	A	B	C	D	E	F	G
1	4	1	1	1	10		
2	8	8	9	2	9		
3	3	3	7	3	8		
4	1	10	3	4	7		
5	7	6	6	5	6		
6	5	4	10	6	5		
7	6	7	2	7	4		
8	9	2	5	8	3		
9	2	5	8	9	2		
10	10	9	4	10	1		

图 4-41

在交互式环境中输入如下命令：

```
In [1]: from openpyxl import load_workbook
from openpyxl.styles import Font,Alignment,Side,Border,PatternFill
from openpyxl.formatting.rule import ColorScaleRule,IconSetRule,
DataBarRule,CellIsRule,FormulaRule                                  ❶

wb = openpyxl.load_workbook("4_4_6.xlsx")
ws = wb[" 湖北 "]

ws.conditional_formatting.add(range_string='A1:A10',                ❷
             cfRule=ColorScaleRule(start_type='min',                ❸
                                   start_color='00AA00',
                                   end_type='max',
                                   end_color='0000FF'))

ws.conditional_formatting.add(range_string='B1:B10',                ❹
             cfRule=IconSetRule(icon_style='3Flags',                ❺
                                type='num',
                                values=[1,5,7],
                                reverse=True))
```

```
ws.conditional_formatting.add(range_string='C1:C10',                          ❻
                cfRule=DataBarRule(start_type='num',                         ❼
                                   start_value=1,
                                   end_type='num',
                                   end_value=10,
                                   showValue=True,
                                   color="FF0000"))

redFill = PatternFill(end_color='00FFFF')                                     ❽
ws.conditional_formatting.add(range_string='D1:D10',                          ❾
                cfRule=CellIsRule(operator='lessThan',                        ❿
                                   formula=['5'],
                                   fill=redFill))

redFill = PatternFill(end_color='FF00FF')                                     ⓫
ws.conditional_formatting.add(range_string='E1:E10',                          ⓬
                cfRule=FormulaRule(formula=['AND(E1>5, E1<9)'],               ⓭
                                   fill=redFill))

wb.save("4_4_6_条件格式.xlsx")
```

在❶处，我们需要导入openpyxl.formatting.rule模块中的ColorScaleRule()、IconSetRule()、DataBarRule()、CellIsRule()和FormulaRule()方法，来完成条件格式的设置。

在获取工作表对象ws后，第一次调用conditional_formatting.add()方法，我们将A1:A10这个单元格区域进行了色阶设置（见❷）。

第二次调用conditional_formatting.add()方法，我们将B1:B10这个单元格区域进行了图标设置（见❹）。

第三次调用conditional_formatting.add()方法，我们将C1:C10这个单元格区域进行了数据条设置（见❻）。

最后两次调用conditional_formatting.add()方法，我们将单元格区域D1:D10和E1:E10进行了突出显示单元格设置（见❾⓬）。

观察❸处的规则，针对单元格区域A1:A10中的每个值，形成一个从最小值到最大值的颜色渐变。

观察 ❺ 处的规则，针对单元格区域 B1:B10 中的每个值，我们将其划分为 [1,5]、[5,7]、[7,max] 这三个区间，分别展示不同的图标。

观察 ❼ 处的规则，针对单元格区域 C1:C10 中的每个值，依照它们的数值大小，应用不同的数据条。

观察 ❿ 处的规则，针对单元格区域 D1:D10 中的每个值，如果数字“小于”5，我们突出显示这些单元格。由于涉及颜色填充，我们需要额外设置填充色（见 ❽ ）。

观察 ⓭ 处的规则，针对单元格区域 E1:E10 中的每个值，如果数字介于 [5,9] 之间，我们突出显示这些单元格。同样，这里也需要额外设置填充色（见 ⓫ ）。

运行上述 Python 代码后，最终得到的效果如图 4-42 所示。

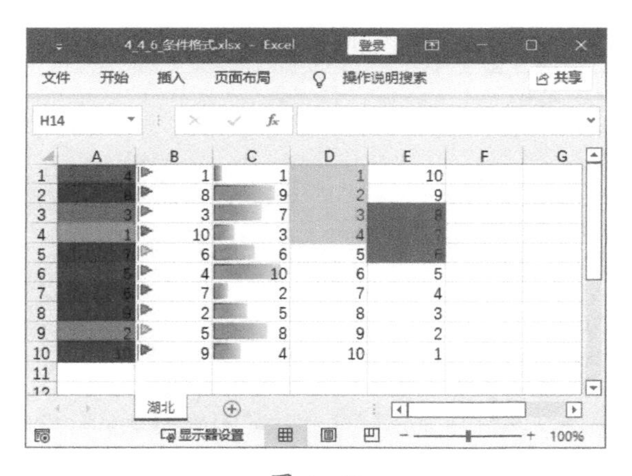

图 4-42

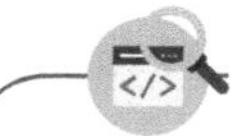

小贴士

关于“图标集选项”“条件类型选项”的设置，可以参考附录 A。

4.4.7 案例：插入图片与图形绘制

在实际工作学习中，你是否碰到过下面这样一些需求？

- 批量读取本地图片，将它插入 Excel 单元格。
- 批量读取 Excel 中的数据，并绘制相关图形。

本小节将为大家讲述如何利用 openpyxl 模块将本地图片插入 Excel 单元格，以及如何读取 Excel 中的数据并绘制相关图形。

1. 单元格插入图片

Excel 单元格中插入图片的本质，其实就是将图片悬浮在单元格之上，为了让图片感觉像是插入到了单元格中，需要将单元格的行高和列宽设置为和图片大小一致。

单元格中插入图片一共分为三步，分别介绍如下：

- ① 读取本地图片。
- ② 将图片插入到指定单元格。
- ③ 调整单元格的行高、列宽，使其与图片大小一致。

在交互式环境中输入如下命令：

```
In [1]: from openpyxl import Workbook()
        from openpyxl.drawing.image import Image                    ❶
        im = Image("python.png")                                    ❷
        im.height,im.width                                          ❸
Out[1]: (177, 182)
In [2]: wb = Workbook()
        ws = wb.active
        ws.add_image(im,'A1')                                       ❹
In [3]: def ch_height(height):                                      ❺
            return height * 13.5 / 18
        def ch_width(width):                                        ❻
            return width * 8.38 / 68
In [4]: ws.row_dimensions[1].height = ch_height(im.height)          ❼
        ws.column_dimensions["A"].width = ch_width(im.width)        ❽
In [5]: wb.save("4_4_7_1.xlsx")
```

首先，我们需要导入 openpyxl.drawing.image 模块中的 Image() 方法（见 ❶），用于读取本地照片（见 ❷），它会返回一个图片对象 im。这个对象还有两个常用属性 width 和 height，用于获取图片的像素宽和像素高（见 ❸）。

接着，调用工作表对象 add_image() 方法，可以将上述图片插入 Excel 指定单元格（见 ❹）。

由于图片的像素宽和像素高与 Excel 中单元格的宽和高的单位并不一致，因此我们定义了两个转换函数（见 ❺❻），用于统一单位。最后利用赋值操作，即可将单元格的行高和列宽调整为与图片大小一致（见 ❼❽），最终效果如图 4-43 所示。

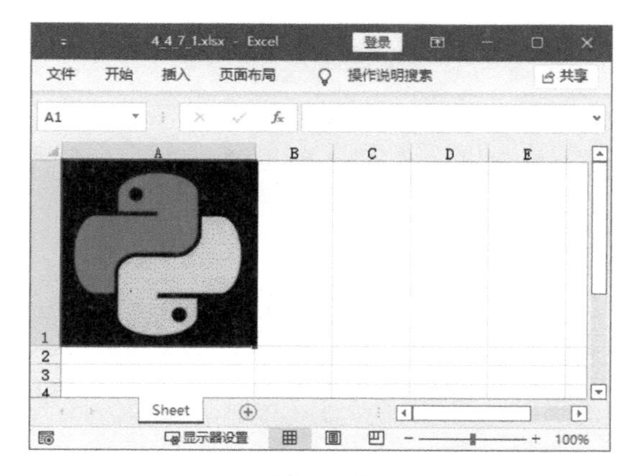

图 4-43

Excel 2013 中的行高和列宽分别是 13.5 和 8.38，它们的单位并不一致。但是行高 13.5 对应的像素值大约是 18px，列宽 8.38 对应的像素值大约是 68px。不同版本的 Excel 的默认行高可能不同，大家仍可以利用这个关系来进行单位转换。

2. 相关图形的绘制

openpyxl 模块支持绘制的图形有很多，我们很难记住它们每一个的用法，掌握绘图原理才是重中之重。整个绘图流程一共包括 6 个步骤，分别介绍如下。

- ① 打开或创建一个工作簿。
- ② 创建一个指定图形的空坐标系。
- ③ 往空坐标系中添加数据源。
- ④ 设置图表元素。
- ⑤ 指定在工作表的哪一个位置绘图。
- ⑥ 保存工作簿。

了解了绘图流程后，我们将以“折线图”为例，为大家讲述如何利用 openpyxl 绘图。

如图 4-44 所示的工作簿，请绘制出“某公众号不同月份关注人数”的折线图。

	A	B
1		关注量
2	1月	900
3	2月	1000
4	3月	1300
5	4月	1200
6	5月	1100
7	6月	950
8	7月	1050
9	8月	1250
10	9月	1400
11	10月	1500
12	11月	1300
13	12月	1600

图 4-44

在交互式环境中输入如下命令：

```
In [1]: from openpyxl import load_workbook
        from openpyxl.chart import LineChart, Reference                          ❶
        wb = load_workbook("4_4_7_2.xlsx")                                        ❷
        ws = wb["折线图"]                                                          ❸
In [2]: chart = LineChart()                                                       ❹
In [3]: data = Reference(ws,min_row=1,max_row=13,min_col=2, max_col=2)            ❺
        chart.add_data(data,titles_from_data=True)                                ❻
In [4]: chart.title = "公众号不同月份的关注人数"                                    ❼
        chart.y_axis.title = "关注人数"                                            ❽
        chart.x_axis.title = "月份"                                                ❾
In [5]: ws.add_chart(chart,"D1")                                                  ❿
In [6]: wb.save("4_4_7_2_折线图.xlsx")
```

首先，我们打开了一个本地的工作簿，并获取了工作簿对象 wb 和工作表对象 ws（见❷❸）。

接着，调用 LineChart() 方法，创建一个空坐标系对象 chart（见❹），图形就绘制在这个坐标系上。

向坐标系中添加数据源之前，首先应该选择数据源。这里需要提前导入 Reference() 方法（见❶），直接调用该方法即可帮助我们选择数据源（见❺）。然后，再调用坐标系对象的 add_data() 方法（见❻），即可将选择好的数据源添加到坐标系中。

紧接着，我们还为图形设置了一些图表元素，像图表标题（见❼）、*x* 轴标题（见❾）、*y* 轴标题（见❽）。

通过上述操作，我们已经绘制了一个完整的图形。此时，调用工作表对象的

add_chart() 方法（见 ⑩），即可将图形在指定位置完整呈现（见图 4-45）。

图 4-45

利用 openpyxl 模块绘制的图形，是可以直接在 Excel 中修改图形参数的。

4.5 实战项目：Excel 报表自动化

假如你是公司里的一位数据分析师，老板发给你公司近 10 年各分区的销售额情况（如图 4-46 所示），需要你汇总出公司 2011 年至 2020 年这 10 年的总销售情况，并绘制出一条折线图，用于老板做报告。此时，你应该怎么做呢?

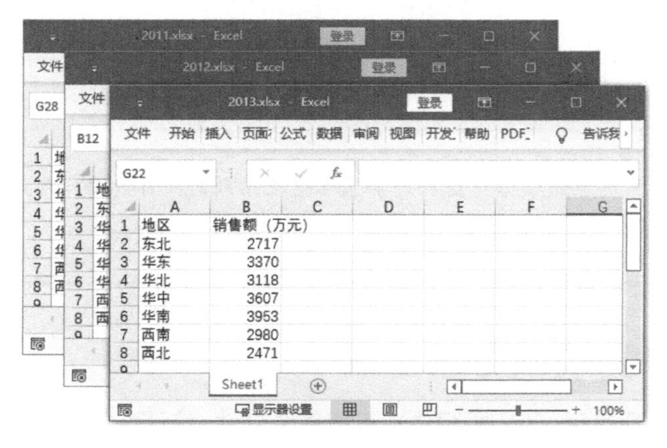

图 4-46

接下来，我们将分步为大家讲解这个案例。

4.5.1 导入相关模块

首先，导入本案例需要用到的所有 Python 模块。

```
In [1]: import os
        import pandas as pd
        from openpyxl import Workbook
        from openpyxl.chart import LineChart, Reference
        from openpyxl.utils.dataframe import dataframe_to_rows
```

4.5.2 获取文件列表

在案例中有该公司 2011 年至 2020 年近 10 年的数据，一共 10 个 Excel 文档。我们需要获取文件列表，便于做后续的处理。

```
In [1]: file_list = os.listdir("./ 项目案例原始数据 /")                ❶
        file_list = [i for i in file_list if i.endswith(".xlsx")]    ❷
        file_list
Out[1]: ['2011.xlsx',
         '2012.xlsx',
         '2013.xlsx',
         '2014.xlsx',
         '2015.xlsx',
         '2016.xlsx',
         '2017.xlsx',
         '2018.xlsx',
         '2019.xlsx',
         '2020.xlsx']
```

在 ❶ 处，调用 os 模块中的 listdir() 方法，可以打印出当前工作目录下的所有文件。然后，利用列表解析式筛选出 .xlsx 结尾的文件，得到我们需要的数据文件列表 file_list（见 ❷）。

"./ 项目案例原始数据 /" 这种写法表示这里用到的项目数据，存放在当前工作目录下的“项目案例原始数据”文件夹中。

4.5.3 计算每一年的总销售额

在获取文件列表后，我们需要依次读取每个文件，统计汇总出每一年的总销售额，并将它们存储到 DataFrame 数据框中。

```
In [1]: x = []
        for index,value in enumerate(file_list):                         ❶
            y = []
            df = pd.read_excel("./项目案例原始数据/" + value)              ❷
            total = df["销售额(万元)"].sum()                              ❸
            y.append(value[:4])
            y.append(total)
            x.append(y)
        x                                                                 ❹
Out[1]: [['2011', 10889],
         ['2012', 16883],
         ['2013', 22216],
         ['2014', 25461],
         ['2015', 16351],
         ['2016', 29582],
         ['2017', 30119],
         ['2018', 40503],
         ['2019', 35520],
         ['2020', 46265]]
In [2]: df = pd.DataFrame(x,columns=["年份","总销售额"])                   ❺
        df
Out[1]:     年份    总销售额
        0   2011    10889
        1   2012    16883
        2   2013    22216
        3   2014    25461
        4   2015    16351
        5   2016    29582
        6   2017    30119
        7   2018    40503
        8   2019    35520
        9   2020    46265
```

在 ❶ 处，我们利用 for 循环去遍历数据文件列表 file_list 。每循环一次，就用 Pandas 模块读取文件中的数据（见 ❷），并计算出当年的总销售额（见 ❸）。这段代码里定义了两个空列表 x 和 y，用于帮助我们组织数据，可以看出最终的列表 x 是一个列表嵌套（见 ❹）。最后，调用 Pandas 模块的 DataFrame() 方法，即可将列表 x 转换为一个 DataFrame 数据框（见 ❺）。

4.5.4 将 DataFrame 对象转换为工作簿对象

前面我们已经统计出了每一年的总销售额，并将其存储在数据框 df 中。由于后续需要利用 openpyxl 模块进行折线图绘制，因此，这里必须将 Pandas 中的

DataFrame 数据框对象，转换为 openpyxl 中的工作簿对象。

```
In [1]: wb = Workbook()                                                    ❶
        ws = wb.active
        for row in dataframe_to_rows(df,index=False,header=True):          ❷
            ws.append(row)
```

首先，我们新建了一个新的工作簿，用于存储对象转换后的数据（见 ❶）。接着，直接调用 openpyxl.utils.dataframe 模块中的 dataframe_to_rows() 方法，可以将数据框对象转换为工作簿对象（见 ❷）。此时，这个工作簿对象 wb 就拥有了数据框 df 中的所有数据。

4.5.5 绘制折线图

当我们获取了用于绘图的数据源 ws 后，绘图就变得很简单了。详细解释参见 4.4.5 节，这里不再赘述。

```
In [1]: ws = wb.active
        chart = LineChart()
        max_row = len(file_list) + 1
        data = Reference(ws,min_row=1,max_row=max_row,min_col=2,max_col=2)
        chart.add_data(data,titles_from_data=True)
        chart.title = " 某公司 2011-2020 年度销售额折线图 "
        chart.y_axis.title = " 销售额 "
        chart.x_axis.title = " 年份 "
        ws.add_chart(chart,"D1")
        wb.save("2011-2020.xlsx")
```

最终效果如图 4-47 所示。

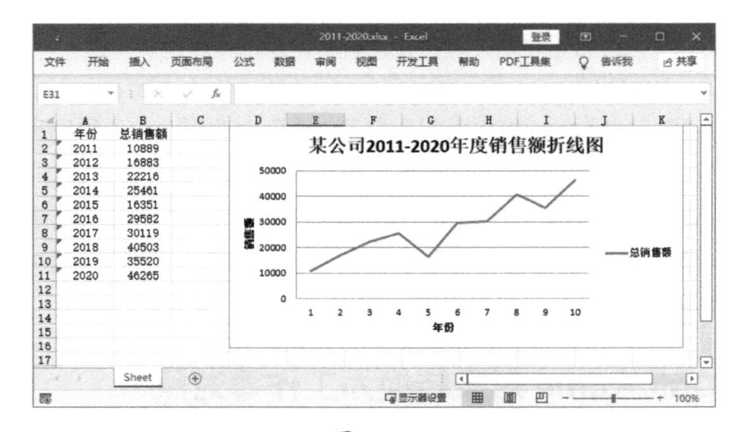

图 4-47

第5章 学习Python，可以自动化操作Word

Word 文档在我们的工作中也扮演了重要的角色，各种合同、通知、请柬等基本都是 Word 格式的。

对于单个 Word 文档，我们可以手动读取内容、写入内容以及调整样式。假如有成百上千个文档，就需要借助 Python 编程来实现自动化处理。

5.1 操作 Word 文档的准备工作

本节主要为大家讲述 Word 文档的基础构成，以及 Word 处理模块 python-docx 的安装与导入。

5.1.1 Word 文档的基础构成

若要熟练掌握 Python 自动化操作 Word 文档，首先需要了解 Word 文档的基础构成。下面我们会为大家介绍 7 个常用名词。

如图 5-1 所示，Word 文档主要由“文档—段落—文字块”这样的三级结构组成。

- 文档：英文名是 document，简写为 doc。每个 Word 文件，就是一个文档。
- 段落：英文名是 paragraph，简写为 p。一个 Word 文档中有几段文字，就有几个段落（图表除外）。
- 文字块：英文名是 run，简写为 r。以图 5-2 为例，如果一个句子有着字体、大小、颜色等任何不同的样式，那么这个句子会被划分成不同的文字块。

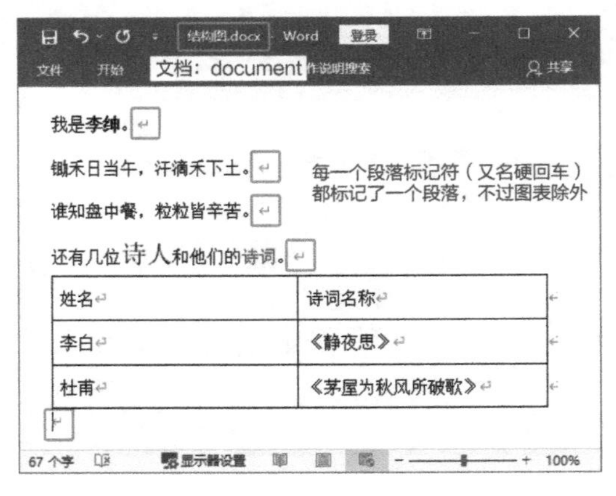

图 5-1

还有几位诗人和他们的诗词。

图 5-2

Word 文档中的表格（简称“表”）则是由“文档—表格—行或列—单元格—段落—文字块”这样的六级结构组成，如图 5-3 所示。

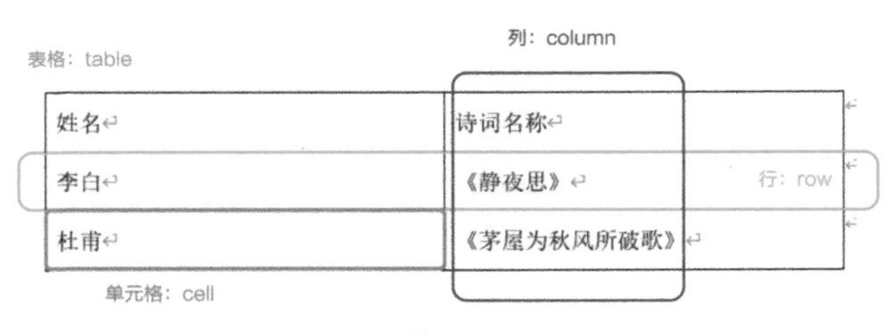

图 5-3

除了上面提到的 3 个名词之外，这里又提到了另外 4 个名词，分别介绍如下。

- 表格：英文名是 table。一个 Word 文档可能包含一个或多个表格，但是表格不属于段落。
- 行：英文名是 row。一个表是由多行组成的。
- 列：英文名是 column。一个表是由多列组成的。
- 单元格：英文名是 cell。每一行、每一列都是由多个单元格组合而成的。

注明：后续章节如果没有特殊说明，则 doc 代表文档，p 代表段落，r 代表文字块。

5.1.2 python-docx 模块的安装与导入

python-docx 是一个用于创建和更新 Word 文档的 Python 模块。由于它有着较全的学习文档，功能齐全且简单易学，因此，本章将基于 python-docx 模块来操作 Word 文档。

python-docx 属于 Python 的第三方开源模块，需要我们额外安装、导入后，才能使用。

1. 如何安装 python-docx 模块

这里推荐使用 pip 安装，在命令行窗口中输入如下命令：

```
pip install python-docx
```

2. 测试安装是否成功

安装完成之后，我们可以导入 docx 模块，测试一下该模块是否安装成功。

在交互式环境中输入如下命令：

```
In [1]: import docx
```

如果运行上述程序没有报错，则证明 python-docx 模块安装成功。

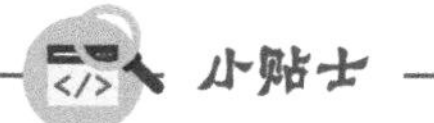

需要注意一点，我们安装的是 python-docx 模块，但是导入的是 docx。

5.2 Word 文档内容读取

本节主要为大家讲述如何读取 Word 文档中的有用信息。

5.2.1 打开和创建 Word 文档

“打开”指的是打开一个已有的 Word 文档，“创建”指的是创建一个新的 Word 文档。

在 python-docx 模块中，调用文档对象的 Document() 方法。如果不传入任何参数，则表示新建一个 Word 文档；如果传入一个文件路径参数，则表示读取本地的 Word 文档。

在交互式环境中输入如下命令：

```
In [1]: from docx import Document                ❶
In [2]: doc = Document()                          ❷
        doc.save("5_2_1_1.docx")                  ❸
In [3]: doc = Document("5_2_1_2.docx")            ❹
        doc.save("5_2_1_2.docx")                  ❺
```

首先，导入 python-docx 模块中的 Document() 方法（见 ❶）。

在 ❷ 处，相当于新建一个 Word 文档，当且仅当你调用 save() 方法保存该操作后（见 ❸），才会在本地生成一个新的工作簿。

在 ❹ 处，向 Document() 方法中传入一个路径参数，相当于读取本地的 Word 文档。完成相关操作后，同样需要调用 save() 方法进行保存（见 ❺）。

5.2.2 读取 Word 文档中的文字内容

Word 中的文字内容，指的就是文档中的段落、标题 / 正文和文字块。本节介绍如何获取这 4 个有用的信息。

1. 获取段落

在一个 Word 文档中，可能包含一个或多个段落。理解了这个概念后，下面学习如何获取 Word 文档中的段落。

对于如图 5-4 所示的 Word 文档，我们如何获取每一段的文字内容呢？

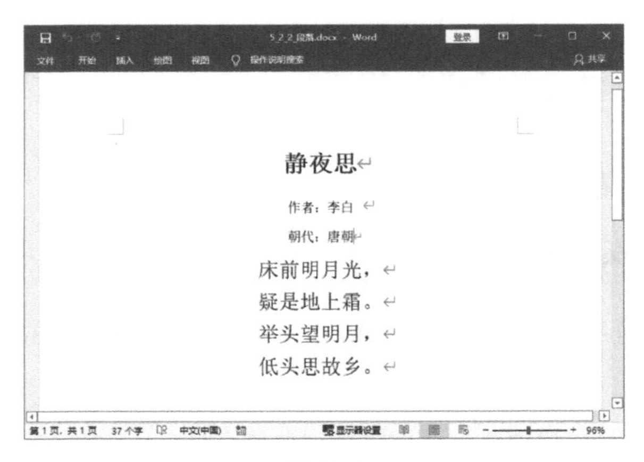

图 5-4

在 python-docx 模块中，调用文档对象的 paragraphs 属性，可以帮助我们获取段落对象组成的列表。

在交互式环境中输入如下命令：

```
In [1]: from docx import Document
        doc = Document("5_2_2_段落.docx")
        p1_list = doc.paragraphs              ❶
        p1_list                               ❷
Out[1]: [<docx.text.paragraph.Paragraph at 0x1fbaffe08b0>,
         <docx.text.paragraph.Paragraph at 0x1fbaffe0d90>,
         <docx.text.paragraph.Paragraph at 0x1fbaffe0f10>,
         <docx.text.paragraph.Paragraph at 0x1fbaffe0dc0>,
         <docx.text.paragraph.Paragraph at 0x1fbaffe0fd0>,
         <docx.text.paragraph.Paragraph at 0x1fbaffe0f70>,
         <docx.text.paragraph.Paragraph at 0x1fbaffe0a90>]
In [2]: len(p1_list)                          ❸
Out[2]: 7
In [3]: for p1 in p1_list:                    ❹
            print(p1.text)                    ❺
Out[3]: 静夜思
        作者：李白
        朝代：唐朝
        床前明月光，
        疑是地上霜。
        举头望明月，
        低头思故乡。
In [4]: p2 = doc.paragraphs[0]                ❻
        p2.text                               ❼
Out[4]: '静夜思'
In [5]: p3 = doc.paragraphs[2]                ❽
        p3.text                               ❾
Out[5]: '朝代：唐朝'
```

在获取到文档对象 doc 后，直接调用 paragraphs 属性（见 ❶），会生成一个段落对象组成的列表（见 ❷）。此时，使用 len() 函数获取列表的长度（见 ❸），表明这个 Word 文档一共有 7 个段落。

接着，我们可以结合 for 循环语句（见 ❹），遍历列表中的每个元素，得到一个个的段落对象。再调用段落对象的 text 属性，即可直接获取段落中的具体值（见 ❺）。

对于得到的段落对象列表，我们还可以采用索引方式，获取指定段落中的具体值（见 ❻ ～ ❾）。

2. 获取标题 / 正文

从严格意义上来说，标题也属于段落的一部分。但是在 Word 中，习惯性地将整个段落分为“标题”和“正文”两个部分。下面介绍如何分别获取 Word 文档中的标题和正文。

对于如图 5-5 所示的 Word 文档，我们如何获取其中的标题和正文呢?

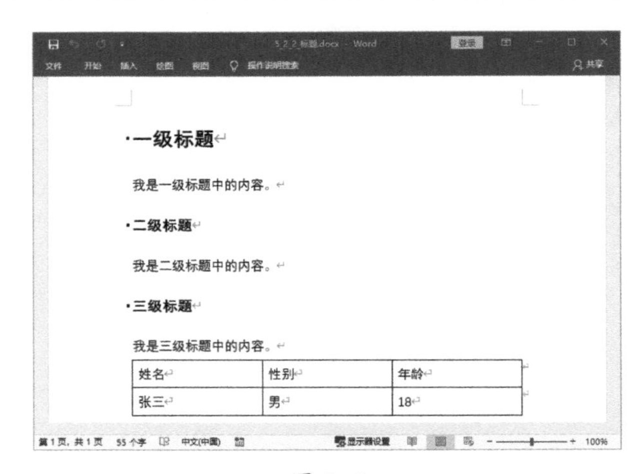

图 5-5

在 python-docx 模块中，调用段落对象的 style 属性，会得到一个段落样式对象 ParagraphStyle。

再调用段落样式对象的 name 属性，可以得到每个段落具体的样式名称。其中，Heading 表示标题，Normal 表示正文。我们可以利用 Heading 或 Normal 来判断某个段落属于标题还是正文。

在交互式环境中输入如下命令：

```
In [1]: from docx import Document
        doc = Document("5_2_2_标题.docx")
        paragraph_style_1 = doc.paragraphs[0].style     ❶
        paragraph_style_1                               ❷
Out[1]: _ParagraphStyle('Heading 1') id: 2180548798592
In [2]: paragraph_style_1.name                          ❸
Out[2]: 'Heading 1'
In [3]: paragraph_style_2 = doc.paragraphs[1].style     ❹
        paragraph_style_2                               ❺
Out[3]: _ParagraphStyle('Normal') id: 2180544203600
In [4]: paragraph_style_2.name                          ❻
Out[4]: 'Normal'
```

```
In [5]: for index,paragraph in enumerate(doc.paragraphs):
            if "Heading" in paragraph.style.name:     ❼
                print(f"第{index+1}段是：{paragraph.text}")
Out[5]: 第 1 段是：一级标题
        第 3 段是：二级标题
        第 5 段是：三级标题
In [6]: for index,paragraph in enumerate(doc.paragraphs):
            if "Normal" in paragraph.style.name:     ❽
                print(f"第{index+1}段是：{paragraph.text}")
Out[6]: 第 2 段是：我是一级标题中的内容。
        第 4 段是：我是二级标题中的内容。
        第 6 段是：我是三级标题中的内容。
        第 7 段是：
```

在❶处，调用第一个段落对象的 style 属性，返回的是一个段落样式对象 ParagraphStyle（见❷）。此时，再调用段落样式对象的 name 属性（见❸），返回值“Heading 1”表示第一个段落是一个一级标题。

在❹～❻处，我们采用同样的方式，可以发现第二个段落是一个正文。

基于上述说明，我们可以搭配if条件语句，用于判断某个段落属于“标题”，还是“正文”。如果某个段落的样式名称包含“Heading”关键字，就证明这是一个标题（见❼）。如果某个段落的样式名称包含“Normal”关键字，就证明这是一个正文（见❽）。

3. 获取文字块

如果一个句子有着字体、大小、颜色等任何不同的样式，那么这个句子就被划分成不同的文字块。

如图 5-6 所示的 Word 文档，一共有几个文字块？如何获取每个文字块的内容呢？

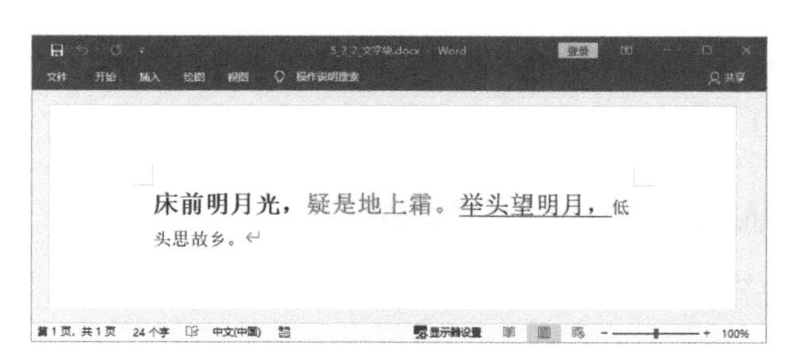

图 5-6

文字块是存在于每个段落中的，我们只有先获得每个段落对象，才可以获取其中的文字块。

在获取到段落对象后，调用 runs 属性，可以获取文字块对象组成的列表。

在交互式环境中输入如下命令：

```
In [1]: from docx import Document
        doc = Document("5_2_2_文字块.docx")
        p = doc.paragraphs
        len(p)                          ❶
Out[1]: 1
In [2]: r1_list = p[0].runs             ❷
        r1_list                         ❸
Out[2]: [<docx.text.run.Run at 0x1fd90437e20>,
         <docx.text.run.Run at 0x1fd90437400>,
         <docx.text.run.Run at 0x1fd90437b50>,
         <docx.text.run.Run at 0x1fd90437c10>]
In [3]: len(r1_list)                    ❹
Out[3]: 4
In [4]: for r1 in r1_list:              ❺
            print(r1.text)              ❻
Out[4]: 床前明月光，
        疑是地上霜。
        举头望明月，
        低头思故乡。
In [5]: r2 = r1_list[1]                 ❼
        r2.text                         ❽
Out[5]: '疑是地上霜。'
```

从输出结果中可以看出，这个 Word 文档只包含一个段落（见 ❶），其中 p[0] 表示获取了第一个段落的段落对象。接着，调用 runs 属性（见 ❷），返回的是文字块对象组成的列表（见 ❸），再结合 len() 函数，得知这个段落一共有 4 个文字块（见 ❹）。

此时，我们可以利用 for 循环（见 ❺），遍历列表中的元素，获取每个文字块对象。再调用文字块对象的 text 属性，可以直接获取文字块中的具体值（见 ❻）。

对于得到的文字块对象列表，我们同样可以采用索引方式，获取指定文字块的具体值（见 ❼❽）。

5.2.3 读取 Word 文档中的表格

对于如图 5-7 所示的 Word 文档，我们思考如下两个问题：

- 第一，它一共包含几个段落？
- 第二，如何获取表格中的数据？

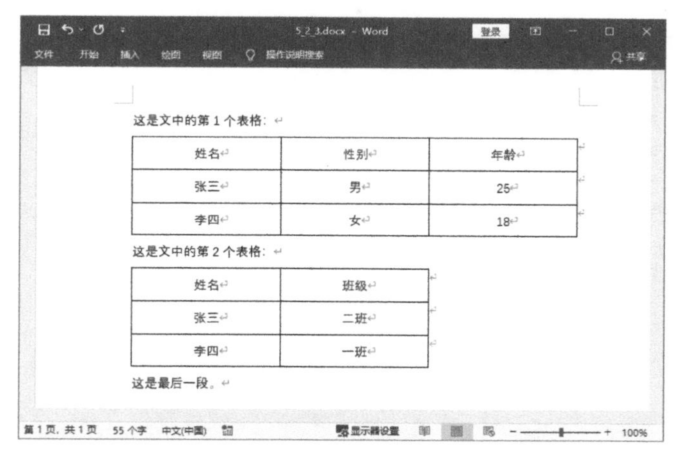

图 5-7

1. 它一共包含几个段落

在交互式环境中输入如下命令：

```
In [1]: from docx import Document
        doc = Document("5_2_3.docx")
        p_list = doc.paragraphs
        len(p_list)        ❶
Out[2]: 3
In [2]: for p in p_list: ❷
            print(p.text)
Out[2]: 这是文中的第 1 个表格：
        这是文中的第 2 个表格：
        这是最后一段。
```

在 ❶ 处，直接调用 len() 函数，打印出这个 Word 文档只有 3 个段落。接着，我们利用 for 循环，打印每个段落内容（见 ❷）。在此可以发现，最终结果中并未出现表格中的任何数据。

这里再次证实，表格中的内容确实不属于段落。

2. 如何获取表格中的数据

在 python-docx 模块中，调用文档对象的 tables 属性，可以返回表格对象组成的列表。

在交互式环境中输入如下命令：

```
In [1]: from docx import Document
        doc = Document("5_2_3.docx")
        table_list = doc.tables ❶
        table_list              ❷
Out[1]: [<docx.table.Table at 0x1fd90e3b0a0>,
         <docx.table.Table at 0x1fd90e3b310>]
In [2]: len(table_list)         ❸
Out[2]: 2
In [3]: table = table_list[1]   ❹
In [4]: for row in table.rows:  ❺
            for cell in row.cells:
                print(cell.text)
Out[4]: 姓名
        班级
        张三
        二班
        李四
        一班
```

在获取到文档对象 doc 后，调用 tables 属性（见 ❶），会返回表格对象组成的列表（见 ❷）。接着，调用 len() 函数，打印出这个 Word 文档中有 2 个表格（见 ❸）。

在 ❹ 处，我们获取了第 2 个表格对象。由于表格是由多行多列组成的，因此这里需要利用两次 for 循环，打印单元格中的具体值（见 ❺）。

其中，table.rows 获取的是表格中的行维度列表对象，row.cells 获取的是表格中的单元格列表对象。

小思考

如果将 table.rows 换成 table.columns，会打印出怎样的结果？

5.2.4 案例：批量提取 Word 中的表格数据并写入 Excel

对于如图 5-8 所示的 Word 文档，我们如何批量提取 Word 中的表格数据，并写入 Excel 中呢？

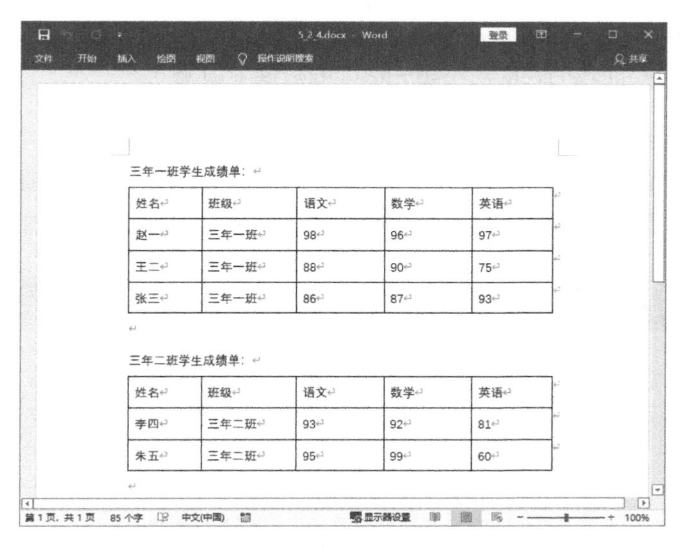
三年一班学生成绩单：

姓名	班级	语文	数学	英语
赵一	三年一班	98	96	97
王二	三年一班	88	90	75
张三	三年一班	86	87	93

三年二班学生成绩单：

姓名	班级	语文	数学	英语
李四	三年二班	93	92	81
朱五	三年二班	95	99	60

图 5-8

在交互式环境中输入如下命令：

```
In [1]: from docx import Document
        import pandas as pd
        doc = Document("5_2_4.docx")
        tables = doc.tables
        for index,table in enumerate(doc.tables):                                   ❶
            x = []                                                                  ❷
            for row in table.rows:                                                  ❸
                y = []                                                              ❹
                for cell in row.cells:                                              ❺
                    y.append(cell.text)                                             ❻
                x.append(y)                                                         ❼
            print(x)                                                                ❽
            df = pd.DataFrame(x)                                                    ❾
            df.to_excel(f"第{index+1}个表格.xlsx",index=None,header=None)           ❿
Out[1]: [['姓名', '班级', '语文', '数学', '英语'], ['赵一', '三年一班',
        '98', '96', '97'], ['王二', '三年一班', '88', '90', '75'], ['张三',
        '三年一班', '86', '87', '93']]
        [['姓名', '班级', '语文', '数学', '英语'], ['李四', '三年二班',
        '93', '92', '81'], ['朱五', '三年二班', '95', '99', '60']]
```

在❶处，我们利用 for 循环遍历每个表格对象。对于每个表格对象，定义了两个列表 x、y 用于存储获取到的表格数据（见❷❹），其起到一个组织数据的作用。这里调用的是列表的 append() 方法（见❻❼），以帮助我们实现列表元素的添加。此时，打印列表 x，可以发现每个表格中的数据都被组织成了一个列表嵌套（见❽）。

而对于内层的两个 for 循环，第一个 for 循环帮助我们获取每一行的数据（见 ❸），第二个 for 循环帮助我们获取每个单元格中的数据（见 ❺）。

对于获取到的列表嵌套，调用 Pandas 模块中的 DataFrame() 方法（见 ❾），可以将它们都转换为 DataFrame 数据框对象。最后，调用数据框对象的 to_excel() 方法（见 ❿），即可将数据写到本地 Excel 中。最终效果如图 5-9 所示。

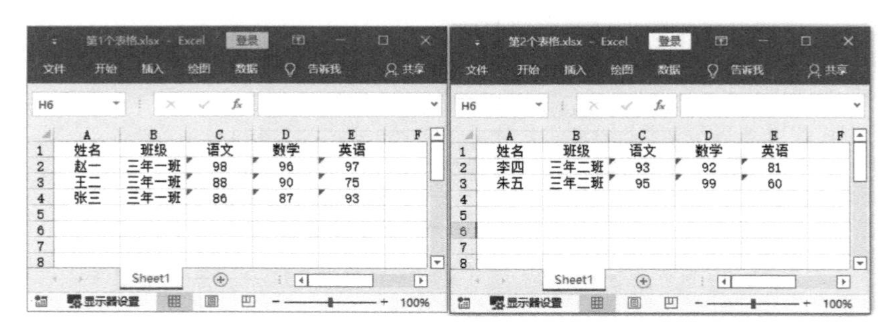

	A	B	C	D	E
1	姓名	班级	语文	数学	英语
2	赵一	三年一班	98	96	97
3	王二	三年一班	88	90	75
4	张三	三年一班	86	87	93

	A	B	C	D	E
1	姓名	班级	语文	数学	英语
2	李四	三年二班	93	92	81
3	朱五	三年二班	95	99	60

图 5-9

5.2.5 读取 Word 文档中的图片

在 python-docx 模块中，并没有提供获取 Word 文档中图片的方法。如果想要提取 Word 文档中的图片，可以使用 zipfile 模块。该模块属于 Python 标准模块，我们直接使用即可。

这里首先为大家介绍 zipfile 模块中几个常用的方法和属性。

- ZipFile()：用于读取或创建一个 zipfile 对象。
- infolist()：用于获取 zip 文档内所有文件的信息，返回由 ZipInfo 对象组成的列表。
- filename：用于获取文件的名称。
- extract()：将 zip 文档内的指定文件解压到指定目录（或称为“文件夹”）中。

如图 5-10 所示的 Word 文档，里面包含 2 张图片。我们将利用 zipfile 模块来提取其中的图片。

图 5-10

在交互式环境中输入如下命令：

```
In [1]: import os
        from zipfile import ZipFile                          ❶
In [2]: zip_file = ZipFile("5_2_5.docx",'r')                 ❷
In [3]: for info in zip_file.infolist():                     ❸
            print(info.filename)                             ❹
Out[3]: [Content_Types].xml
        _rels/.rels
        word/document.xml
        word/_rels/document.xml.rels
        word/footnotes.xml
        word/endnotes.xml
        word/media/image1.png
        word/media/image2.png
        word/theme/theme1.xml
        word/settings.xml
        word/styles.xml
        word/webSettings.xml
        word/fontTable.xml
        docProps/core.xml
        docProps/app.xml
In [4]: for info in zip_file.infolist():
            file_name = info.filename
            if file_name.endswith((".png",".jpeg",".jpg")):  ❺
                zip_file.extract(info.filename, os.getcwd()) ❻
```

首先，导入 zipfile 模块中的 ZipFile() 方法（见 ❶）。调用该方法可以帮助我们创建了一个 zip_file 对象（见 ❷），“r”表示读取文件。

接着，调用该对象的 infolist() 方法，返回的是文件信息对象组成的列表（见 ❸）。

我们可以利用 for 循环遍历列表中的每个元素，并调用 filename 属性，打印每个具体的文件名（见 ❹）。

观察上述文件名，图片一般是以 .png 后缀结尾的。此时可以搭配 if 条件语句。如果文件名是以 png、jepg 或 jpg 结尾的，就证明它是一张图片（见 ❺）。于是，可以调用 zip_file 对象的 extract() 方法，将图片提取到当前工作目录下的 word\media 文件夹中（见 ❻），最终效果如图 5-11 所示。

图 5-11

小贴士

提取 Excel 文档中的图片，也可以使用同样的方法。

5.3 Word 文档内容写入

本节主要介绍如何向 Word 文档中写入内容。

5.3.1 给 Word 文档添加文字内容

在 5.2.2 节中，我们学会了如何提取 Word 文档中的段落、标题、文字块。本节将为大家讲述如何给 Word 文档分别添加段落、标题、文字块。

1. 添加段落

对于如图 5-12 所示的 Word 文档，我们如何为该文档新增一个段落呢?

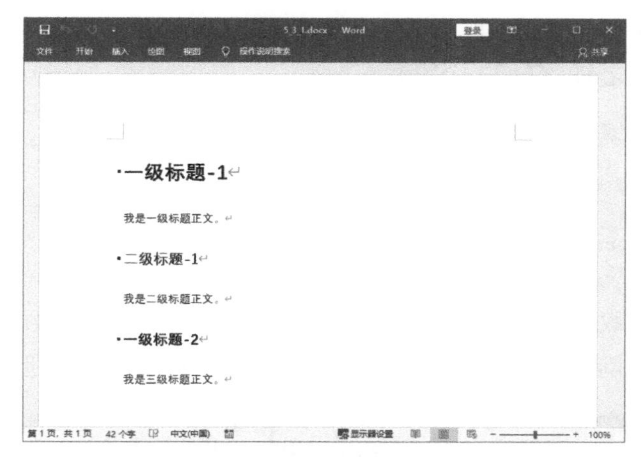

图 5-12

在 python-docx 模块中，调用文档对象的 add_ paragraph() 方法，可以帮助我们添加一个段落。

在交互式环境中输入如下命令：

```
In [1]: from docx import Document
        doc = Document("5_3_1.docx")
        doc.add_paragraph('给 Word 文档新增一个段落 ')    ❶
        doc.save("5_3_1_ 添加段落 .docx")
```

在获取到文档对象 doc 后，调用 add_ paragraph() 方法（见 ❶），会自动在文档末尾新增一个段落。最终效果如图 5-13 所示。

图 5-13

有时候，我们想在指定位置添加某些内容，应该怎么做呢？

在 python-docx 模块中，调用段落对象的 insert_paragraph_before() 方法，可以在指定段落之前，新增一个段落。

在交互式环境中输入如下命令：

```
In [1]: doc = Document("5_3_1.docx")
        p = doc.paragraphs[2]                                    ❶
        p.insert_paragraph_before("在指定段落之前，新增一个段落。")   ❷
        doc.save("5_3_1_指定段落前新增段落.docx")
```

在 ❶ 处，获取到第 3 段的段落对象后，调用 insert_paragraph_before() 方法，我们在第 3 段之前新增了一个段落（见 ❷）。最终效果如图 5-14 所示。

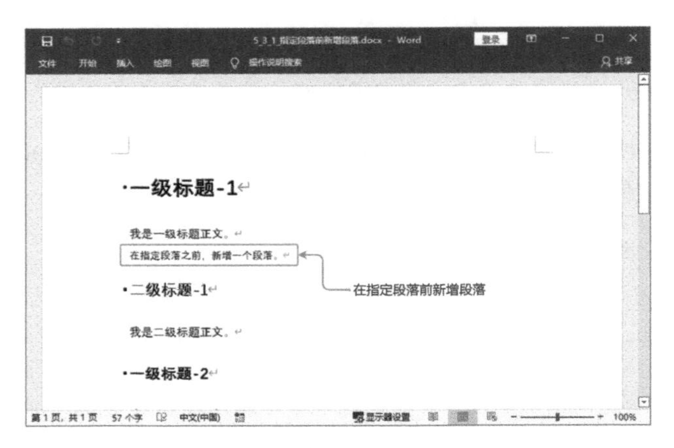

图 5-14

2. 添加标题

在 python-docx 模块中，调用文档对象的 add_heading() 方法，可以帮助我们添加一个标题。它的语法格式如图 5-15 所示。

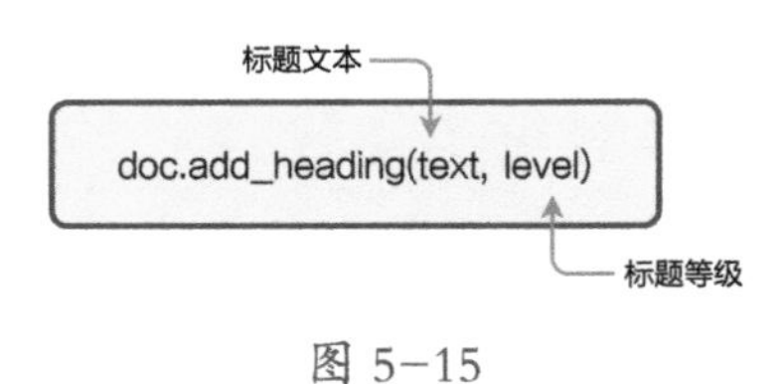

图 5-15

对于如图 5-16 所示的 Word 文档，我们如何为该文档新增一个标题呢？

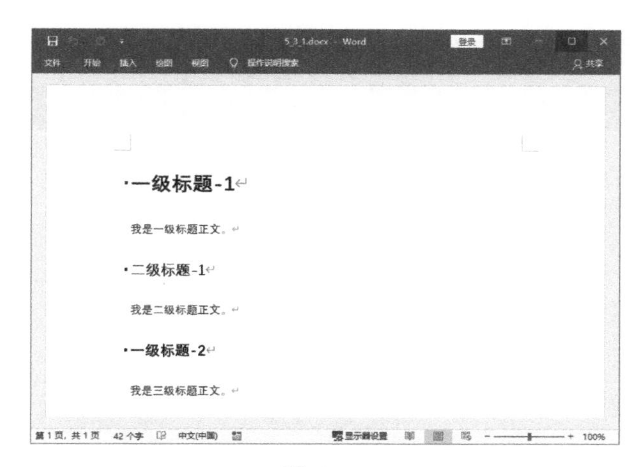

图 5-16

在交互式环境中输入如下命令：

```
In [1]: from docx import Document
        doc = Document("5_3_1.docx")
        doc.add_heading('我是新增的一级标题',level=1)    ❶
        doc.save("5_3_1_新增标题.docx")
```

在获取到文档对象 doc 后，直接调用 add_heading() 方法，可以在文末新增一个标题。其中,level=1 表示添加一个一级标题（见 ❶）。最终效果如图 5-17 所示。

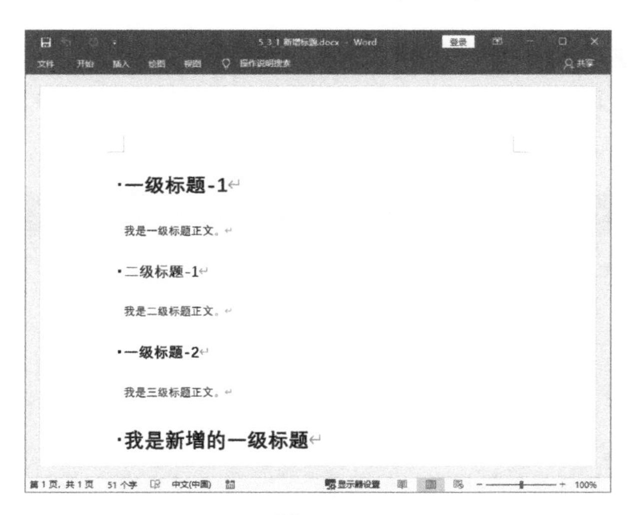

图 5-17

3. 添加文字块

在 python-docx 模块中，调用段落对象的 add_run() 方法，可以用来添加文字块。

如图 5-18 所示，如何在 Word 文档中新增一个文字块呢？

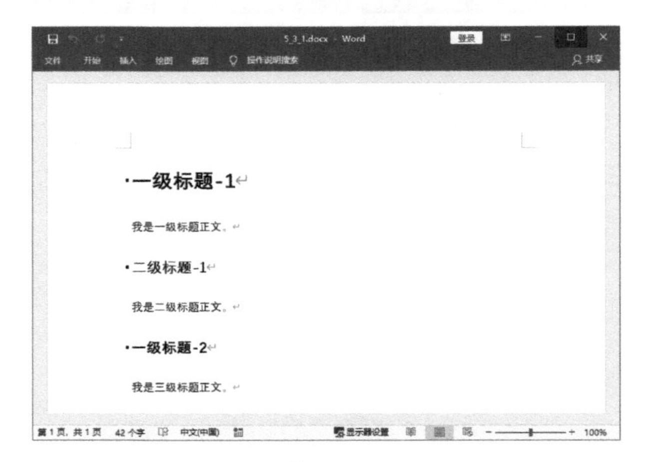

图 5-18

在交互式环境中输入如下命令：

```
In [1]: from docx import Document
        doc = Document("5_3_1.docx")
        p = doc.paragraphs[1]                                    ❶
        p.add_run("我是新增文字块！ ").bold = True                  ❷
        p.add_run("再添加一个不同的文字块！ ").italic = True          ❸
        doc.save("5_3_1_新增文字块.docx")
```

在 ❶ 处，获取到第二段的段落对象后，调用 add_run() 方法，我们添加了一个文字块（见 ❷）。再次调用 add_run() 方法，又添加了一个文字块（见 ❸）。最终效果如图 5-19 所示。

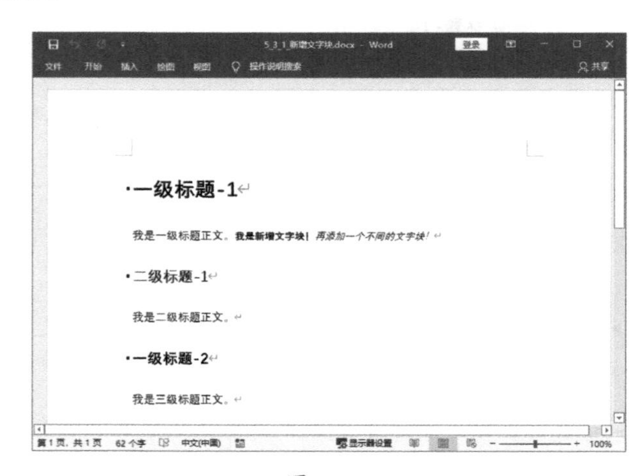

图 5-19

在上述代码中，bold 属性可用来设置“是否加粗”，italic 属性可用来设置“是否为斜体”。后续章节我们会详细介绍文档样式设置。

5.3.2 给 Word 文档添加表格

在 python-docx 模块中，调用文档对象的 add_table() 方法，可以帮助我们创建一个空表格。它的语法格式如图 5-20 所示。

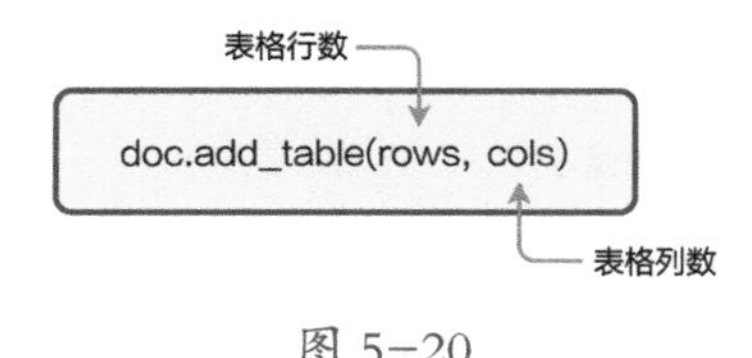

图 5-20

如图 5-21 所示，如何在 Word 文档中插入一个表格呢？

图 5-21

在交互式环境中输入如下命令：

```
In [1]: from docx import Document
        doc = Document("5_3_2.docx")
In [2]: table = doc.add_table(rows=2,cols=2)                    ❶
        table.style = "Table Grid"                              ❷
In [3]: for i in range(len(table.rows)):                        ❸
            for j in range(len(table.columns)):                 ❹
                table.cell(i,j).text = f"第{i+1}行第{j+1}列"     ❺
In [4]: doc.save("5_3_2_添加表格.docx")
```

在获取到文档对象 doc 后，调用 add_table() 方法（见 ❶），我们创建了一个 2 行 2 列的空表格对象。接着，调用表格对象的 style 属性，我们将表格样式设置为 Table Grid 样式（见 ❷）。这种样式能保证生成的表格自带外框线。

有了这样一个空的表格框架后，就可以向其中填充数据了。这里我写了一个双层 for 循环（见 ❸❹），它会帮助我们遍历表格的每个单元格。其中，table.cell(i,j) 获取的是每个单元格的单元格对象。再调用 text 属性，即可完成单元格数据的写入（见 ❺）。最终效果如图 5-22 所示。

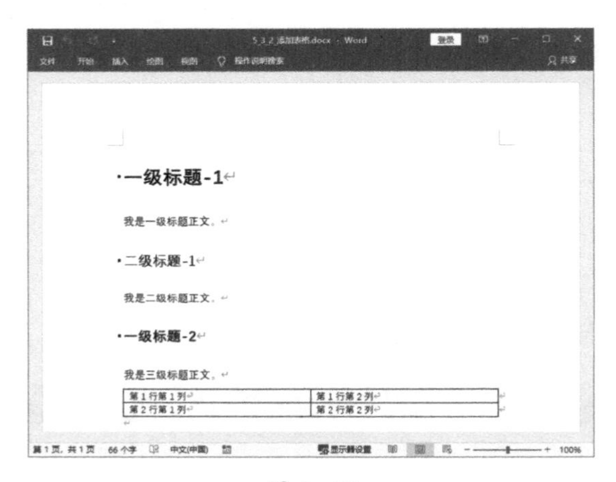

图 5-22

5.3.3 给 Word 文档添加图片

在 python-docx 模块中，调用文档对象的 add_picture() 方法，可以帮助我们添加一张图片。它的语法格式如图 5-23 所示。

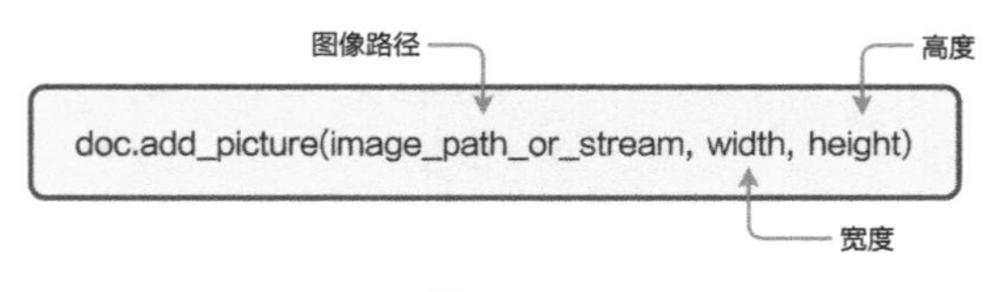

图 5-23

在交互式环境中输入如下命令：

```
In [1]: from docx import Document
        from docx.shared import Cm                                    ❶
        doc = Document()
In [2]: doc.add_picture("python.png",width=Cm(15),height=Cm(5))      ❷
Out[2]: <docx.shape.InlineShape at 0x1fbb20f1f70>
```

```
In [3]: doc.save("5_3_3_2.docx")
```

由于涉及图片尺寸大小，因此需要提前导入 docx.shared 模块中的 Cm() 方法（见 ❶）。此时，直接调用文档对象的 add_picture() 方法（见 ❷），可以帮助我们在 Word 文档中插入一个指定尺寸的图片。最终效果如图 5-24 所示。

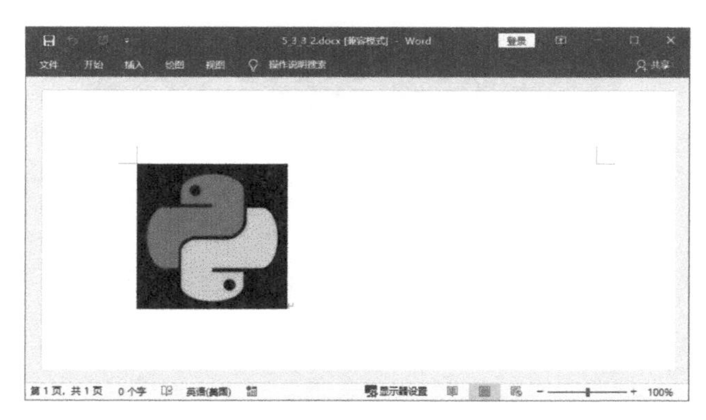

图 5-24

5.3.4 给 Word 文档添加分页符

在 Word 中，有时候需要添加一个“分页符”，表示当前页结束了，后续内容都在下一页开始，如图 5-25 所示。我们怎么用代码实现这个功能呢？

图 5-25

在 python-docx 模块中，调用文档对象的 add_page_break() 方法，可以帮助我们添加一个分页符，该方法无须传入任何参数。

在如图 5-26 所示的 Word 文档中，只有一页内容。我们的需求是为该文档添加一个分页符，并在第 2 页中添加一些其他内容。

在交互式环境中输入如下命令：

```
In [1]: from docx import Document
        doc = Document("5_3_4.docx")
In [2]: doc.add_page_break()                                  ❶
```

```
    doc.add_heading('分页后，添加一级标题', level=1)          ❷
    doc.add_paragraph('分页后，添加一个段落')                 ❸
Out[2]: <docx.text.paragraph.Paragraph at 0x1fbb20e3940>
In [3]: doc.save("5_3_4_分页符.docx")
```

在获取到文档对象 doc 后，直接调用 add_page_break() 方法（见 ❶），可以添加一个分页符。

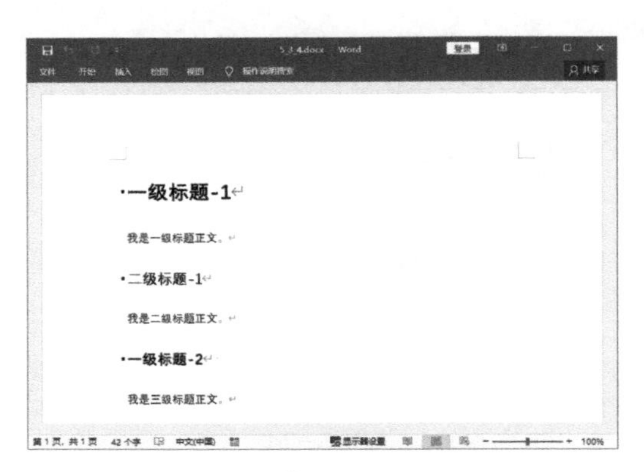

图 5-26

接着，我们在第 2 页中分别添加了一个一级标题（见 ❷）和一个段落（见 ❸）。最终效果如图 5-27 所示。

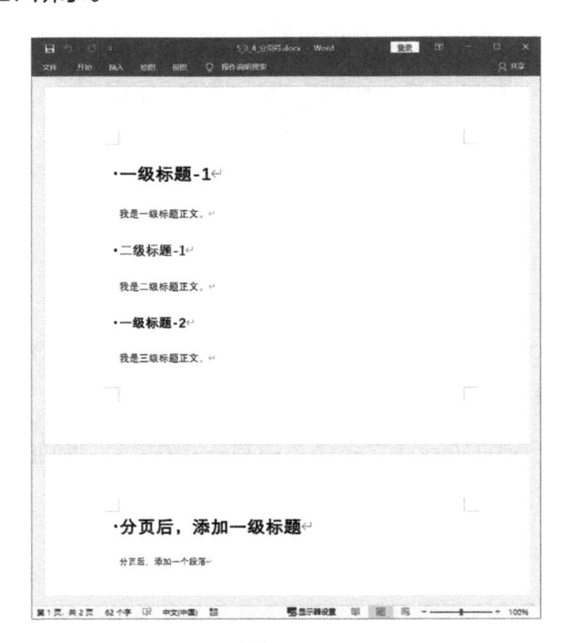

图 5-27

5.3.5 案例：批量替换 Word 文档中的文字

如图 5-28 所示，我们需要将文档中的“Python”关键字，全部替换成“888”，应该怎么做？假如有 100 个 Word 文档呢，如何批量完成替换呢？

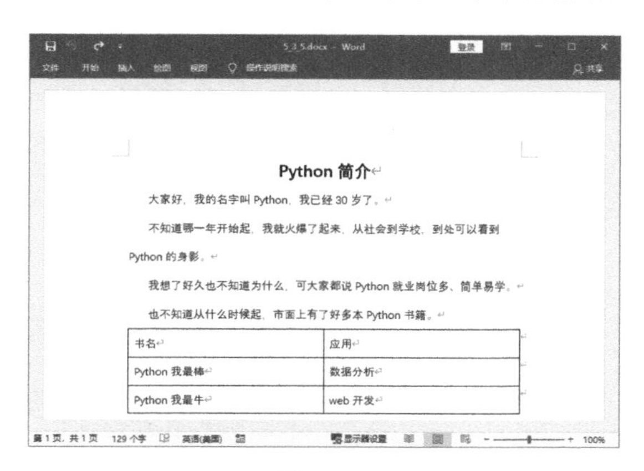

图 5-28

在交互式环境中输入如下命令：

```
In [1]: from docx import Document
        doc = Document("5_3_5.docx")
In [2]: def replace_word(doc,old,new):                     ❶
            for p in doc.paragraphs:                       ❷
                for run in p.runs:
                    run.text = run.text.replace(old, new)
            for table in doc.tables:                       ❸
                for row in table.rows:
                    for cell in row.cells:
                        cell.text = cell.text.replace(old, new)
        replace_word(doc,"Python","888")                   ❹
In [3]: doc.save("5_3_5_替换后.docx")
```

在 ❶ 处，我们自定义了一个转换函数 replace_word，这个函数共有 3 个形参，doc 表示文档对象，old 表示替换前的旧文字，new 表示替换后的新文字。

由于待替换的文字主要存放在段落和表格中，因此，这个函数一共有两个 for 循环。在 ❷ 处，主要替换的是段落中的文字。在 ❸ 处，主要替换的是表格中的文字。

调用转换函数 replace_word 后（见 ❹），最终效果如图 5-29 所示。

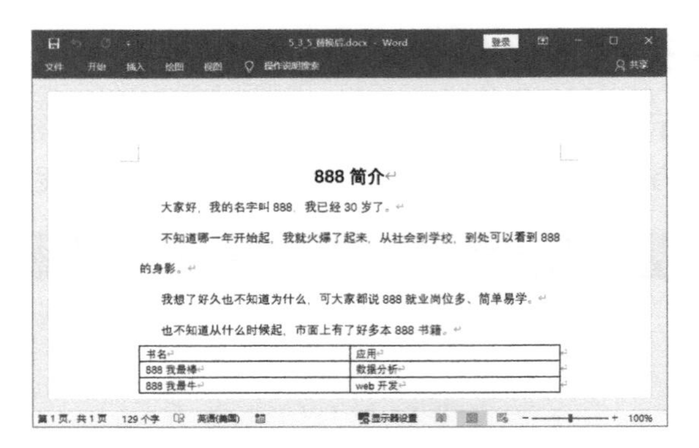

888 简介

大家好，我的名字叫 888，我已经 30 岁了。

不知道哪一年开始起，我就火爆了起来，从社会到学校，到处可以看到 888 的身影。

我想了好久也不知道为什么，可大家都说 888 就业岗位多、简单易学。

也不知道从什么时候起，市面上有了好多本 888 书籍。

书名	应用
888 我最棒	数据分析
888 我最牛	web 开发

图 5-29

小思考

如果有 100 个 Word 文档需要统一替换字符，是不是可以搭配 os 模块和 for 循环来实现呢？

5.4 Word 文档样式调整

为了让大家的 Word 文档更加美观，本节将介绍如何进行 Word 文档样式的调整，主要涉及字体样式、对齐样式、缩进样式、文字间距样式这 4 个部分的内容。

5.4.1 字体样式调整

在获取到文字块对象后，调用 font 属性会得到一个 Font 对象。该对象有 6 个常用属性，可用于字体样式设置，分别介绍如下。

- run.font.name：字体类型设置。
- run.font.color.rgb：字体颜色设置。
- run.font.size：字号大小设置。
- run.font.bold：是否加粗。
- run.font.italic：是否加斜体。
- run.font.underline：是否加下画线。

由于涉及字号大小、字体类型和字体颜色，这里还需要用到另外 3 个方法，如下所示。

- Pt()：用于调整字号大小。
- qn()：用于调整字体类型。
- RGBColor()：用于调整字体颜色。

如图 5-30 所示的 Word 文档，所有字体均是黑体。我们利用该文档来完成字体样式的设置。

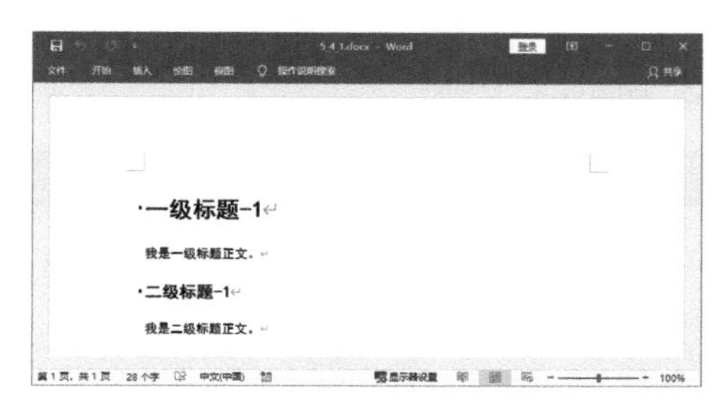

图 5-30

在交互式环境中输入如下命令：

```
In [1]: from docx import Document
        from docx.oxml.ns import qn                                        ❶
        from docx.shared import Pt, RGBColor                               ❷
        doc = Document("5_4_1.docx")
In [2]: for paragraph in doc.paragraphs:
            for run in paragraph.runs:
                if "Heading 1" in paragraph.style.name:                    ❸
                    run.font.size = Pt(22)                                 ❹
                    run._element.rPr.rFonts.set(qn("w:eastAsia")," 等线 ")  ❺
                    run.font.name = "Corbel"                               ❻
                elif "Heading 2" in paragraph.style.name:                  ❼
                    run.font.size = Pt(16)                                 ❽
                    run._element.rPr.rFonts.set(qn("w:eastAsia")," 宋体 ")  ❾
                    run.font.name = "Times New Roman"                      ❿
                else:                                                      ⓫
                    run.font.color.rgb = RGBColor(234,22,72)               ⓬
                    run.font.bold = True                                   ⓭
                    run.font.italic = True                                 ⓮
                    run.font.underline = False                             ⓯
In [3]: doc.save("5_4_1_ 字体样式 .docx")
```

首先，导入需要使用的 qn()、Pt()、RGBColor() 方法（见 ❶❷）。

利用双层 for 循环，我们获取到了每个文字块对象，并在内部定义了一个 if...elif...else 条件语句结构。

如果某个段落是一级标题，我们将它的字号大小设置为 22 磅，中文字体设置为

“等线”，英文字体设置为“Corbel”（见❸～❻）。

如果某个段落是二级标题，我们将它的字号大小设置为16磅，中文字体设置为“宋体”，英文字体设置为“Times New Roman”（见❼～❿）。

对于段落中的正文，我们将它的字体颜色设置为红色，并设置为加粗、斜体、下画线（见⓫～⓯）。

最终效果如图5-31所示。

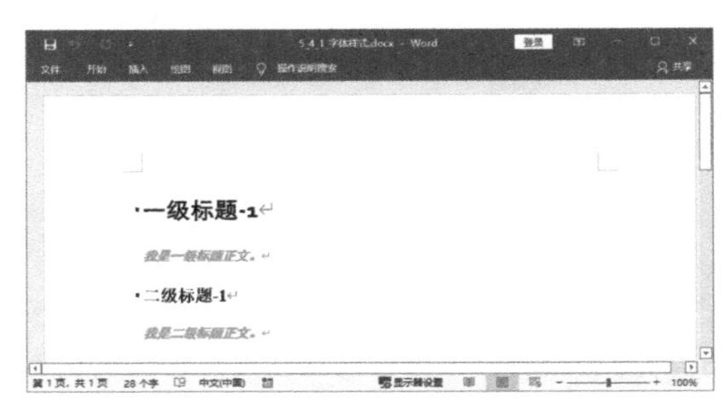

图 5-31

5.4.2 对齐样式调整

在Word中，对齐样式一共有5种可选项，分别是左对齐、居中对齐、右对齐、两端对齐、分散对齐。

当我们导入docx.enum.text模块中的WD_ALIGN_PARAGRAPH方法后，即可调用它的5种常用属性，完成对齐样式的设置。

- WD_ALIGN_PARAGRAPH.LEFT：左对齐设置。
- WD_ALIGN_PARAGRAPH.CENTER：居中对齐设置。
- WD_ALIGN_PARAGRAPH.RIGHT：右对齐设置。
- WD_ALIGN_PARAGRAPH.JUSTIFY：两端对齐设置。
- WD_ALIGN_PARAGRAPH.DISTRIBUTE：分散对齐设置。

对于如图5-32所示的Word文档，我们想要将第2个段落设置为“居中对齐”，应该怎么做?

在交互式环境中输入如下命令：

```
In [1]: from docx import Document
        from docx.enum.text import WD_ALIGN_PARAGRAPH
        doc = Document("5_4_2.docx")
```

```
In [2]: p = doc.paragraphs[1]                                    ❶
        p.alignment = WD_ALIGN_PARAGRAPH.CENTER                  ❷
In [3]: doc.save("5_4_2_对齐样式.docx")
```

在 ❶ 处，我们获取到了第 2 段的段落对象，表示要对它进行对齐样式的调整。接着，调用 alignment 属性，利用赋值操作，即可完成第 2 段的“居中对齐”设置（见 ❷）。最终效果如图 5-33 所示。

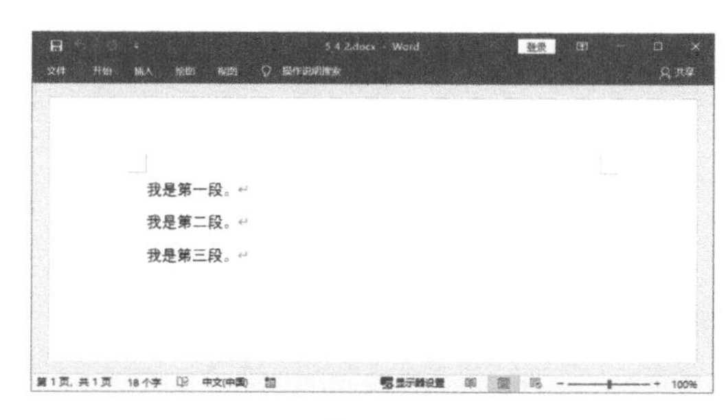

图 5-32

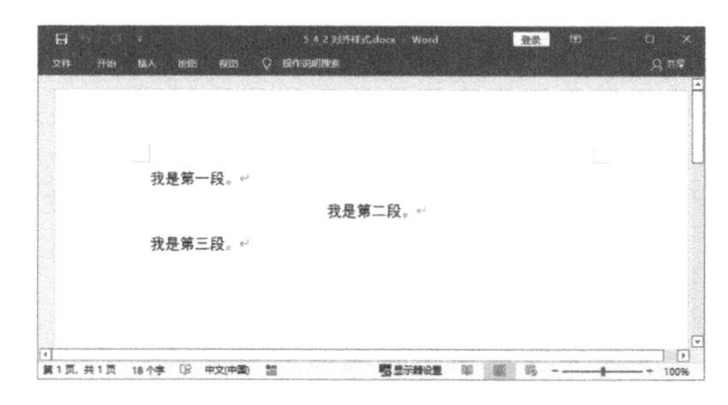

图 5-33

5.4.3 缩进样式调整

在 Word 中，缩进样式一共有 4 种可选项，分别是首行缩进、悬挂缩进、左缩进和右缩进。

在 python-docx 模块中，调用段落对象的 paragraph_format 属性，会得到一个叫作 ParagraphFormat 的段落格式化对象。该对象有以下 4 种常用属性，这些属性可以帮助我们完成缩进样式的设置。

- first_line_indent：首行缩进。
- first_line_indent：悬挂缩进，与首行缩进唯一不同的就是将距离设置为负。
- left_indent：左缩进。
- right_indent：右缩进。

如图 5-34 所示的 Word 文档，一共有 4 个段落，分别位于最左侧。我们利用该文档来完成缩进样式的设置。

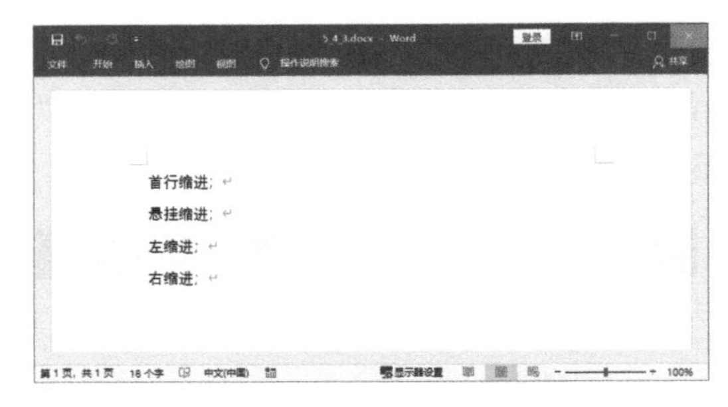

图 5-34

在交互式环境中输入如下命令：

```
In [1]: from docx import Document
        from docx.shared import Cm                               ❶
        doc = Document("5_4_3.docx")
In [2]: p1 = doc.paragraphs[0]                                   ❷
        p1.paragraph_format.first_line_indent = Cm(0.62)         ❸
In [3]: p2 = doc.paragraphs[1]                                   ❹
        p2.paragraph_format.first_line_indent = Cm(-0.62)        ❺
In [4]: p3 = doc.paragraphs[2]                                   ❻
        p3.paragraph_format.left_indent = Cm(0.62)               ❼
In [5]: p4 = doc.paragraphs[3]                                   ❽
        p.paragraph_format.right_indent = Cm(0.62)               ❾
In [6]: doc.save("5_4_3_缩进样式.docx")
```

由于设置缩进样式，需要进行距离的调整，因此需要提前导入 Cm() 方法（见 ❶）。

在 ❷❹❻❽ 处，我们分别获取到了第一、二、三、四段的段落对象。然后分别调用对应的属性，进行“首行缩进”、“悬挂缩进”、“左缩进”和“右缩进”的设置（见 ❸❺❼❾）。

最终效果如图 5-35 所示。

图 5-35

5.4.4 文字间距样式调整

文字间距样式的调整涉及两个方面的内容：一个是行间距的调整，另一个是段前和段后的调整。

1. 行间距的调整

在 Word 中，行间距一共有 6 种可选项，分别是单倍行距、1.5 倍行距、2 倍行距、最小值、固定值、多倍行距。

当我们导入 docx.enum.text 模块中的 WD_LINE_SPACING 方法后，即可调用它的 6 种常用属性，完成行间距的设置。

- WD_LINE_SPACING.SINGLE：单倍行距设置。
- WD_LINE_SPACING.ONE_POINT_FIVE：1.5 倍行距设置。
- WD_LINE_SPACING.DOUBLE：2 倍行距设置。
- WD_LINE_SPACING.AT_LEAST：最小值设置。
- WD_LINE_SPACING.EXACTLY：固定值设置。
- WD_LINE_SPACING.MULTIPLE：多倍行距设置。

对于如图 5-36 所示的 Word 文档，我们需要将所有段落的行间距调整为固定值 20 磅。

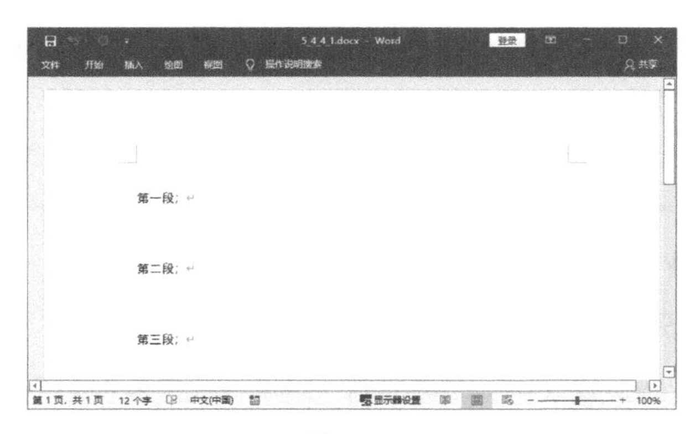

图 5-36

在交互式环境中输入如下命令：

```
In [1]: from docx import Document
        from docx.enum.text import WD_LINE_SPACING      ❶
        from docx.shared import Pt                       ❷
        doc = Document("5_4_4_1.docx")
In [2]: for p in doc.paragraphs:
```

```
    p.paragraph_format.line_spacing_rule = WD_LINE_SPACING.EXACTLY❸
    p.paragraph_format.line_spacing = Pt(20)                          ❹
In [3]: doc.save("5_4_4_1_行间距样式.docx")
```

首先，我们导入 WD_LINE_SPACING 方法来设置行间距的类型，并导入 Pt() 方法来调整行间距的距离（见❶❷）。

对于 Word 文档中的每个段落，调用 paragraph_format 属性会得到一个段落格式化对象。接着调用 line_spacing_rule 属性，我们将行间距样式设置为“固定值”（见❸）。再调用 line_spacing 属性，我们将行间距设置为 20 磅（见❹）。最终效果如图 5-37 所示。

图 5-37

小贴士

设置行间距需要使用 line_spacing_rule 和 line_spacing 两个属性。如果设置“单倍行距”、“1.5 倍行距”和“2 倍行距”，仅使用 line_spacing_rule 参数即可。如果设置“最小值”、“固定值”和“多倍行距”，还需要使用 line_spacing 属性设置具体的磅值。

2. 段前调整与段后调整

对于段前、段后的调整，做过毕业设计的读者应该都碰到过。

在 python-docx 模块中，调整段前、段后样式需要使用 space_before 和 space_after 两个属性。

如图 5-38 所示的 Word 文档，一共有 2 个段落，没有设置段前、段后间距。我们将利用该文档来完成段前和段后间距的设置。

在交互式环境中输入如下命令：

```
In [1]: from docx import Document
        from docx.shared import Pt
```

```
        doc = Document("5_4_4_2.docx")
In [2]: for p in doc.paragraphs:
            p.paragraph_format.space_before = Pt(30) ❶
            p.paragraph_format.space_after = Pt(20)  ❷
In [3]: doc.save("5_4_4_2_段前段后样式.docx")
```

由于需要进行磅值的调整，因此需要提前导入 Pt() 方法（见 ❶）。

在 ❶❷ 处，分别调用段落格式化对象的 space_before 和 space_after 两个属性，我们将段落的段前间距设置为 30 磅，段后间距设置为 20 磅。最终效果如图 5-39 所示。

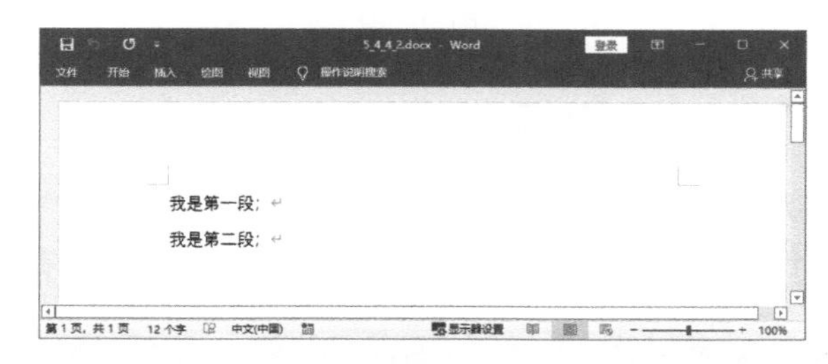

图 5-38

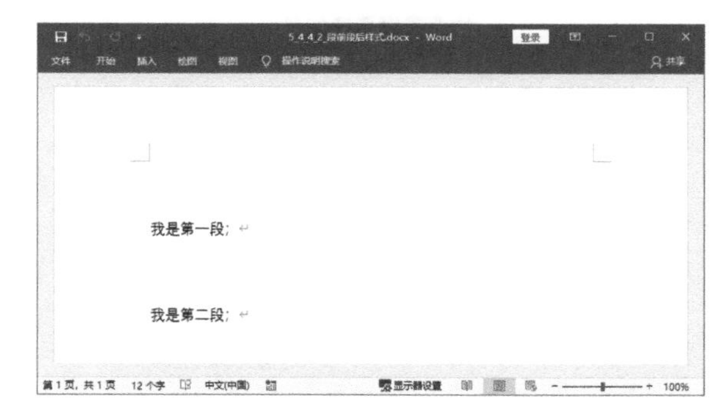

图 5-39

5.5 实战项目：批量制作缴费通知单

假如你是某社区物业管理公司的员工，为了提醒每位业主缴纳物业费，现在需要批量制作缴费通知单。目前你已经汇总了本社区所有业主的物业费用明细，如图 5-40 所示。

业主	房屋地址	物业费
张三丰	4号楼一单元101室	6000
李四刚	4号楼一单元102室	5500
王丽英	4号楼一单元201室	6050
尤德义	4号楼一单元202室	5400
伍晓晓	4号楼一单元301室	6250
保安康	4号楼一单元302室	5365
袁升荣	4号楼二单元101室	6855
藤平蓝	4号楼二单元102室	5445

图 5-40

5.5.1 制作一个 Word 模板

我们需要提前制作一个通知单模板，如图 5-41 所示。整个模板的样式可以自行设计。对于需要填充数据的部分，直接使用 **** 代替，图中共有 3 处需要填充。

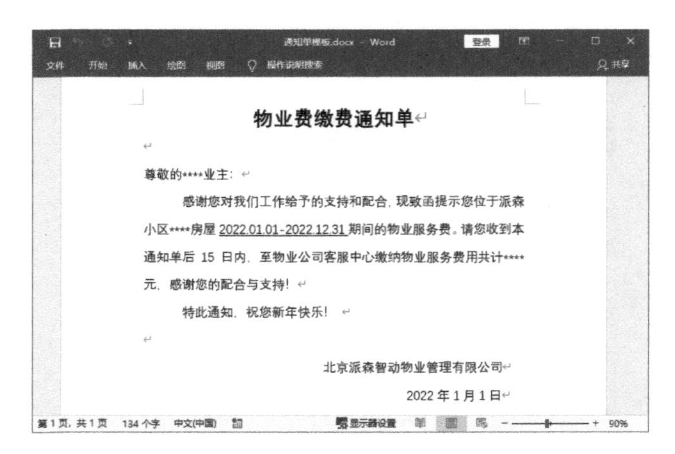
物业费缴费通知单

尊敬的****业主：

感谢您对我们工作给予的支持和配合，现致函提示您位于派森小区****房屋 2022.01.01-2022.12.31 期间的物业服务费。请您收到本通知单后 15 日内，至物业公司客服中心缴纳物业服务费用共计****元，感谢您的配合与支持！

特此通知，祝您新年快乐！

北京派森智动物业管理有限公司

2022 年 1 月 1 日

图 5-41

5.5.2 导入相关模块

首先，导入本案例需要用到的所有 Python 模块。

在交互式环境中输入如下命令：

```
In [1]: import pandas as pd
        from docx import Document
        from docx.shared import RGBColor
```

5.5.3 遍历读取相关数据

本案例一共涉及两个文件：一个是“物业费明细表”Excel 文件，另一个是已经制作好的“通知单模板”Word 文件。在交互环境中输入如下命令：

```
In [1]: doc = Document("通知单模板.docx")                    ❶
        df = pd.read_excel("物业费明细表.xlsx")               ❷
In [2]: for index, rows in df.iterrows():                    ❸
            print(index,rows[0],rows[1],rows[2])             ❹
Out[2]: 0  张三丰 4号楼一单元101室 6000
        1  李四刚 4号楼一单元102室 5500
        2  王丽英 4号楼一单元201室 6050
        ......
        28 刘尔容 6号楼一单元301室 6085
```

在❶❷处，我们利用 python-docx 模块读取“通知单模板”文件，利用 Pandas 模块读取“物业费明细表”文件。

在❸处，使用 iterrows() 方法搭配 for 循环语句，遍历读取“物业费明细表”中的每一行数据。在❹处，index 表示每一行的行索引，rows 表示每一行的具体内容。

5.5.4 自定义数据样式

对于待填充的信息数据，我们需要将它们统一设置为深蓝色字体、加粗、加下画线的形式。因此自定义了一个样式设置函数 style()，该函数有一个参数 run，表示这是一个文字块对象。

在交互式环境中输入如下命令：

```
In [1]: def style(run):
            run.font.bold = True
            run.font.underline = True
            run.font.color.rgb = RGBColor(45,105,150)
```

5.5.5 数据填充

在前面的步骤中，我们已经完成了信息读取，并自定义了样式设置函数。做好一系列准备工作后，只需将提取的信息填充到对应位置，并对其进行样式设置即可。

在交互式环境中输入如下命令：

```
In [1]: for index, rows in df.iterrows():
            run1 = doc.paragraphs[2].runs[1]     ❶
```

```
    run1.text = rows[0]                          ❷
    style(run1)                                  ❸

    run2 = doc.paragraphs[3].runs[4]             ❹
    run2.text = rows[1]                          ❺
    style(run2)                                  ❻

    run3 = doc.paragraphs[3].runs[24]            ❼
    run3.text = str(rows[2])                     ❽
    style(run3)                                  ❾

    doc.save(f"{rows[1]}-物业通知单.docx")
```

在❶❹❼处，我们分别获取了3处的文字块对象，接着，我们调用文字块对象的text属性，将数据信息填充到对应的位置（见❷❺❽）。最后，分别为它们进行数据样式的设置（见❸❻❾）。最终效果如图5-42所示。

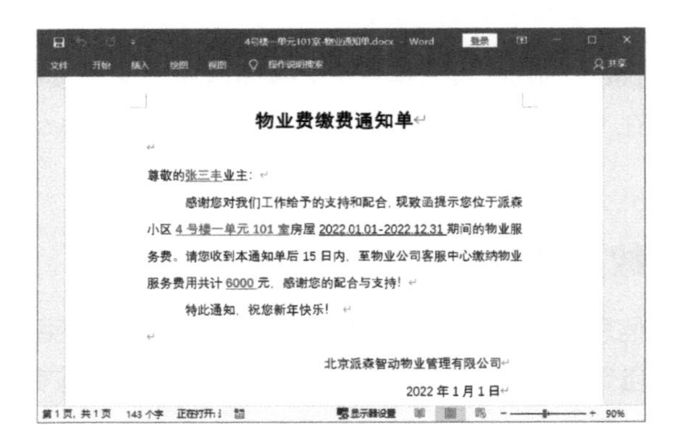

物业费缴费通知单

尊敬的张三丰业主：

感谢您对我们工作给予的支持和配合，现致函提示您位于派森小区4号楼一单元101室房屋2022.01.01-2022.12.31期间的物业服务费。请您收到本通知单后15日内，至物业公司客服中心缴纳物业服务费用共计6000元，感谢您的配合与支持！

特此通知，祝您新年快乐！

北京派森智动物业管理有限公司

2022年1月1日

图 5-42

通过本实战项目，我们使用Python自动操作Word批量制作了通知单。实际上我们也可以举一反三，制作其他一些单据，比如可以批量制作请柬、合同等。

第6章 学习Python，可以自动化操作PPT

在我们的日常工作中，PPT 扮演了非常重要的角色，日常工作汇报、年度总结、产品介绍等各种文档基本都是 PPT 格式的。

对于单个 PPT，我们可以手动调整格式，制作精美的演示文稿（简称文稿）。但是如果需要批量制作多个 PPT，或者从海量 PPT 中提取若干信息，就需要借助 Python 编程来实现自动化处理。

6.1 操作 PPT 演示文稿的准备工作

本节主要介绍 PPT 演示文稿的基础构成，以及 PPT 处理模块 python-pptx 的安装与导入。

6.1.1 PPT 演示文稿的基础构成

PPT 演示文稿和 Word 文档的结构很相似。如果想要熟练掌握 Python 来自动化操作 PPT，就必须对 PPT 的结构有一个清楚的认识。

如图 6-1 所示，PPT 演示文稿主要由“演示文稿 - 幻灯片 - 样式 - 文本框 - 段落 - 文字块”这样的 6 级结构组成，分别介绍如下。

- 演示文稿：英文名是 presentation，简写为 prs。由于 PPT 是用来做演示的，因此我们形象地称呼每一个 PPT 文件为“一个演示文稿”。
- 幻灯片：英文名是 slide。一个 PPT 演示文稿由一张或多张幻灯片组成。
- 样式：英文名是 shape。一张幻灯片中包含一个或多个样式。

- 文本框：英文名是 text_frame。一个样式包含一个或多个文本框。
- 段落：英文名是 paragraph。一个文本框包含一个或多个段落。
- 文字块：英文名是 run。大家可以参考 5.1.1 节中 Word 文字块的概念。

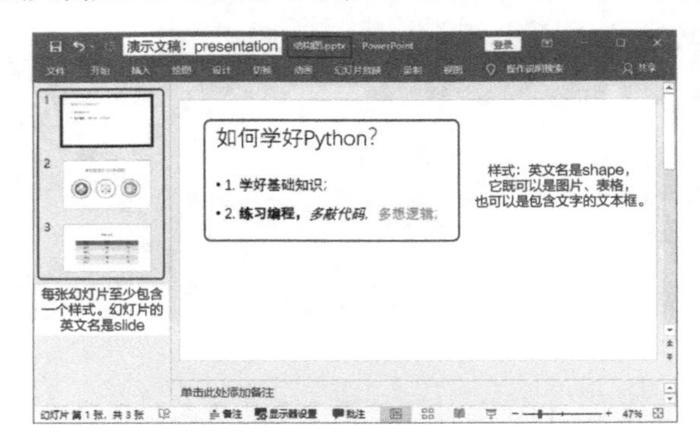

图 6-1

其中，段落和文字块在 PPT 中的具体表现如图 6-2 所示。

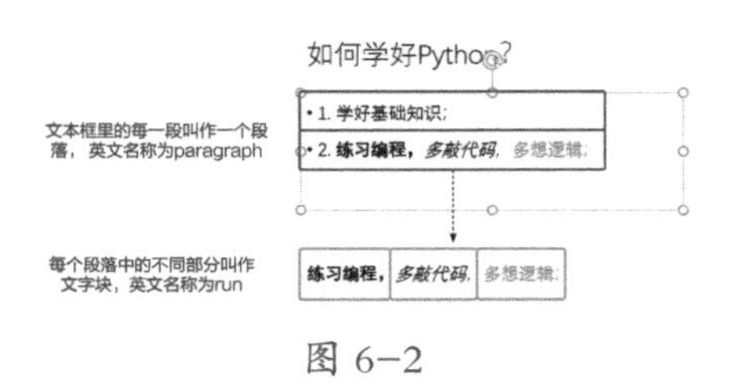

图 6-2

PPT 演示文稿中的表格（简称“表”）则是由“演示文稿 - 幻灯片 - 样式 - 表格 - 行 / 列 - 单元格 - 段落 - 文字块”这样的 8 级结构组成，如图 6-3 所示。

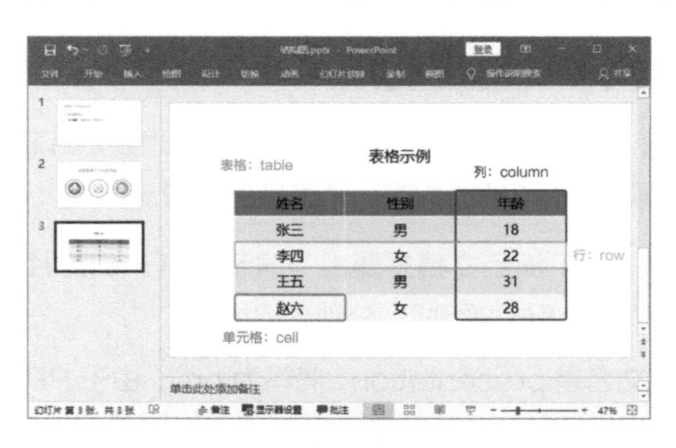

图 6-3

除了前面介绍的几个概念外，这里再为大家介绍另外 3 个概念。

- 表格：英文名是 table。一个 PPT 演示文稿包含一个或者多个表格。
- 行 / 列：英文名是 row/column。一个表格是由多行 / 多列组成的。
- 单元格：英文名是 cell。每一行、每一列是由多个单元格组合而成的。

注：后续章节如果没有特殊说明，prs 代表演示文稿。

这里需要特别强调“样式”的概念，在获取到“样式”对象后，一般需要对“样式”做一个判断。

如果该“样式”包含文本框，那么该样式叫作“文本框样式”。如果该“样式”包含表格，那么该样式叫作“表格样式”。

对于“文本框样式”，我们可以获取其中的段落或文字快。对于“表格样式”，我们可以获取表格的行 / 列或单元格中的值。

“样式”这个概念很重要，大家通过对后续内容的学习，会有一个更深刻的认识。

6.1.2 python-pptx 模块的安装与导入

python-pptx 是一个用于创建和更新 PPT 演示文稿的 Python 模块，本章将基于该模块操作 PPT 演示文稿。

由于 python-pptx 属于 Python 的第三方开源模块，需要我们额外安装、导入后，才能使用。

1. 如何安装 python-pptx 模块

这里推荐使用 pip 安装，在命令行窗口中输入如下命令：

```
pip install python-pptx
```

2. 测试安装是否成功

安装完成之后，我们可以导入 pptx 模块，测试一下该模块是否安装成功。

在交互式环境中输入如下命令：

```
In [1]: import pptx
```

如果运行上述程序没有报错，则证明 python-pptx 模块安装成功。

有一点需要特别注意，我们安装的是 python-pptx 模块，但是导入的是 pptx。

6.2 PPT 演示文稿内容读取

本节主要介绍如何读取 PPT 演示文稿中的有用信息。

6.2.1 打开和创建 PPT 演示文稿

“打开”指的是打开一个已有的 PPT 演示文稿，“创建”指的是创建一个新的 PPT 演示文稿。

在 python-pptx 模块中，调用 Presentation() 方法，如果不传入任何参数，表示新建一个 PPT 演示文稿。如果传入一个文件路径参数，则表示读取本地的 PPT 演示文稿。

在交互式环境中输入如下命令：

```
In [1]: from pptx import Presentation              ❶

        prs = Presentation()                       ❷
        prs.save("新PPT文档.pptx")                 ❸
In [2]: prs = Presentation("6_2.pptx")             ❹
        prs.save("6_2.pptx")                       ❺
```

在 ❶ 处，我们首先导入了 Presentation() 方法。接着，调用 Presentation() 方法，可以帮助我们创建一个新的 PPT 演示文稿（见 ❷）。此时，必须调用 save() 方法保存后，才会在本地生成一个 PPT 演示文稿。

再次调用 Presentation() 方法，并传入一个文件路径，可以帮助我们打开本地的 PPT 演示文稿（见 ❹）。完成其他一系列操作后，同样需要调用 save() 方法保存操作后的文件（见 ❺）。

6.2.2 读取 PPT 演示文稿中的文字内容

PPT 演示文稿主要包含幻灯片、样式、段落和文字块这 4 个部分。我们将利用如图 6-4 所示的 PPT 演示文稿讲述如何获取这 4 个有用的信息。

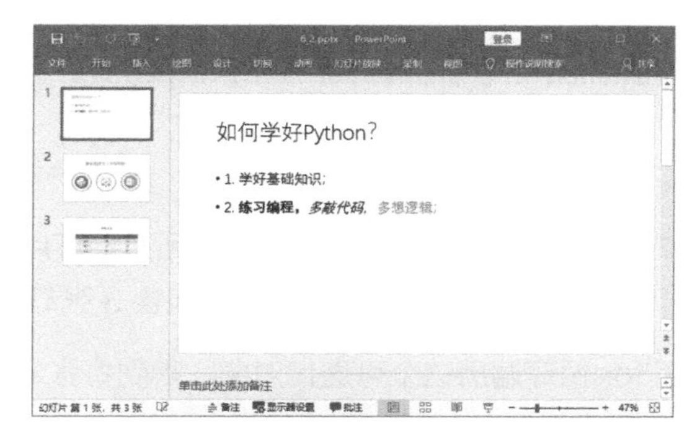

图 6-4

1. 获取幻灯片

一个 PPT 往往包含一张或多张幻灯片，每张幻灯片中存放着不同的信息。这样就构成了一个丰富的 PPT。清楚了这个概念后，我们学习如何获取 PPT 中的幻灯片信息（如图 6-5 所示）。

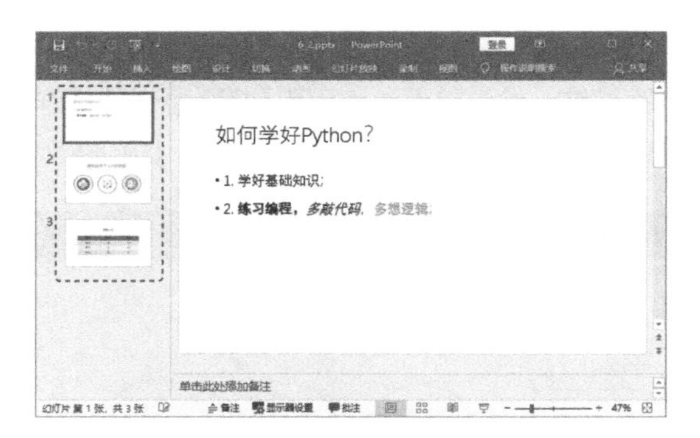

图 6-5

在 python-pptx 模块中，调用文稿对象的 slides 属性，可以返回所有幻灯片组成的可迭代对象。

在交互式环境中输入如下命令：

```
In [1]: from pptx import Presentation

        prs = Presentation("6_2.pptx")
        slides = prs.slides          ❶
        slides
Out[1]: <pptx.slide.Slides at 0x16b276279d0>
In [2]: len(slides)                  ❷
Out[2]: 3
In [3]: for slide in slides:         ❸
            print(slide)
```

```
Out[3]: <pptx.slide.Slide object at 0x0000016B27662790>
        <pptx.slide.Slide object at 0x0000016B276628B0>
        <pptx.slide.Slide object at 0x0000016B27662FD0>
In [4]: slides[1]                        ❹
Out[4]: <pptx.slide.Slide at 0x16b276628b0>
```

在 ❶ 处，调用文稿对象的 slides 属性，返回的是所有幻灯片组成的可迭代对象，配合使用 len() 函数（见 ❷），可以得出当前 PPT 中包含 3 张幻灯片。

我们既可以利用 for 循环遍历这个可迭代对象，得到每张幻灯片对象（见 ❸），也可以采用索引方式获取指定的幻灯片对象（见 ❹）。

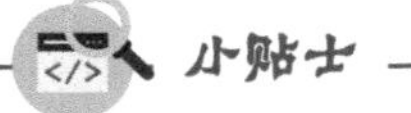

在上述代码 ❹ 处，索引 1 表示获取的是第 2 张幻灯片对象。只有在获取到指定的幻灯片对象后，才能操作幻灯片中的具体内容。

2. 获取样式

一张图片、一个表格或一个文本框，都可以被称为一种“样式”。如图 6-6 所示的 PPT 演示文稿，既有包含文字的文本框，又有图片，如何获取到每个样式对象呢?

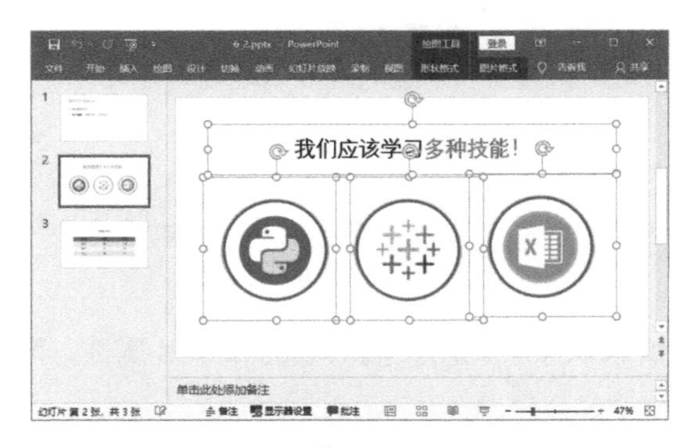

图 6-6

在 python-pptx 模块中，调用幻灯片对象的 shapes 属性，可以返回所有样式组成的可迭代对象。

在交互式环境中输入如下命令：

```
In [1]: from pptx import Presentation

        prs = Presentation("6_2.pptx")
        slides = prs.slides # 获取所有的幻灯片对象。
```

```
        slide = slides[1]            ❶
In [2]: shapes = slide.shapes        ❷
        shapes
Out[2]: <pptx.shapes.shapetree.SlideShapes at 0x1f730700670>
In [3]: len(shapes)                  ❸
Out[3]: 4
In [4]: shape1 = shapes[0]           ❹
        shape1
Out[4]: <pptx.shapes.placeholder.SlidePlaceholder at 0x16b244ef9d0>
In [5]: shape2 = shapes[1]           ❺
        shape2
Out[5]: <pptx.shapes.placeholder.PlaceholderPicture at 0x16b21dd4ee0>
```

在 ❶ 处，我们获取了第 2 张幻灯片对象，表示想要操作这张幻灯片中的内容。

首先，调用幻灯片对象的 shapes 属性（见 ❷），返回所有样式组成的可迭代对象。接着，调用 len() 函数（见 ❸），打印出第 2 张幻灯片中共有 4 个样式。

同样，我们也可以采用索引方式来获取指定的样式（见 ❹❺）。

在上述第 2 张幻灯片中，第 1 个样式是包含文字的文本框样式，叫作 SlidePlaceholder，其余 3 个样式都是图片样式，叫作 PlaceholderPicture。

3. 获取段落

观察图 6-7 可以发现，段落存在于文本框样式中。因此，在获取该样式中的段落之前，首先必须判断该样式是否是文本框样式。

图 6-7

在 python-pptx 模块中，调用样式对象的 has_text_frame 属性，可以判断某个样式是否属于文本框样式。如果该样式是文本框样式，就会返回 True，否则返回 False。

在交互式环境中输入如下命令：

```
In [1]: from pptx import Presentation

        prs = Presentation("6_2.pptx")
        slides = prs.slides # 获取所有的幻灯片对象。
        slide = slides[1]
In [2]: shapes = slide.shapes # 获取所有的样式对象。
        for shape in shapes:                                    ❶
            if shape.has_text_frame:                            ❷
                text_frame = shape.text_frame                   ❸
                paragraphs = text_frame.paragraphs              ❹
                for paragraph in paragraphs:                    ❺
                    print(paragraph.text)                       ❻
Out[2]: 我们应该学习多种技能!
```

这里我们操作的仍然是第 2 张幻灯片。在 ❶ 处，利用 for 循环遍历其中的每个样式，并调用样式 has_text_frame 属性（见 ❷），筛选出哪些样式属于文本框样式。

在此可以证明符合条件的文本框样式中是包含段落的。基于此，我们首先需要调用 text_frame 属性（见 ❸），获取这个文本框。这一步很重要，只有拿到了文本框，才能获取到文本框中的段落。

接着，调用 paragraphs 属性（见 ❹），返回所有段落对象组成的元组。利用 for 循环遍历该元组，并调用 text 属性（见 ❺❻），即可打印出每个段落的具体信息。

4. 获取文字块

如图 6-8 所示，我们标注出了文字块部分，不同的文字块共同组成了一个段落。因此，想要获取文字块，必须先获取段落。基于上述代码，我们稍加改动即可实现这里的需求。

图 6-8

在 python-pptx 模块中，调用段落对象的 runs 属性，可以返回所有文字块对象组成的元组。

```
In [1]: from pptx import Presentation

        prs = Presentation("6_2.pptx")
        slide_list = prs.slides # 获取所有的幻灯片对象。
        slide = slide_list[1]
In [2]: shape_list = slide.shapes # 获取所有的样式对象。
        for shape in shape_list:
            if shape.has_text_frame:
                text_frame = shape.text_frame # 获取文本框对象。
                paragraphs = text_frame.paragraphs
                for paragraph in paragraphs:
                    runs = paragraph.runs        ❶
                    for run in runs:             ❷
                        print(run.text)          ❸
Out[2]: 我们应该学习
        多种技能!
```

观察前面“获取段落”小节中的代码，本段代码的不同之处在于 ❶ ～ ❸，在获取到每个段落对象后，调用 runs 属性（见 ❶），可以返回所有文字块对象组成的元组。此时，循环遍历该元组并调用 text 属性，即可打印出每个文字块的具体内容（见 ❷❸）。

6.2.3 读取 PPT 演示文稿中的表格

如图 6-9 所示，该 PPT 演示文稿中包含一个表格，如何提取其中的表格数据呢？

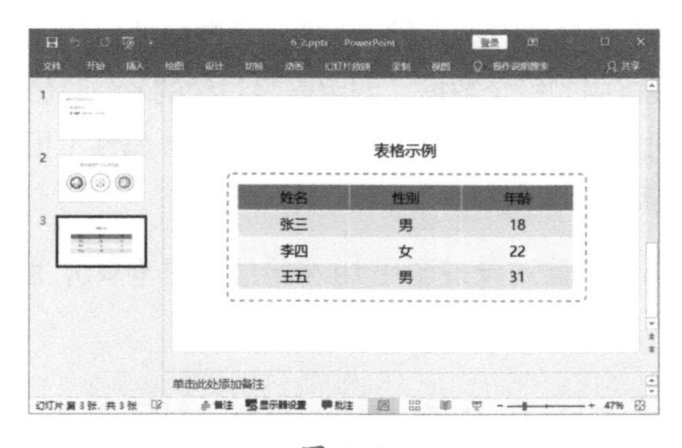

图 6-9

“表格”也属于样式中的一种。在获取表格对象之前，我们同样需要调用 has_table 属性，提前判断某个样式是否属于表格样式。之后，针对表格样式，调用 table 属性即可获取表格对象。

在交互式环境中输入如下命令：

```
In [1]: from pptx import Presentation

        prs = Presentation("6_2.pptx")
        slide = prs.slides[2]
In [2]: for shape in slide.shapes:                    ❶
            if shape.has_table:                       ❷
                table = shape.table                   ❸
                rows = table.rows                     ❹
                for row in rows:                      ❺
                    cells = row.cells                 ❻
                    for cell in cells:                ❼
                        print(cell.text)              ❽
Out[2]: 姓名
        性别
        年龄
        张三
        男
        18
        李四
        女
        22
        王五
        男
        31
```

这里我们操作的是第 3 张幻灯片。在 ❶ 处，利用 for 循环遍历其中的每个样式，并调用样式 has_table 属性（见 ❷），可以筛选出哪些样式属于表格样式。

对于符合条件的表格样式，我们首先需要调用 table 属性（见 ❸），获取这个表格对象。这一步很重要，只有拿到了表格对象，才能获取到表格中的数据。

在此按行读取表格中的每个数据，调用表格对象的 rows 属性（见 ❹），返回所有行组成的可迭代对象。循环遍历该对象并调用 cells 属性（见 ❺❻），即可获取每行所有单元格组成的可迭代对象。

此时，再次循环遍历该对象并调用 text 属性（见 ❼❽），就能打印出表格中每个单元格的值。

6.2.4 案例：批量提取 PPT 中的表格并写入 Excel

在前面的章节中，我们已经学会了如何获取 PPT 中的表格数据。但是，我们更多的是想将提取到的表格数据写入 Excel 中。

如图 6-10 所示，该 PPT 中一共包含 2 个表格，如何批量提取其中的表格数据，并写入 Excel 中呢?

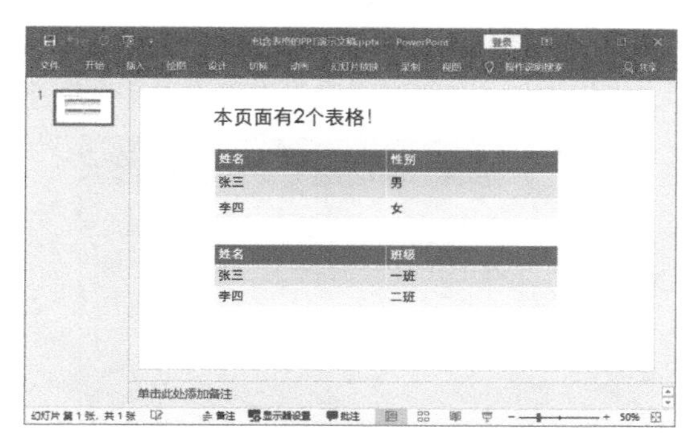

图 6-10

在交互式环境中输入如下命令：

```
In [1]: import pandas as pd
        from pptx import Presentation

        prs = Presentation("包含表格的PPT演示文稿.pptx")
        slide = prs.slides[0]
        for index,shape in enumerate(slide.shapes):                        ❶
            if shape.has_table:                                            ❷
                x = []                                                     ❸
                for row in shape.table.rows:                               ❹
                    y = []                                                 ❺
                    for cell in row.cells:                                 ❻
                        y.append(cell.text)
                    x.append(y)
                print(x)                                                   ❼
                df = pd.DataFrame(x)                                       ❽
                df.to_excel(f"第{index}个表格.xlsx",index=None,header=None)  ❾
Out[1]: [['姓名', '性别'], ['张三', '男'], ['李四', '女']]
        [['姓名', '班级'], ['张三', '一班'], ['李四', '二班']]
```

首先，我们循环遍历每个样式对象（见❶），并调用 has_table 属性（见❷），判断某个样式是否是表格样式。

接着，对于每个表格样式，定义了两个列表 x、y 用于存储提取到的表格数据（见❸❺），这起到一个组织数据的作用。打印列表 x 可以发现，每个表格中的数据都被组织成了一个列表嵌套（见❼）。

而内层的嵌套 for 循环（见❹❻），可帮助我们获取每个单元格对象。

对于获取到的列表嵌套，调用 Pandas 模块中的 DataFrame() 方法（见❽），可以将它们转换为 DataFrame 数据框对象。此时，再调用数据框对象的 to_ excel() 方法（见 ❾），即可将数据写入本地 Excel 中。最终效果如图 6-11 所示。

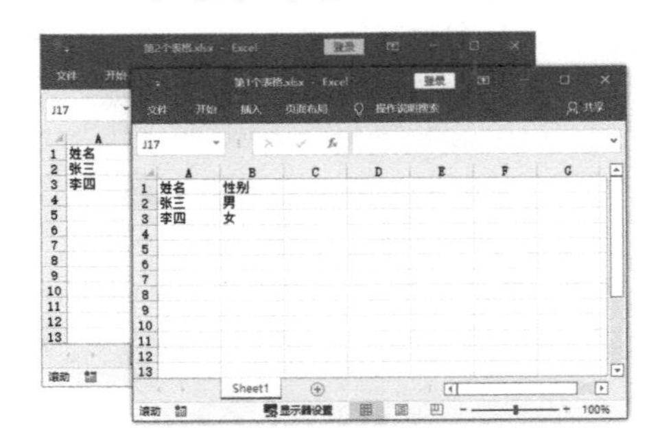

图 6-11

6.2.5 读取 PPT 演示文稿中的图片

由于 python-pptx 模块中没有提供获取 PPT 中图片的方法，因此，我们同样利用 zipfile 模块来实现 PPT 中图片的提取，如图 6-12 所示。

图 6-12

在交互式环境中输入如下命令：

```
In [1]: import os
        from zipfile import ZipFile
In [2]: zip_file = ZipFile("6_2.pptx",'r')
In [3]: for info in zip_file.infolist():
            print(info.filename)
Out[3]: [Content_Types].xml
        _rels/.rels
        ......
        ppt/media/image1.png
        ppt/media/image2.png
        ppt/media/image3.png
        ......
        docProps/core.xml
```

```
docProps/app.xml
In [4]: for info in zip_file.infolist():
            if info.filename.endswith((".png",".jpeg",".jpg")):
                zip_file.extract(info.filename, os.getcwd())
```

运行上述代码，Python 程序会将图片提取到当前工作目录下的 ppt\media 文件夹中，如图 6-13 所示。

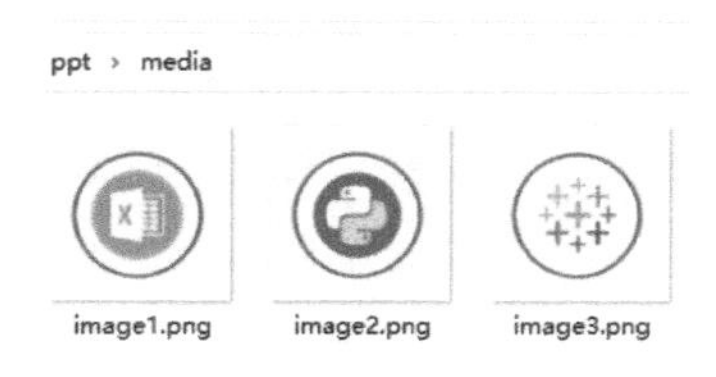

图 6-13

小贴士

关于 zipfile 模块的介绍，大家可以参考 5.2.5 节，这里不再赘述。

6.2.6 版式

当我们在本地创建一个新的 PPT 演示文稿后，打开该 PPT，界面中会有提示信息："单击以添加第一张幻灯片"。此时手动"单击"提示信息处，系统会自动为我们添加一张幻灯片，效果如图 6-14 所示。

图 6-14

仔细观察这张幻灯片可以发现，它包含了两个用虚线围成的矩形框，矩形柜中分别显示文字"单击此处添加标题"和"单击此处添加副标题"。

其实，这两个虚线矩形框代表着这张幻灯片的布局形式，也就是本节我们要讲述的"版式"。每种版式都代表了一种设计形式，你可以根据自己想展示什么样的效果，按需插入适合自己的版式。

1. 默认版式

在 PPT 演示文稿中，依次单击（点击）功能区的【开始】-【新建幻灯片】选项，就会发现系统有 11 种默认版式供我们选择，如图 6-15 所示。

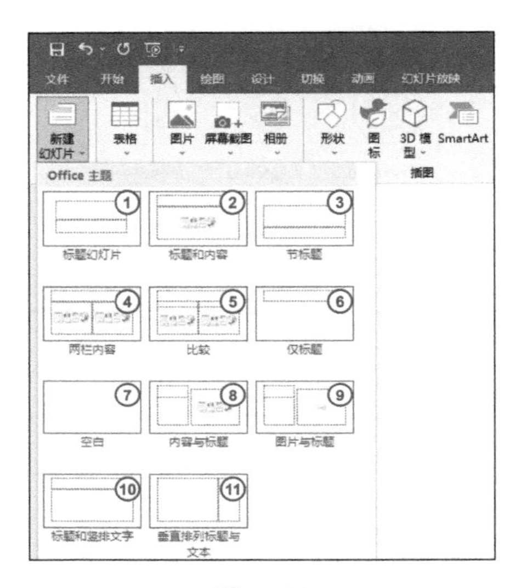

图 6-15

上述 11 个默认版式的形状各不相同。第 1 个版式叫作"标题幻灯片"，一般仅用于标题的添加。第 2 个版式叫作"标题和内容"，一般可以添加内容和标题……第 7 个版式叫作"空白"。那么，如何获取不同的幻灯片版式呢?

在 python-pptx 模块中，调用文稿对象的 slide_layouts 属性，可以获取所有版式组成的可迭代对象。

在交互式环境中输入如下命令：

```
In [1]: from pptx import Presentation

        prs = Presentation("6_2.pptx")
        slide_layouts = prs.slide_layouts                    ❶
        slide_layouts
Out[1]: <pptx.slide.SlideLayouts at 0x1f737c9d0a0>
In [2]: len(slide_layouts)                                   ❷
Out[2]: 11
In [3]: for index,slide_layout in enumerate(slide_layouts): ❸
            print(index,slide_layout.name)                   ❹
```

```
Out[3]: 0 标题幻灯片
        1 标题和内容
        2 节标题
        3 两栏内容
        4 比较
        5 仅标题
        6 空白
        7 内容与标题
        8 图片与标题
        9 标题和竖排文字
        10 垂直排列标题与文本
In [4]: slide_layout = prs.slide_layouts[6]                    ❺
        slide_layout.name                                      ❻
Out[4]: '空白'
```

在获取到文稿对象 prs 后，调用 slide_layouts 属性（见 ❶），获取所有版式组成的可迭代对象。之后调用 len() 函数(见 ❷),打印出系统中一共存在 11 种默认版式。

此时，循环遍历该对象，并调用每个版式对象的 name 属性，即可获取每一个版式的具体名称（见 ❸❹）。

如果你仅使用某个指定的幻灯片版式，我们同样可以利用索引方式来获取指定版式，其中索引 6 代表这是一个“空白”版式（见 ❺❻）。

2. 自定义版式

如果系统默认的 11 种幻灯片版式无法满足设计需求，这就需要我们学会如何自定义版式。

单击功能区中的【视图】-【幻灯片母版】-【插入版式】选项，接着单击功能区中的【插入占位符】选项，可以选择不同类型的占位符，也可以调整占位符的大小与位置。完成自定义设置后，单击【关闭母版视图】按钮，如图 6-16 所示。

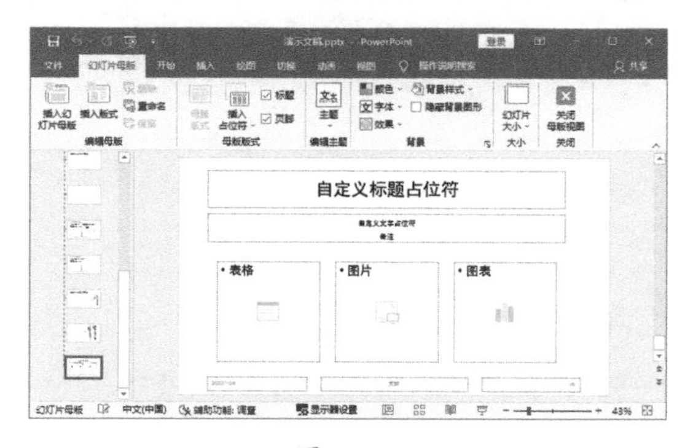

图 6-16

完成上述操作后，将文档另存为“演示文稿 .pptx”。此时，再次打开这个PPT，该 PPT 中就会显示我们新增的自定义版式。

在交互式环境中输入如下命令：

```
In [1]: from pptx import Presentation

        prs = Presentation("演示文稿 .pptx")
        len(prs.slide_layouts)
Out[1]: 12
In [2]: for index,slide_layout in enumerate(prs.slide_layouts):
            print(index,slide_layout.name)
Out[2]: 0 标题幻灯片
        1 标题和内容
        2 节标题
        3 两栏内容
        4 比较
        5 仅标题
        6 空白
        7 内容与标题
        8 图片与标题
        9 标题和竖排文字
        10 垂直排列标题与文本
        11 自定义版式
```

运行上述代码后，我们会发现该 PPT 的幻灯片版式变为了 12 种。其中新增的第 12 种版式，正是我们自定义的幻灯片版式。

6.2.7 占位符

仔细观察图 6-17 可以发现，该幻灯片版式中包含着各种各样的方框，这些方框在 PPT 中有着自己的摆放位置。这就是本节要介绍的“占位符”概念。

图 6-17

学习“占位符”这个概念，我们既可以在幻灯片的对应位置插入指定的文本、表格、图片或图表，也可以提取对应位置的文本、表格、图片或图表等信息。

因此，我们首先需要学习如何获取幻灯片中每个方框的占位符信息。

在 python-pptx 模块中，调用幻灯片对象的 placeholders 属性，可以获取所有占位符组成的可迭代对象。对于每个“占位符”对象，有 3 种常用属性需要我们了解，它们各自的作用如下。

- name：获取占位符的名称。
- placeholder_format.idx：获取占位符的索引。
- placeholder_format.type：获取占位符的类型。

接下来，我们以图 6-18 为例，为大家讲述如何获取第一张幻灯片中每个方框的占位符信息。

图 6-18

在交互式环境中输入如下命令：

```
In [1]: from pptx import Presentation

        prs = Presentation("6_2.pptx")
        slide = prs.slides[0] # 获取第一张幻灯片对象。
In [2]: placeholders = slide.placeholders                        ❶
        for placeholder in placeholders:                         ❷
            name_ = placeholder.name                             ❸
            idx_ = placeholder.placeholder_format.idx            ❹
            type_ = placeholder.placeholder_format.type          ❺
            placeholder.text = f"占位符索引：{idx_}"              ❻
            print(f"索引：{idx}；名称：{name}；类型：{type_}")     ❼

        prs.save("6_2_占位符索引.pptx")                           ❽
```

```
Out[2]: 索引：0；名称：标题 1；类型：TITLE (1)
        索引：1；名称：内容占位符 2；类型：OBJECT (7)
```

在 ❶ 处，调用幻灯片对象的 placeholders 属性，获取所有占位符组成的可迭代对象。循环遍历该对象，分别调用 name、placeholder_format.idx 和 placeholder_format.type 属性（见 ❷ ～ ❺），我们打印出了不同位置占位符的名称、索引和类型（见 ❼）。

但是，究竟哪个占位符的索引是 0，哪个占位符的索引是 1，我们并不能确定。

基于此，我们常常将读取到的占位符索引，直接写入对应占位符的位置，并保存到本地（见 ❻❽）。再次打开保存后的“6_2_ 占位符索引 .pptx”文件（如图 6-19 所示），可以发现每个文本框中都有了标识其自身的索引。

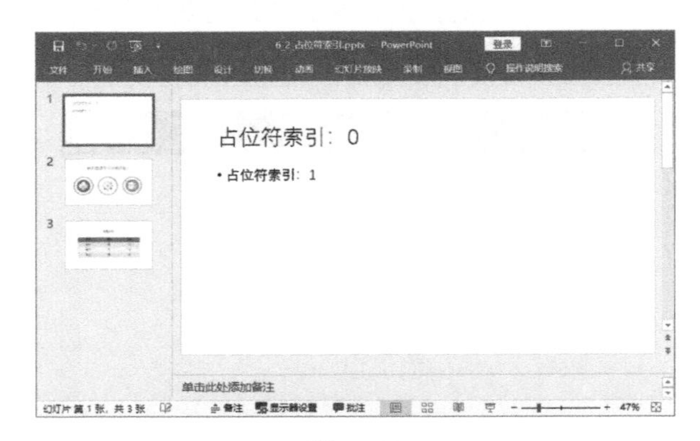

图 6-19

于是，对比图 6-18 和图 6-19，我们就可以利用对应位置的索引来获取对应位置的具体内容。

在交互式环境中输入如下命令：

```
In [3]: from pptx import Presentation

        prs = Presentation("6_2.pptx")
        slide = prs.slides[0]
        slide.placeholders[1].text      ❶
Out[3]: '1. 学好基础知识；\n2. 练习编程，多敲代码，多想逻辑；\n'
```

在 ❶ 处，我们获取了占位符索引是 1 的文本框内容。

小贴士

巧合的是，图 6-18 和图 6-19 对应位置的索引正好按照 0 和 1 的顺序排列，但实际上我们并不能基于这个逻辑顺序来判断每个位置的索引。

尤其当某个版式中的占位符非常多时，我们很有必要对比“源文件”和“添加索引后的文件”，找到每个位置对应的索引数字。之后，利用该索引数字，就能提取指定位置处的内容。

再次回到图 6-17，该自定义幻灯片包含了非常多的占位符，你能猜出每个位置的占位符索引各是多少吗？

在交互式环境中输入如下命令：

```
In [4]: from pptx import Presentation

        prs = Presentation("演示文稿.pptx")
        slide = prs.slides[0]
In [5]: for placeholder in slide.placeholders:
            name_ = placeholder.name
            idx_ = placeholder.placeholder_format.idx
            type_ = placeholder.placeholder_format.type
            placeholder.text = f"占位符索引：{idx_}"
            print(f"索引：{idx_}；名称：{name_}；类型：{type_}")

        prs.save("演示文稿_占位符索引.pptx")
Out[5]: 索引：0；名称：标题 1；类型：TITLE (1)
        索引：13；名称：文本占位符 2；类型：BODY (2)
        索引：14；名称：表格占位符 3；类型：TABLE (12)
        索引：15；名称：图片占位符 4；类型：PICTURE (18)
        索引：16；名称：图表占位符 5；类型：CHART (8)
```

这里我们同样打印出不同位置占位符的名称、索引和类型，可以发现它们的索引并不是我们所想的 0、1、2、3、4，而是 0、13、14、15、16。

我们再次打开保存了占位符索引的文件，如图 6-20 所示。

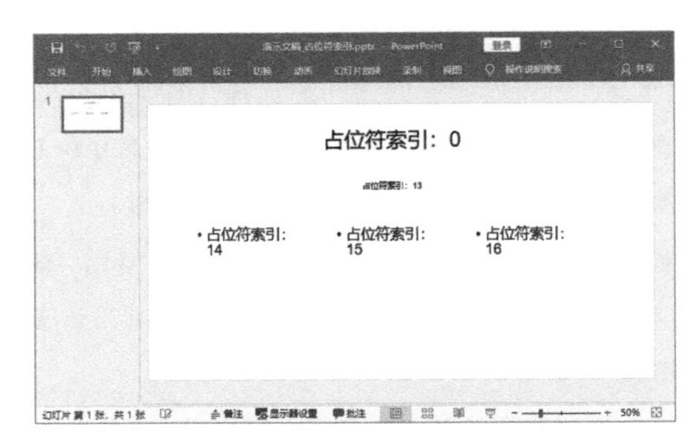

图 6-20

小贴士

请记住此处每个占位符的索引值 0、13、14、15、16，我们将在后面的 6.3 节中使用。

6.3 PPT 演示文稿内容写入

本节主要讲述如何向 PPT 演示文稿中写入内容。

6.3.1 向 PPT 演示文稿中添加新幻灯片

在 6.2.6 节中，我们已经学习了幻灯片的 11 种版式，本节就为大家讲述如何在 PPT 中插入一张指定版式的幻灯片。

在 python-pptx 模块中，调用幻灯片对象的 add_slide() 方法，可以添加一个新的幻灯片。

```
In [1]: from pptx import Presentation

prs = Presentation(" 演示文稿 .pptx")                ❶
for i in range(3):
    slide_layout = prs.slide_layouts[6]            ❷
    prs.slides.add_slide(slide_layout)             ❸

prs.save("6_3.pptx")
```

在 ❶ 处，我们打开一个本地的 PPT 演示文稿。接着，调用幻灯片对象的 add_

slide() 方法。这时可以选择想要的幻灯片版式，slide_layouts[6] 表示的是第 7 个版式——“空白”版式（见 ❷）。同理，传入不同的索引，也可以添加其他版式的幻灯片。

此时，将得到的版式对象传入 add_slide() 方法（见 ❸），即可完成幻灯片的添加。这里我们利用 for 循环一次性新增了 3 张“空白”幻灯片，效果如图 6-21 所示。

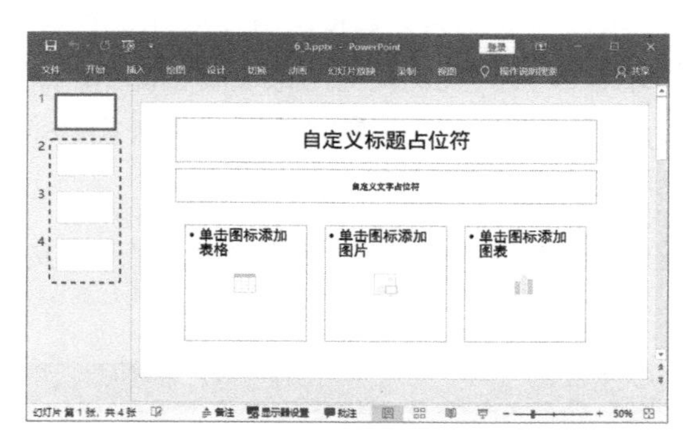

图 6-21

6.3.2 向 PPT 演示文稿中添加文本框

除了不同幻灯片版式自带的文本框外，我们还可以主动地为 PPT 添加新的文本框。

我们已经知道，调用幻灯片对象的 shapes 属性，会返回所有样式组成的可迭代对象。之后调用该对象的 add_textbox() 方法，可以添加一个新的文本框。它的语法格式如图 6-22 所示。

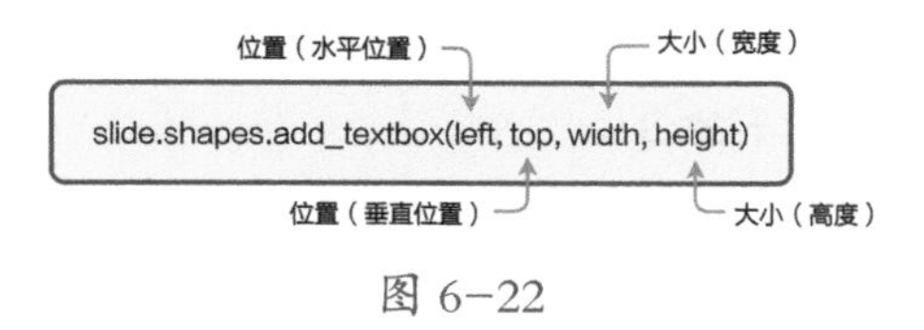

图 6-22

在交互式环境中输入如下命令：

```
In [1]: from pptx import Presentation
        from pptx.util import Cm

        prs = Presentation("6_3.pptx")
        slide = prs.slides[1]
In [2]: left = top = Cm(3)                                    ❶
        width = Cm(20)                                        ❷
```

```
height = Cm(5)                                                  ❸
shape = slide.shapes.add_textbox(left,top,width,height)         ❹
shape.text = "新增了一个文本框"                                   ❺

prs.save("6_3.pptx")
```

由于涉及距离的设置，因此需要提前导入 Cm() 方法。

这里我们操作的是第 2 张幻灯片。直接调用 add_textbox() 方法，我们在指定位置添加了一个新的文本框（见❹）。其中，参数 left 和 top 表示文本框左边和上方的起点位置距离幻灯片左上角 3cm（见❶），参数 width 和 height 表示文本框的宽度和高度分别是 20cm 和 5cm（见❷❸）。

为了能够显示这个新文本框，我们向文本框中写入了一段文字（见❺）。最终效果如图 6-23 所示。

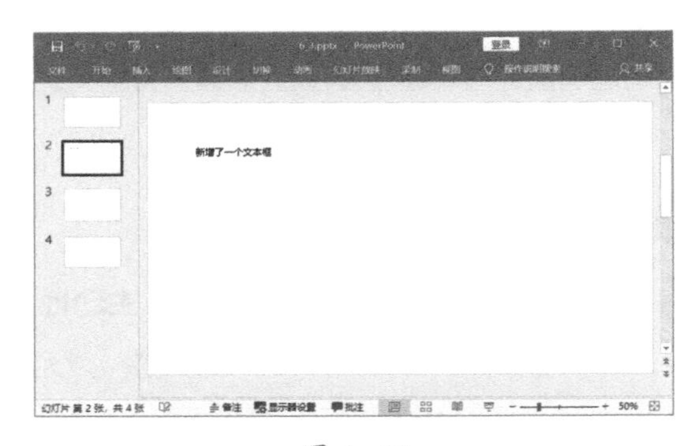

图 6-23

除了上面这种向文本框中写入文本的方法，我们还可以利用占位符索引在 PPT 演示文稿中添加文本。

在交互式环境中输入如下命令：

```
In [3]: from pptx import Presentation

        prs = Presentation("6_3.pptx")
        slide = prs.slides[0]                                   ❶

        slide.placeholders[0].text = "这是一个标题"               ❷
        slide.placeholders[13].text = "学习 Python，可以自动化操作 PPT"   ❸

        prs.save("6_3.pptx")
```

在 ❶ 处，我们打开 PPT 文档并选中第 1 张幻灯片。此时，利用占位符索引 0 和 13，我们可以在指定位置写入文本（见 ❷❸）。最终效果如图 6-24 所示。

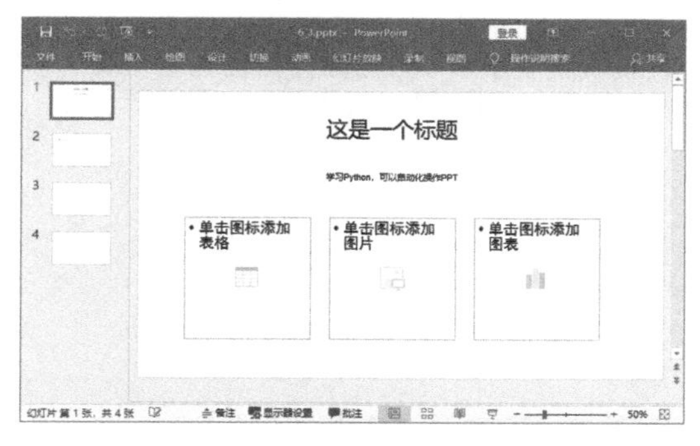

图 6-24

6.3.3 向 PPT 演示文稿中添加段落

段落是存在于文本框中的。如果想要添加一个段落，首先需要获取到文本框对象，之后调用 add_paragraph() 方法，即可完成段落的添加。

在交互式环境中输入如下命令：

```
In [1]: from pptx import Presentation

        prs = Presentation("6_3.pptx")
        slide = prs.slides[0]

        shape = slide.shapes[1]
        text_frame = shape.text_frame
In [2]: paragraph1 = text_frame.add_paragraph()                              ❶
        paragraph1.text = "不仅可以向 PPT 文稿中添加新幻灯片、文本框和段落，"    ❷

        paragraph2 = text_frame.add_paragraph()                              ❸
        paragraph2.text = "还可以向 PPT 文稿中添加表格、图片和图表"             ❹

        prs.save("6_3.pptx")
```

在获取到文本框对象 text_frame 后，我们两次调用 add_paragraph() 方法（见 ❶ ~ ❹），在文本框中添加了两个段落。最终效果如图 6-25 所示。

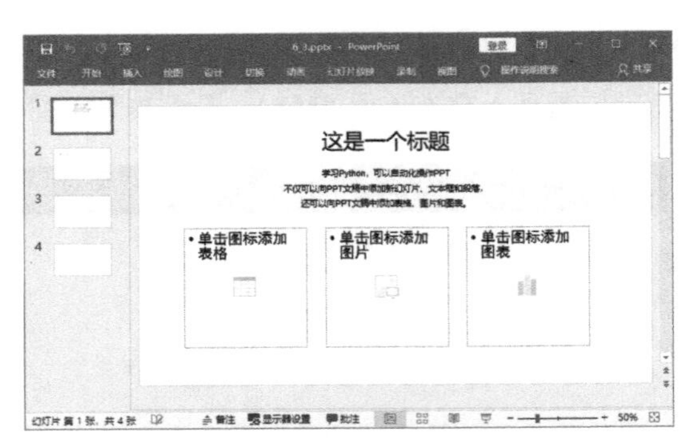

图 6-25

6.3.4 向 PPT 演示文稿中添加表格

在 python-pptx 模块中，调用样式对象的 add_table() 方法，可以帮助我们向 PPT 演示文稿中添加表格。它的语法格式如图 6-26 所示。

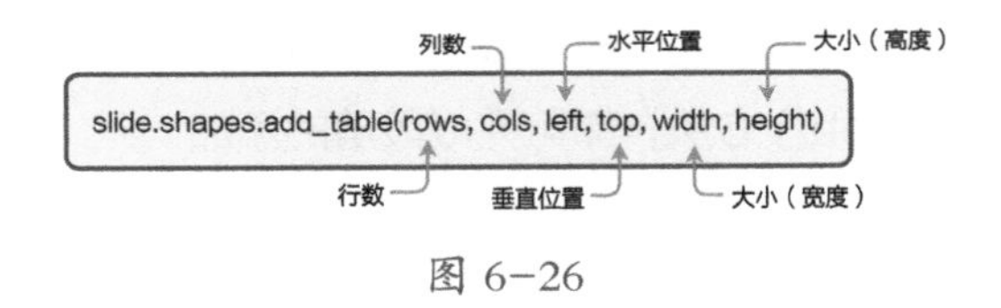

图 6-26

在交互式环境中输入如下命令：

```
In [1]: from pptx import Presentation
        from pptx.util import Cm

        prs = Presentation("6_3.pptx")                                    ❶
        slide = prs.slides[1]                                             ❷
In [2]: left = Cm(6.93)
        top = Cm(6.5)
        width = Cm(20)
        height = Cm(9)
        slide.shapes.add_table(rows=5,cols=4,left=left,
                               top=top,width=width,height=height)        ❸

        prs.save("6_3.pptx")
```

在 ❶❷ 处，我们打开前面操作过的 PPT 文档并选中第 2 张幻灯片。

接着，调用 add_table() 方法（见 ❸），在指定位置添加一个 5 行 4 列的空表格。最终效果如图 6-27 所示。

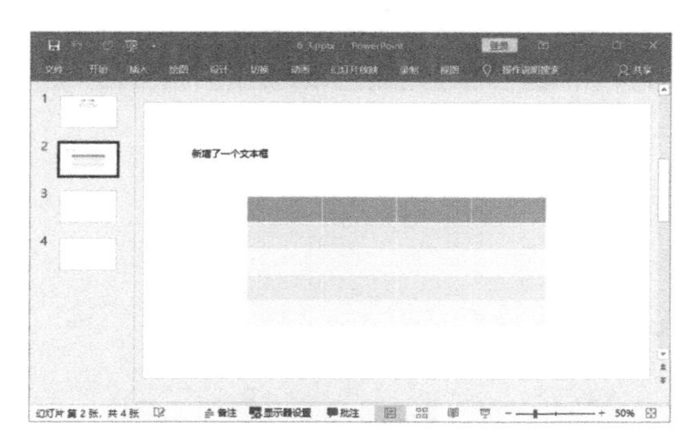

图 6-27

除了上面这种方法，我们也可以利用占位符索引在 PPT 演示文稿中添加表格。

在交互式环境中输入如下命令：

```
In [3]: from pptx import Presentation

        prs = Presentation("6_3.pptx")                     ❶
        slide = prs.slides[0]                              ❷
        slide.placeholders[14].insert_table(7,3)           ❸

        prs.save("6_3.pptx")
```

在 ❶❷ 处，我们打开 PPT 文档并选中第 1 张幻灯片，用占位符索引 14 在对应位置处插入一个 7 行 3 列的表格（见 ❸）。最终效果如图 6-28 所示。

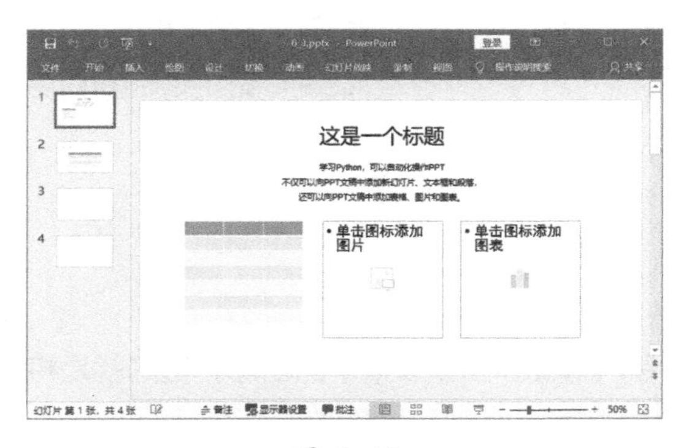

图 6-28

6.3.5 案例：批量读取 Excel 信息并写入 PPT 表格

在 6.3.4 节中，我们已经知道如何新建一个空表格。如图 6-29 所示，在本节中，我们要做的就是读取 Excel 文件中的数据，并将其写入 PPT 表格中。

图 6-29

在交互式环境中输入如下命令：

```
In [1]: from pptx import Presentation
        from pptx.util import Cm
        import pandas as pd

        df = pd.read_excel("学生信息表格.xlsx",header=None)          ❶
        prs = Presentation()                                          ❷
        slide = prs.slides.add_slide(prs.slide_layouts[6])           ❸

        left = Cm(7.06)
        top = Cm(5.56)
        width = Cm(13.28)
        height = Cm(7.94)
        table = slide.shapes.add_table(rows=df.shape[0],cols=df.shape[1],
                                       left=left,top=top,
                                       width=width,height=height).table   ❹

        for i in range(df.shape[0]):                                  ❺
            for j in range(df.shape[1]):                              ❻
                table.cell(i,j).text = str(df.loc[i,j])               ❼

        prs.save("学生信息展示.pptx")
```

在 ❶ 处，我们用 Pandas 读取表格中的信息，目的就是将读取到的表格信息，最终写入 PPT 表格中。

在 ❷❸ 处，我们新建了一个 PPT 演示文稿，并插入了一个空白幻灯片。接着，调用 add_table() 方法，在指定位置插入一个表格，并调用 table 属性，获取这个表格对象(见 ❹)。其中，添加表格的行 / 列数与 DataFrame 的行 / 列数应保持一致。

此时，要做的就是将 Excel 中每一行每一列的数据，写入 PPT 表格中的每一行每一列（见 ❺ ～ ❼），其中，table.cell(i,j) 表示获取的是 i 行 j 列的单元格对象。

最终效果如图 6-30 所示。

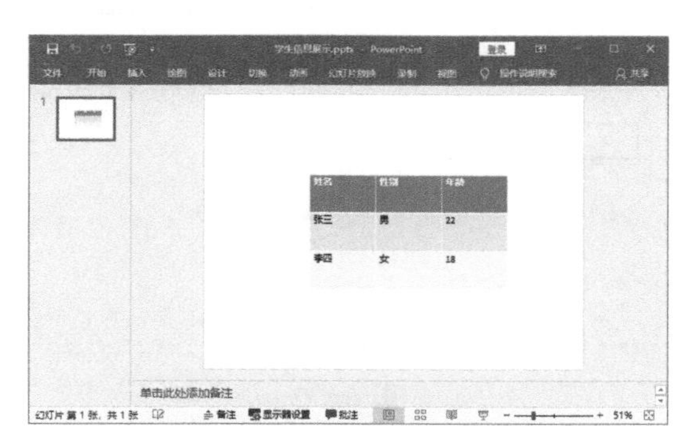

图 6-30

6.3.6 向 PPT 演示文稿中添加图片

在 python-pptx 模块中，调用样式对象的 add_picture() 方法，可以给 PPT 添加一张图片。它的语法格式如图 6-31 所示。

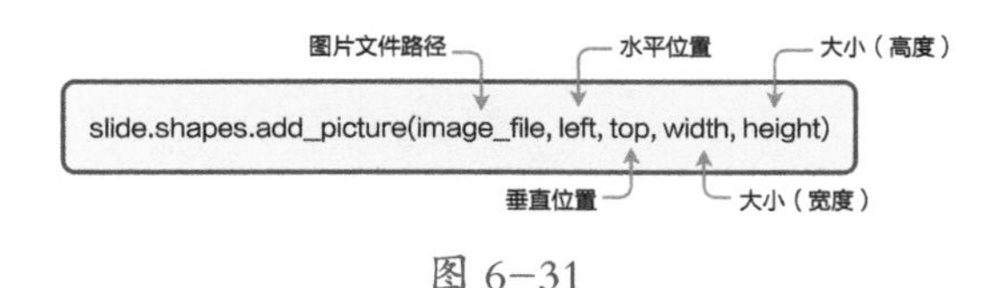

图 6-31

在交互式环境中输入如下命令：

```
In [1]: from pptx import Presentation
        from pptx.util import Cm

        prs = Presentation("6_3.pptx")                          ❶
        slide = prs.slides[2]
In [2]: left = Cm(10.43)
        top = Cm(3.03)
        width = Cm(13)
        slide.shapes.add_picture("python.png",left=left,
                                 top=top,width=width)           ❷
        prs.save("6_3.pptx")
```

在 ❶ 处，我们打开前面操作过的 PPT 文档并选中第 3 张幻灯片。

在 ❷ 处，调用 add_picture() 方法，在指定位置添加了一张图片。最终效果如图 6-32 所示。在此并没有传入高度参数。这是因为设置图片大小的宽度和高度，默认是等比例缩放的，所以只使用一个参数就好。

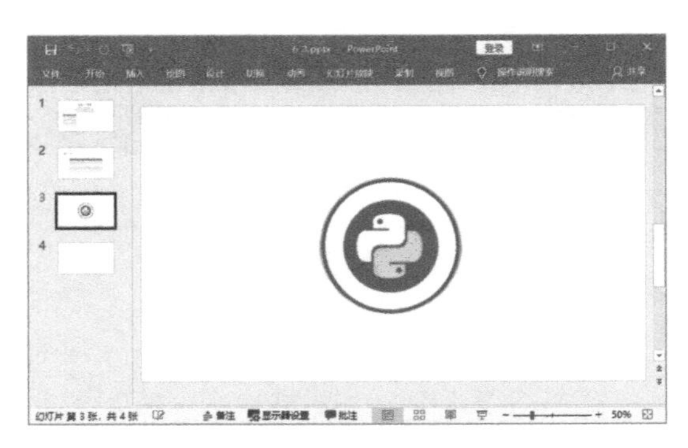

图 6-32

除了上面这种方法，我们同样可以利用占位符索引在 PPT 演示文稿中添加图片。

在交互式环境中输入如下命令：

```
In [3]: from pptx import Presentation

        prs = Presentation("6_3.pptx")                          ❶
        slide = prs.slides[0]                                   ❷
        slide.placeholders[15].insert_picture("python.png")  ❸

        prs.save("6_3.pptx")
```

在 ❶❷ 处，我们打开 PPT 文档并选中第 1 张幻灯片，利用占位符索引 15 在对应位置处插入图片（见 ❸）。最终效果如图 6-33 所示。

图 6-33

6.3.7 向 PPT 演示文稿中添加图表

我们在做日报、周报的时候，总免不了要向 PPT 中插入图表来直观地展示业务情况。

在 python-pptx 模块中，调用样式对象的 add_chart() 方法，可以帮助我们向 PPT 演示文稿中添加图表。它的语法格式如图 6-34 所示。

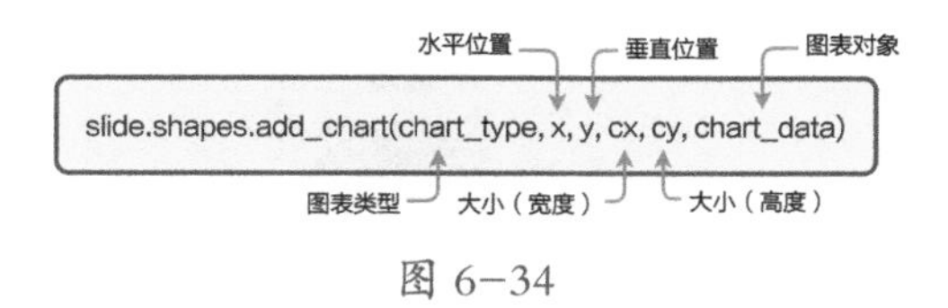

图 6-34

在交互式环境中输入如下命令：

```
In [1]: from pptx import Presentation                                   ❶
        from pptx.util import Cm
        from pptx.chart.data import ChartData
        from pptx.enum.chart import XL_CHART_TYPE
        from pptx.enum.chart import XL_LEGEND_POSITION
        from pptx.enum.chart import XL_LABEL_POSITION

        prs = Presentation("6_3.pptx")                                  ❷
        slide = prs.slides[3]
In [2]: chart_data = ChartData()                                        ❸
        chart_data.categories = ["东区", "南区", "西区", "北区"]          ❹
        chart_data.add_series("销售占比", (0.4, 0.25, 0.2, 0.15))        ❺
In [3]: x, y, cx, cy = Cm(9.43), Cm(2.03), Cm(15), Cm(15)
        chart = slide.shapes.add_chart(XL_CHART_TYPE.PIE,
                                 x, y, cx, cy, chart_data).chart        ❻
In [4]: chart.has_legend = True                                         ❼
        chart.legend.position = XL_LEGEND_POSITION.BOTTOM
        chart.legend.include_in_layout = False

        chart.plots[0].has_data_labels = True                           ❽
        data_labels = chart.plots[0].data_labels
        data_labels.number_format = '0%'
        data_labels.position = XL_LABEL_POSITION.OUTSIDE_END

        prs.save('6_3.pptx')
```

在 ❶ 处，我们导入添加图表所需的模块和类，然后打开前面操作过的 PPT 文档并选中第 4 张幻灯片（见 ❷）。

接着，调用 ChartData() 方法，创建一个空坐标系对象 chart_data（见 ❸）。图形就是绘制在这个坐标系上的。然后，我们就可以向坐标系中添加源数据了（见 ❹❺）。

在 ❻ 处，调用 add_chart() 方法，我们可以指定在 PPT 的哪一个位置绘制哪一种图。其中，XL_CHART_TYPE.PIE 表示绘制的是饼图。

为了完善绘制的饼图，我们分别为饼图设置了图例和标签（见 ❼❽）。最终效果如图 6-35 所示。

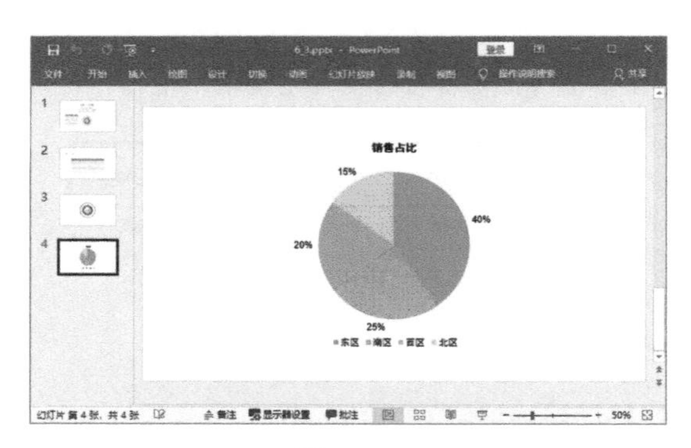

图 6-35

除了上面这种方法，我们还可以利用占位符索引在 PPT 演示文稿中添加图表。

在交互式环境中输入如下命令：

```
In [5]: from pptx import Presentation
        from pptx.chart.data import ChartData
        from pptx.enum.chart import XL_CHART_TYPE

        chart_data = ChartData()
        chart_data.categories = ["东区", "南区", "西区", "北区"]
        chart_data.add_series("销售占比", (0.4, 0.25, 0.2, 0.15))

        prs = Presentation("6_3.pptx")                                      ❶
        slide = prs.slides[0]                                               ❷
        slide.placeholders[16].insert_chart(XL_CHART_TYPE.PIE, chart_data)  ❸

        prs.save("6_3.pptx")
```

在 ❶❷ 处，我们打开 PPT 文档并选中第 1 张幻灯片，利用占位符索引 16 在对应位置处插入图表（见 ❸）。最终效果如图 6-36 所示。

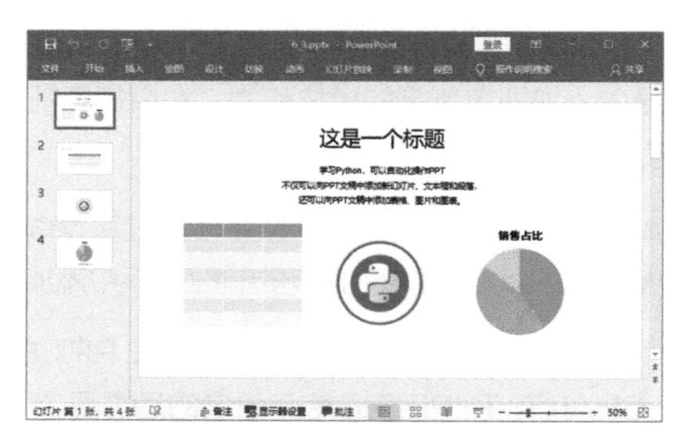

图 6-36

6.4 PPT 演示文稿样式的调整

PPT 演示文稿样式的调整主要涉及 3 个方面的内容，分别是文本框样式、段落样式与字体样式的调整。

6.4.1 文本框样式的调整

关于文本框样式的调整，一共涉及 2 个知识点：第一，调整文本框的背景色；第二，调整文本框的边框。

为了方便后续演示操作，我们新建一个 PPT 演示文稿，并向其中添加 3 张幻灯片。

在交互式环境中输入如下命令：

```
In [1]: from pptx import Presentation

        prs = Presentation()
        prs.slides.add_slide(prs.slide_layouts[0])
        prs.slides.add_slide(prs.slide_layouts[1])
        prs.slides.add_slide(prs.slide_layouts[1])

        prs.save("6_4.pptx")
```

打开新创建的 PPT 演示文稿，如图 6-37 所示。

图 6-37

1. 调整文本框的背景色

文本框的背景色默认是以纯白色进行填充的，因此我们可以调整文本框的背景色，突出显示一下。由于涉及颜色，因此需要导入 RGBColor() 方法，用于颜色的设置。

在交互式环境中输入如下命令：

```
In [1]: from pptx import Presentation
        from pptx.dml.color import RGBColor

        prs = Presentation("6_4.pptx") # 获取演示文稿对象。
        slide = prs.slides[0] # 获取第 1 张幻灯片对象。
        shape = slide.shapes[0] # 获取第 1 个样式对象。
In [2]: fill = shape.fill                                    ❶
        fill.solid()                                         ❷
        fill.fore_color.rgb = RGBColor(182,211,233)          ❸

        prs.save("6_4.pptx")
```

在获取到样式对象后，调用 fill 属性（见 ❶），得到一个填充格式对象。在设置颜色之前，一定要提前调用 solid() 方法（见 ❷），设置前景色；否则，后续进行颜色的设置，就会报错。

最后，调用填充对象的 fore_color.rgb 属性（见 ❸），即可完成颜色的设置，效果如图 6-38 所示。

图 6-38

2. 调整文本框的边框

这里所说的调整文本框边框，其实是给文本框的边界线指定一个颜色，或者将边界线进行加粗处理。

在交互式环境中输入如下命令：

```
In [1]: from pptx import Presentation
        from pptx.dml.color import RGBColor # 该方法用于颜色的调整。
        from pptx.util import Cm # 该方法用于边线粗细的调整。

        prs = Presentation("6_4.pptx") # 获取演示文稿对象。
```

```
    slide = prs.slides[0] # 获取第 1 张幻灯片对象。
    shape = slide.shapes[1] # 获取第 2 个样式对象。
In [2]: fill = shape.line                          ❶
    fill.color.rgb = RGBColor(0, 0, 0)             ❷
    fill.width = Cm(0.1)                           ❸

    prs.save("6_4.pptx")
```

在获取到第 2 个样式对象后，调用 line 属性（见 ❶），得到一个边框线格式对象。

接着，调用此对象的 fore_color.rgb 属性，将边线的颜色设置为黑色（见 ❷）。之后调用 width 属性，将边线的粗细设置为 0.1cm（见 ❸）。最终效果如图 6-39 所示。

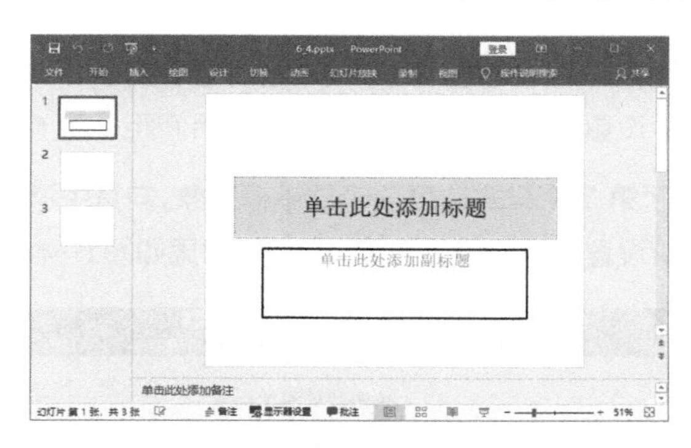

图 6-39

6.4.2 段落样式的调整

关于段落样式的调整涉及 3 个知识点：第一，调整段落的行间距；第二，调整段落的段前、段后间距；第三，调整段落的对齐方式 。

在 python-pptx 模块中，调整段落行间距使用的是 line_spacing 属性，调整段前、段后间距使用的是 space_before 和 space_after 属性，调整段落对齐方式使用的是 alignment 属性。

在交互式环境中输入如下命令：

```
In [1]: from pptx import Presentation
    from pptx.enum.text import PP_ALIGN # 该方法用于设置对齐方式。
    from pptx.util import Cm # 该方法用于调整距离大小。

    prs = Presentation("6_4.pptx") # 获取演示文稿对象。
    slide = prs.slides[1] # 获取第 2 张幻灯片对象。
In [2]: shape = slide.shapes[1] # 获取第 2 个样式对象。
    text_frame = shape.text_frame # 获取第 2 个文本框对象。
```

```
paragraph1 = text_frame.add_paragraph()                        ❶
paragraph1.text = "段落一段落一段落一段落一段落"               ❷
paragraph1.line_spacing = Cm(2)                                ❸
paragraph1.space_before = Cm(2)                                ❹
paragraph1.space_after = Cm(2)                                 ❺

shape = slide.shapes[2] # 获取第 3 个样式对象。
text_frame = shape.text_frame # 获取第 3 个文本框对象。
paragraph2 = text_frame.add_paragraph()                        ❻
paragraph2.text = "段落二段落二段落二段落二段落"               ❼
paragraph2.alignment = PP_ALIGN.RIGHT                          ❽

prs.save("6_4.pptx")
```

首先我们获取了第 2 个样式的第 2 个文本框对象，向其中添加了第一个段落（见❶❷），并为这个段落设置了行间距、段前间距和段后间距（见❸～❺）。

接着，我们获取了第 3 个样式的第 3 个文本框对象，向其中添加了第 2 个段落（见❻❼），并为这个段落设置了右对齐（见❽）。最终效果如图 6-40 所示。

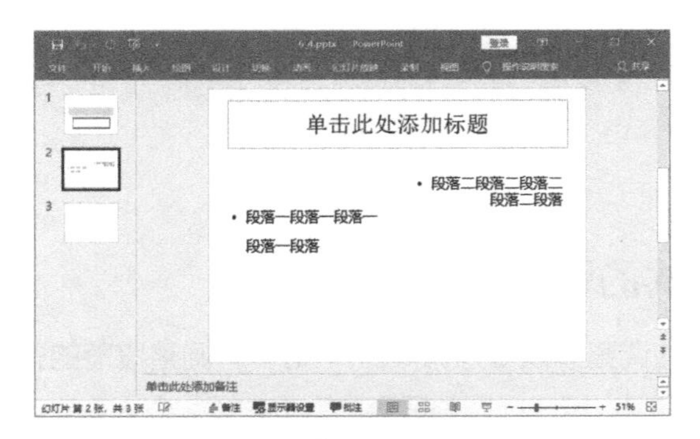

图 6-40

6.4.3 字体样式的调整

字体样式的调整主要涉及字体名称、字体颜色、字号大小、是否加粗、是否为斜体、是否加下画线等 6 方面内容。

在 python-pptx 模块中，我们既可以调整整个段落的字体样式，也可以针对单个文字块进行字体样式的调整，具体语法格式如图 6-41 所示。

(paragraph/run).font.name	字体名称
(paragraph/run).font.color	字体颜色
(paragraph/run).font.size	字号大小
(paragraph/run).font.bold	是否加粗
(paragraph/run).font.italic	是否为斜体
(paragraph/run).font.underline	是否加下画线

图 6-41

在交互式环境中输入如下命令：

```
In [1]: from pptx import Presentation
        from pptx.util import Pt # 该方法用于调整磅值大小。
        from pptx.dml.color import RGBColor # 该方法用于调整颜色。

        prs = Presentation("6_4.pptx") # 获取演示文稿对象。
        slide = prs.slides[2] # 获取第 3 张幻灯片对象。
        shape = slide.shapes[1] # 获取第 2 个样式对象。
        text_frame = shape.text_frame # 获取第 2 个文本框对象。
In [2]: paragraph = text_frame.add_paragraph()                          ❶
        paragraph.text = "添加一个段落，并将段落中的文字设置为楷体，字号大小为 30 磅。" ❷
        paragraph.font.name = "楷体"                                    ❸
        paragraph.font.size = Pt(30)                                   ❹
In [3]: run1 = paragraph.add_run()                                     ❺
        run1.text = "第一句话设置为宋体，字号大小为 40 磅；"             ❻
        run1.font.name = "宋体"                                         ❼
        run1.font.size = Pt(40)                                        ❽

        run2 = paragraph.add_run()                                     ❾
        run2.text = "第二句话设置颜色为深蓝色并加粗；"                   ❿
        run2.font.color.rgb = RGBColor(0, 0, 128)                      ⓫
        run2.font.bold = True                                          ⓬

        run3 = paragraph.add_run()                                     ⓭
        run3.text = "第三句话设置为斜体并加下画线。"                     ⓮
        run3.font.italic = True                                        ⓯
        run3.font.underline = True                                     ⓰

        prs.save("6_4.pptx")
```

在获取了第 2 个样式的第 2 个文本框对象后，我们首先向其中添加一个段落（见❶❷），并将段落字体设置为楷体，字号大小设置为 30 磅（见❸❹）。

接着，我们向其中添加 3 个不同的文字块。添加第一个文字块时（见❺❻），我们将该文字块的字体样式设置为宋体，字号大小设置为 40 磅（见 ❼❽）。添加第二个文字块时（见 ❾❿），我们将该文字块的字体样式设置为深蓝色并加粗（见 ⓫⓬）。添加第三个文字块时（见 ⓭⓮），我们将该文字块的字体样式设置为斜体并加下画线（见 ⓯⓰）。最终效果如图 6-42 所示。

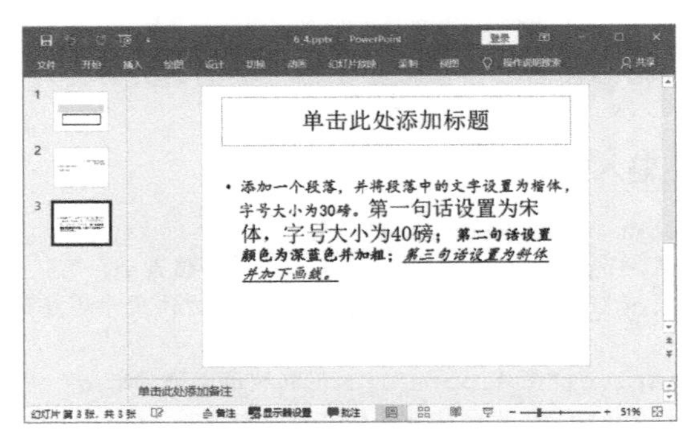

图 6-42

6.5 实战项目：批量制作电子奖状

假如你是一名高中班主任，在某个学期结束之际，你需要为自己班中的 50 名同学分别制作一个电子奖状来表扬他们。

学生信息表如图 6-43 所示，该表中包括了“姓名”列和待表彰的“称号”列。我们如何利用这些信息，批量制作 50 个 PPT 电子奖状呢?

	A	B
1	姓名	称号
2	赵一	三好学生
3	王二	三好学生
4	张三	三好学生
5	李四	三好学生
6	朱五	三好学生
7	马六	学习标兵
8	黄七	学习标兵
9	沈八	学习标兵
10	钱九	学习标兵
11	吴十	学习标兵
12	李飞	学习标兵
13	阮北	学习标兵

图 6-43

6.5.1 自定义幻灯片模板

首先，我们需要设计一张图片用作模板背景图，如图 6-44 所示。

图 6-44

接着，新建一个 PPT 演示文稿，利用【幻灯片母版】新增一个自定义版式，具体操作详见 6.2.6 节。

我们需要根据自己的设计，将准备好的图片插入版式中，并在不同位置插入对应的占位符。每个位置需要输入对应的文本，并调整好字体、颜色等格式。

完成一系列设计操作后，单击【关闭母版视图】按钮，并将该 PPT 保存到本地。最终得到的模板如图 6-45 所示。

图 6-45

6.5.2 导入模块并读取相关文件

在交互式环境中输入如下命令：

```
In [1]: import os
        import pandas as pd
        from pptx import Presentation

        prs = Presentation("奖状模板.pptx")
```

```
df = pd.read_excel(" 学生奖状信息表格 .xlsx")
os.mkdir(" 奖状文件夹 ") # 后续生成的奖状，都存放在此文件夹下。
```

首先，导入本案例需要用到的所有 Python 模块，并读取所需的 PPT 文件和 Excel 文件。同时，在当前工作目录下创建一个空文件夹，用于存储后续生成的 PPT 奖状。

6.5.3 获取幻灯片模板的占位符索引

在交互式环境中输入如下命令：

```
In [1]: slide = prs.slides[0]
        for placeholder in slide.placeholders:
            idx_ = placeholder.placeholder_format.idx
            placeholder.text = f"{idx_}"
        prs.save(" 奖状模板 _ 占位符索引 .pptx")
```

打开生成的 PPT，会发现每个文本框中都有了标识它们自身的索引，如图 6-46 所示。

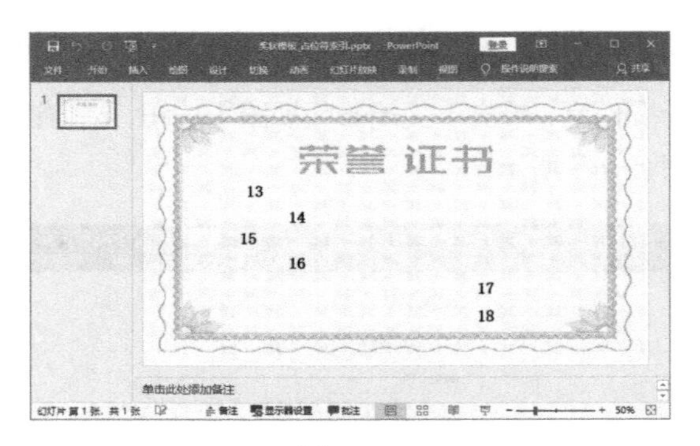

图 6-46

小贴士

这一步很关键，我们只有知道不同位置的占位符索引后，才能利用不同的索引向指定位置写入指定内容。

6.5.4 数据填充

知道每个位置的占位符索引后，我们就可以获取不同位置的占位符对象，并将相应的内容插入指定位置中。

在交互式环境中输入如下命令：

```
In [1]: prs = Presentation("奖状模板.pptx")
        slide = prs.slides[0]

        for i in range(df.shape[0]):
            slide.placeholders[13].text = f"{df.loc[i,:]['姓名']}同学："    ❶
            slide.placeholders[14].text = "在2021-2022学年度第二学期中表现优秀，"❷
            slide.placeholders[15].text = f"获得"{df.loc[i,:]['称号']}"的称号。"❸
            slide.placeholders[16].text = "特发此证，以资鼓励。"    ❹
            slide.placeholders[17].text = "派森高中"    ❺
            slide.placeholders[18].text = "2022年7月"    ❻
            prs.save(f"./奖状文件夹/奖状-{df.loc[i,:]['姓名']}同学.pptx")
```

df.shape[0] 返回的是 Excel 表中的行数，每循环一次，即可将数据写入不同的占位符处（❶ ～ ❻），一共 6 个位置。最终效果如图 6-47 所示。

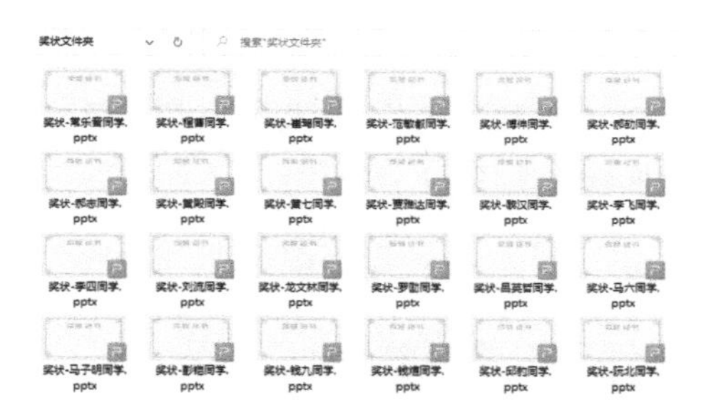

图 6-47

任意打开其中一个 PPT，具体效果如图 6-48 所示。

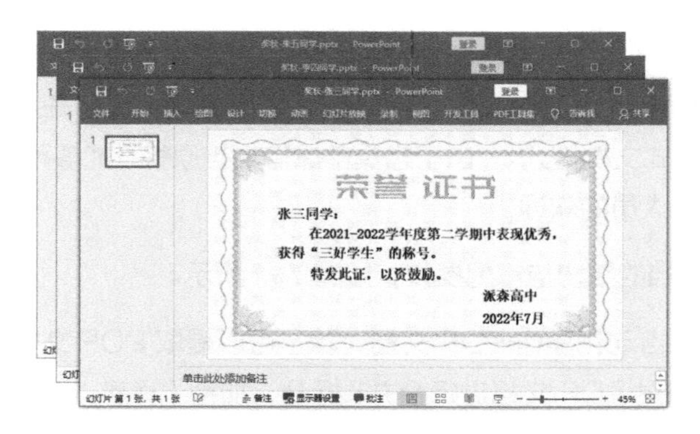

图 6-48

第7章 学习Python，可以自动化操作PDF

PDF 在我们的日常工作中扮演了重要的角色，各种电子图书、产品说明、公司文告等基本都是 PDF 格式的。

如果需要批量修改 PDF 文档（文件），或者批量提取 PDF 文档中的若干信息，借助 Python 编程是一个很好的选择。

7.1 操作 PDF 相关模块

本节主要介绍 PDF 的特点与常用操作，以及 PDF 相关处理模块的安装与导入。

7.1.1 PDF 文档介绍

PDF（Portable Document Format）是由 Adobe 公司开发的一种电子文件格式，又称“便携式文档格式”。由于它具备保持文档原貌、能够跨平台使用等特点，因此越来越受办公人员的欢迎。

关于 PDF 文档的结构与常用操作，如图 7-1 所示。

使用 Python 自动化操作 PDF 文档，除了可以提取 PDF 文档中的文字与表格信息，还可以批量对 PDF 文档进行合并 / 拆分、加密 / 解密、添加水印，以及实现不同文档格式之间进行相互转换的功能。

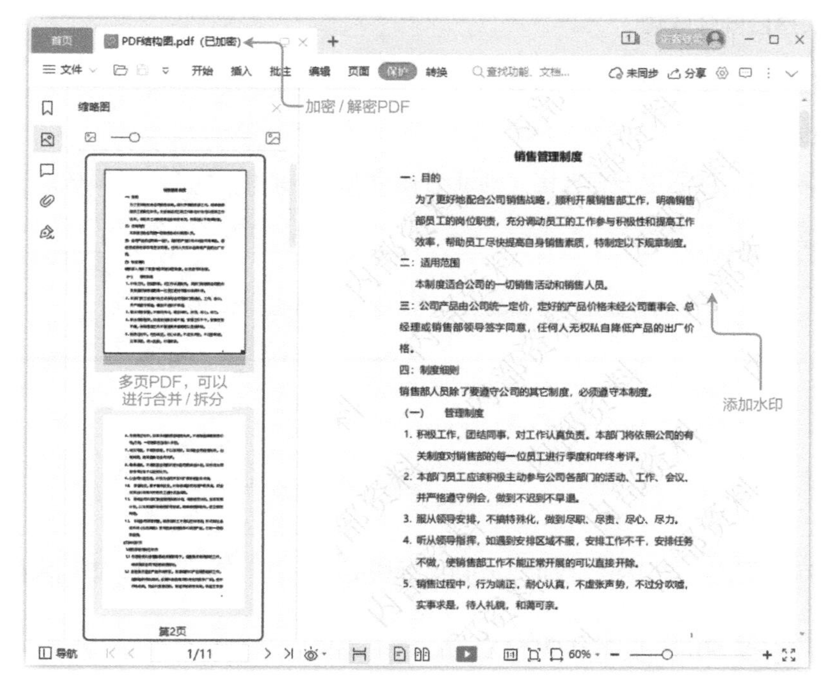

图 7-1

7.1.2 PDF 操作模块的安装与导入

本节基于大家平时常用的 PDF 操作，介绍两种常用的 PDF 操作模块，分别是 pdfplumber 和 PyPDF2。

pdfplumber 模块用于读取 PDF 文档中的文本和提取 PDF 文档中的表格。PyPDF2 模块用于实现 PDF 合并、拆分、加密、解密和加水印操作。

由于 pdfplumber 和 PyPDF2 均属于 Python 的第三方开源模块，因此需要我们额外安装、导入后，才能使用。

1. 如何安装 pdfplumber 模块和 PyPDF2 模块

这里推荐使用 pip 安装，在命令行窗口中输入如下命令：

```
pip install pdfplumber
pip install PyPDF2
```

2. 测试安装是否成功

安装完成之后，我们可以分别导入 pdfplumber 模块和 PyPDF2 模块，测试一下该模块是否安装成功。

在交互式环境中输入如下命令：

```
In [1]: import pdfplumber,PyPDF2
```

如果运行上述程序没有报错，则证明 pdfplumber 和 PyPDF2 模块安装成功。

小贴士

本章还会用到其他几个开源模块，其安装方法同上。

7.2 PDF 文档的内容提取

本节主要讲述如何利用 pdfplumber 模块提取 PDF 文档中的文本和表格。

7.2.1 提取 PDF 文档中的文本

在 pdfplumber 模块中，调用 PDF 文档对象的 pages 属性，可以返回所有页码对象组成的列表。此时，再调用页码对象的 extract_text() 方法，即可完成文本的提取。

如图 7-2 所示，PDF 文档中存在着大量文字，我们可以使用 Python 提取 PDF 文档中的文本。

图 7-2

在交互式环境中输入如下命令：

```
In [1]: import pdfplumber                                  ❶

        with pdfplumber.open("7_2.pdf") as pdf:            ❷
            page2 = pdf.pages[0]                           ❸
            print(page2.extract_text())                    ❹
Out[1]: 根据国家电影局发布的数据，2021 年中国电影市场累计票房
        达到 472.58 亿元，恢复至疫情前的 74%，电影市场总票房保持全球
        第一。
        国产电影票房为 399.27 亿元，占总票房的 84.49%，城市院线观影
        人次达到 11.67 亿。
        2021 年度票房 TOP3 影片分别为：
```

在 ❶ 处，我们导入 pdfplumber 模块（见 ❶），然后调用 open() 方法来打开 PDF 文档，并得到一个文档对象 pdf（见 ❷）。

由于 pages 属性返回的是一个列表，因此可以采用索引方式获取第 2 个页码对象，表明我们想要操作 PDF 文档的第 2 页（见 ❸）。

最后，调用 extract_text() 方法（见 ❹），即可完成第 2 页文本内容的提取。

如果你想要提取所有页面中的文本，可以使用 for 循环。

在交互式环境中输入如下命令：

```
In [2]: with pdfplumber.open("7_2.pdf") as pdf:
            pages_list = pdf.pages
            for page in pages_list:                 ❶
                print(page.extract_text())          ❷
Out[2]: 根据国家电影局发布的数据，2021 年中国电影市场累计票房
        达到 472.58 亿元，恢复至疫情前的 74%，电影市场总票房保持全球
        第一。

        ......

        18 2020/12/31 温暖的抱抱 6.7
        19 2021/8/27 失控玩家 6.1
        20 2021/7/23 白蛇 2：青蛇劫起 5.8
        数据来源：中国电影数据信息网
```

这里我们利用 for 循环遍历每个页面（见 ❶），并针对每一页，调用 extract_text() 方法（见 ❷），提取其中的文本。

PDF 文档主要分为两类：一种由 Word 文稿或网页等转存而成，是可直接复制的文字型 PDF 文档；另一种是由扫描仪或照相机扫描纸质版文件生成的图片型 PDF 文档。

本章使用 Python 自动提取 PDF 文档中的文本，仅适用第一种文字型 PDF 文档。

7.2.2 提取 PDF 文档中的表格

通过对前面的案例学习，利用 extract_text() 方法，同样可以将表格中的数据提取出来。但是它是一个很长的字符串，不方便我们存储到 Excel 中。

在 pdfplumber 模块中，提供了 extract_tables() 方法，可以很方便地帮助我们提取 PDF 文档中的表格数据。

如图 7-3 所示，PDF 文档中存在着大量表格，我们可以使用 Python 提取 PDF 文档中的表格。

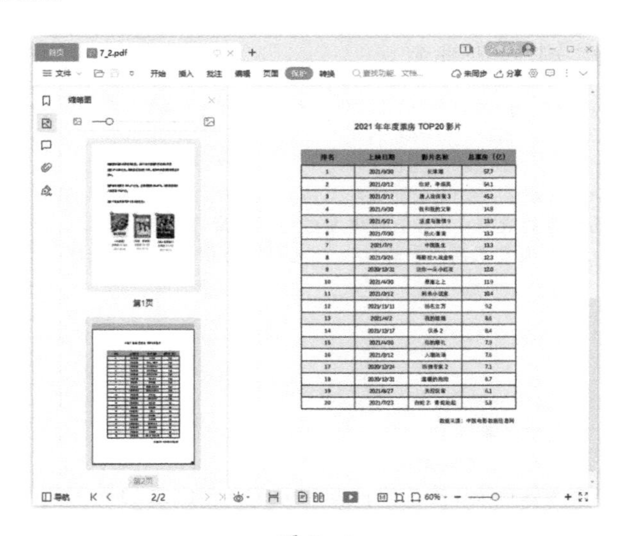

图 7-3

在交互式环境中输入如下命令：

```
In [1]: import pdfplumber

        with pdfplumber.open("7_2.pdf") as pdf:
```

```
    page = pdf.pages[1]                                      ❶
    for table in page.extract_tables():                      ❷
        print(table)
Out[1]: [['排名', '上映日期', '影片名称', '总票房(亿)'], ['1', '2021/9/30',
 '长津湖', '57.7'], ['2', '2021/2/12', '你好，李焕英', '54.1'],

......

 ['17', '2020/12/24', '拆弹专家2', '7.1'], ['18', '2020/12/31', '
温暖的抱抱', '6.7'], ['19', '2021/8/27', '失控玩家', '6.1'], ['20',
'2021/7/23', '白蛇2：青蛇劫起', '5.8']]
```

在❶处，我们获取的是第 2 页的页码对象，表示想要提取该页面中的表格。由于单个页面可能包含多个表格，因此我们利用 for 循环打印出每个表格中的数据信息（见❷）。

从上面的结果中可以看出，extract_tables() 方法直接将表格中的数据以列表嵌套的形式返回。这将非常有利于我们将表格数据写入 Excel 中。

7.2.3 案例：批量提取 PDF 文档中的表格并写入 Excel

如图 7-4 所示的 PDF 文档，一共有 10 页内容，每一页都包含一个表格。我们如何批量提取 PDF 文档中的表格数据，并将其写入 Excel 中呢?

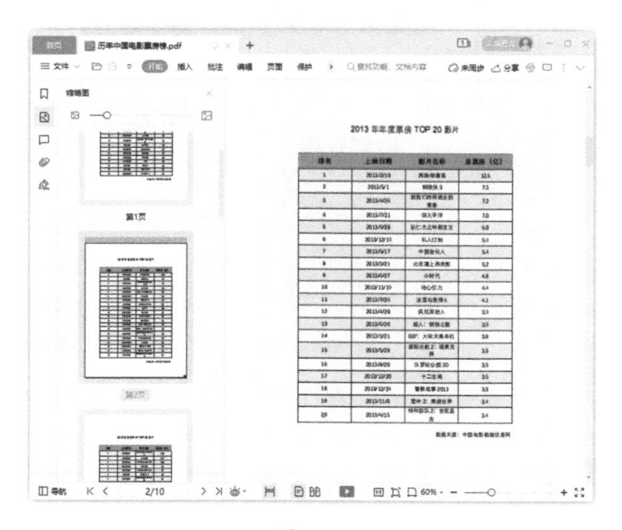

图 7-4

在交互式环境中输入如下命令：

```
In [1]: import pdfplumber
```

```
import pandas as pd

a = 0
with pdfplumber.open("历年中国电影票房榜.pdf") as pdf:
    for i in range(len(pdf.pages)):                          ❶
        page = pdf.pages[i]                                  ❷
        for table in page.extract_tables():                  ❸
            df = pd.DataFrame(table)                         ❹
            df.to_excel(f"{a+2012}年中国电影票房榜单.xlsx",
                        index=None, header=None)             ❺
            a += 1
```

由于现在需要提取所有页面中的表格，因此在上述代码基础之上，我们增加了一个 for 循环，不断获取每一页的页码对象（见 ❶❷）。

在获取到每一页的页码对象后，直接调用 extract_tables() 方法，即可提取当前页码中的表格数据（见 ❸）。

由于 extract_tables() 方法是以列表嵌套的形式返回表格数据的，因此我们可以直接将得到的数据转换为 DataFrame 数据框（见 ❹），之后调用 to_excel() 方法就能将数据写入 Excel 表格中（见 ❺）。最终效果如图 7-5 所示。

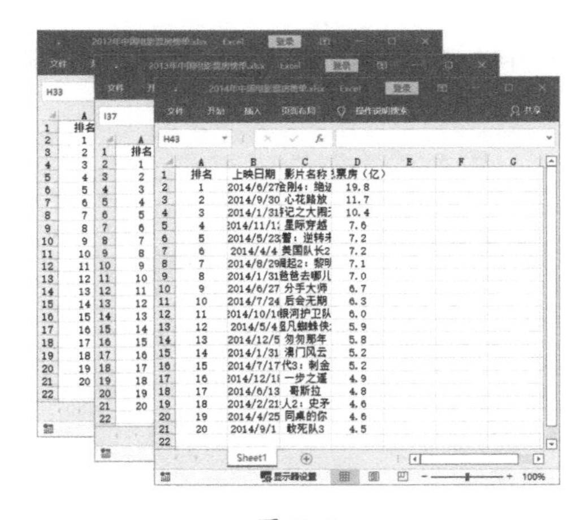

图 7-5

小思考

为什么我们在代码中不直接使用变量 i 来命名 Excel 文件，而是额外增加并使用变量 a 呢？

7.2.4 提取 PDF 文档中的图片

当我们必须从 PDF 文档中提取图片时，可以使用 PyMuPDF 模块。它有一个 fitz 子模块，利用该子模块可以很容易地从 PDF 文档中提取图片。

在使用该模块之前，我们同样可以利用 pip 方法安装该模块。

在命令行窗口中输入如下命令：

```
pip install PyMuPDF
```

如图 7-6 所示的 PDF 文档，一共有 2 页内容。其中，第 1 页中包含了 3 张图片。我们如何批量提取 PDF 文档中的图片，并将其保存到本地呢？

图 7-6

在交互式环境中输入如下命令：

```
In [1]: import fitz
        import io
        from PIL import Image                                          ❶

        pdf_file = fitz.open("7_2.pdf")                                ❷

        for page_no in range(len(pdf_file)):                           ❸
            curr_page = pdf_file[page_no]
            images = curr_page.getImageList()
            # 迭代处理 PDF 文档中的图片
            for num, image in enumerate(curr_page.getImageList()):     ❹
                # 获取图片的 XREF
                xref = image[0]
```

```
        # 提取图片的字节
        curr_image = pdf_file.extractImage(xref)                    ❺
        img_bytes = curr_image["image"]
        # 获取图片的扩展名
        img_extension = curr_image["ext"]                           ❻
        image = Image.open(io.BytesIO(img_bytes))                   ❼
        # 将图片保存到本地
        image.save(open(f"第{page_no+1}页-第{num+1}张图.{img_
extension}", "wb"))                                                 ❽
```

在❶处，我们导入所需的模块，并使用 fitz 模块中的 open() 方法加载待提取图片的 PDF 文档（见❷）。

接着，我们逐页查找图像列表（见❸❹），依次获取 PDF 文档中图片的字节和图片的扩展名（见❺❻），并将其转换为实际图片（见❼）。最后，将这些图片保存到本地（见❽）。最终效果如图 7-7 所示。

图 7-7

7.3 PDF 文档的合并与拆分

本节主要讲述 PDF 文档的合并与拆分。

7.3.1 案例：合并多个 PDF 文档

在工作、学习中，我们常常遇到需要合并多个 PDF 文档的情况。比如，一些高校的图书馆，要求借阅者每次只能下载 50 页的电子版图书。为了便于阅读，我们需要将不同的 PDF 文档合并起来。

如图 7-8 所示，假如有这样的 3 个 PDF 文档，如何将它们合并到一个 PDF 文档中呢？

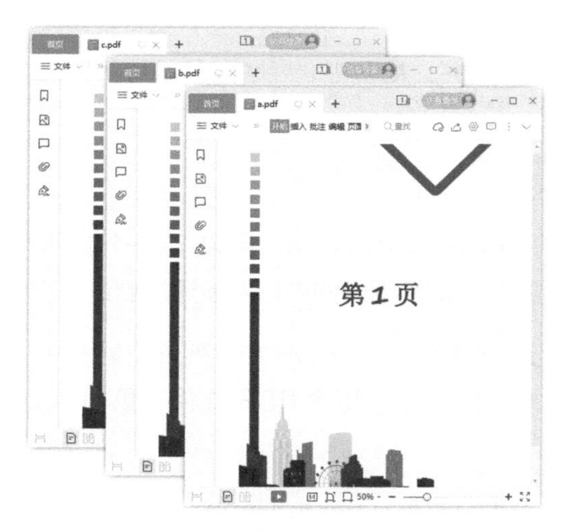

图 7-8

为了实现上述需求，我们需要学习 PyPDF2 模块中的一些基础知识。

在 PyPDF2 模块中，提供了 PdfFileReader() 和 PdfFileWriter() 两个方法。其中，PdfFileReader 是读取器，PdfFileWriter 是写入器。

调用 PdfFileReader() 方法，会得到一个 PdfFileReader 对象。该对象有两个常用方法，分别介绍如下。

- getNumPages()：用于获取每个 PDF 文档的最大页数。
- getPage()：用于读取指定页面中的内容。

调用 PdfFileWriter() 方法，会得到一个 PdfFileWriter 对象。该对象也有两个常用方法，分别介绍如下。

- addPage()：向 PDF 文档中添加新的内容。
- write()：将得到的页面集合作为 PDF 文档写出。

在交互式环境中输入如下命令：

```
In [1]: from PyPDF2 import PdfFileReader, PdfFileWriter

        pdf_writer = PdfFileWriter()                          ❶
        name_list = ["a.pdf","b.pdf","c.pdf"]                 ❷

        for i in name_list:                                   ❸
            pdf_reader = PdfFileReader(i)                     ❹
            pages = pdf_reader.getNumPages()                  ❺
```

```
    for j in range(pages):                              ❻
        content = pdf_reader.getPage(j)                 ❼
        pdf_writer.addPage(content)                     ❽

with open("合并后PDF.pdf", "wb") as p:                  ❾
    pdf_writer.write(p)
```

在 ❶ 处，调用 PdfFileWriter() 方法，得到了一个空的写入对象。其实合并 PDF 文档的原理，就是将不同页面中的内容不断添加到这个空对象的过程。

首先，我们定义了一个待合并的 PDF 文件列表（见 ❷），循环遍历该列表并调用 PdfFileReader() 方法即可读取每个 PDF 文件（见 ❸❹），还可得到一个 pdf_reader 对象。

接着利用该对象，我们调用 getNumPages() 方法，获取每个 PDF 文件的页数（见 ❺）。此时，循环遍历每一页并调用 getPage() 方法，即可获取到 PDF 文件中每个页面的具体内容（见 ❻❼）。之后调用 addPage() 方法，就能将不同页面中的内容添加到空的“写入对象”中（见 ❽）。

这里我们只是得到了一个 pdf_writer 集合对象。调用 write() 方法，才能将得到的页面集合作为 PDF 文档写到本地（见 ❾）。最终效果如图 7-9 所示。

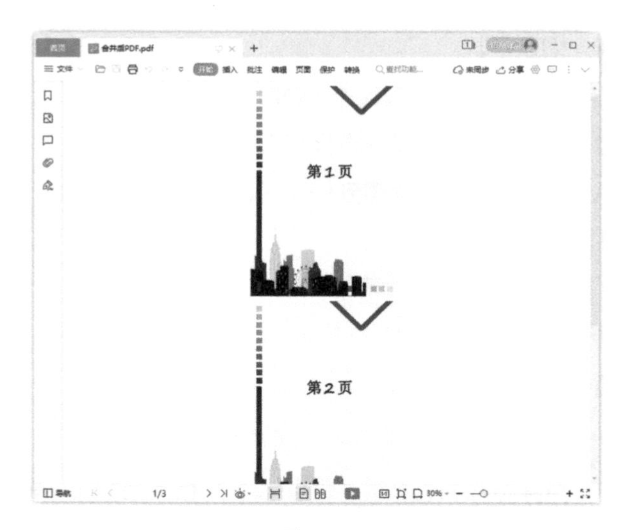

图 7-9

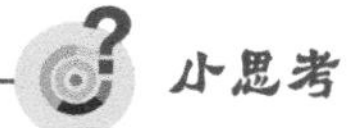

小思考

在上述代码中，我们使用 name_list 变量来存储待合并的 PDF 文件。如果想合并一个文件夹下的全部 PDF 文件，该怎么做呢？

7.3.2 案例：拆分 PDF 文档

既然我们可以合并 PDF 文档，当然也可以拆分 PDF 文档。如图 7-10 所示，我们将以 7.2.3 节中的 PDF 文档为例，介绍如何将 PDF 文档的每一页拆分到不同的文档中。

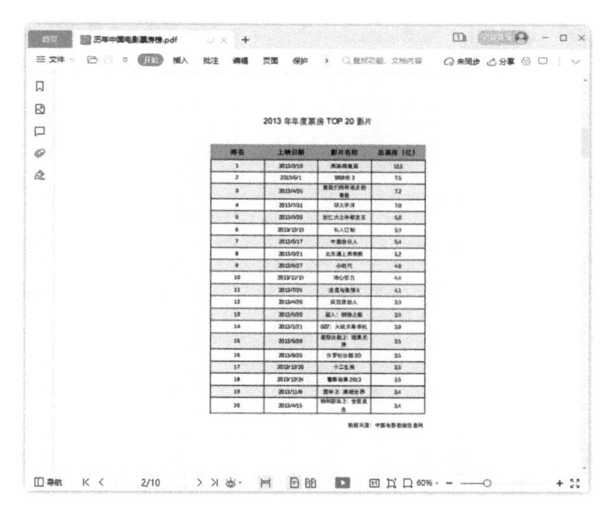

2013 年年度票房 TOP 20 影片

排名	上映日期	影片名称	总票房（亿）
1	2013/2/10	西游降魔篇	12.5
2	2013/5/1	钢铁侠 3	7.5
3	2013/4/26	致我们终将逝去的青春	7.2
4	2013/7/31	环太平洋	7.0
5	2013/9/28	狄仁杰之神都龙王	6.0
6	2013/12/19	私人订制	5.9
7	2013/5/17	中国合伙人	5.4
8	2013/3/21	北京遇上西雅图	5.2
9	2013/6/27	小时代	4.8
10	2013/11/19	地心引力	4.4
11	2013/7/24	速度与激情 6	4.1
12	2013/4/20	疯狂原始人	3.9
13	2013/6/20	超人：钢铁之躯	3.9
14	2013/1/21	007：大破天幕杀机	3.8
15	2013/5/28	星际迷航 2：暗黑无界	3.5
16	2013/8/20	侏罗纪公园 3D	3.5
17	2012/12/20	十二生肖	3.5
18	2013/12/24	警察故事 2013	3.5
19	2013/11/8	雷神 2：黑暗世界	3.4
20	2013/4/15	特种部队 2：全面反击	3.4

数据来源：中国电影数据信息网

图 7-10

在交互式环境中输入如下命令：

```
In [1]: from PyPDF2 import PdfFileReader, PdfFileWriter

        pdf_reader = PdfFileReader("历年中国电影票房榜.pdf")
        pages = pdf_reader.getNumPages()                      ❶
        for i in range(pages):                                ❷
            pdf_writer = PdfFileWriter()                      ❸
            content = pdf_reader.getPage(i)                   ❹
            pdf_writer.addPage(content)                       ❺
            with open(f"{i+2012}年中国电影票房榜单.pdf","wb") as p:
                pdf_writer.write(p)                           ❻
```

在获取到 PDF 文档的页数之后，下面紧跟着一个 for 循环（见 ❶❷）。每经历一次 for 循环，均需要经历下面这 4 个步骤：

1. 调用 PdfFileWriter() 方法，得到一个空的写入对象（见 ❸）。
2. 调用 getPage() 方法，获取当前页面中的内容（见 ❹）。
3. 调用 addPage() 方法，将获取到的页面内容添加到这个空对象中（见 ❺）。
4. 调用 write() 方法，将 PDF 文件写到本地（见 ❻）。最终效果如图 7-11 所示。

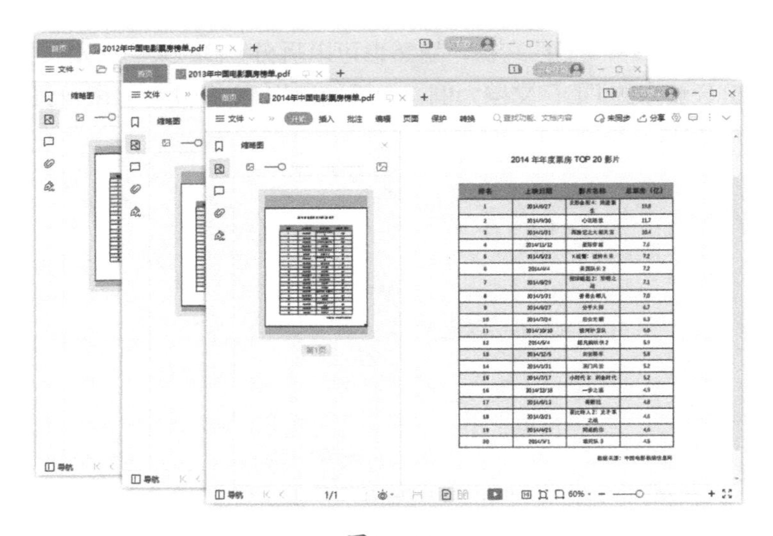

图 7-11

小思考

在上述案例中，我们将 PDF 文档中的每一页拆分到了不同的 PDF 文档中。如果想将同一个 PDF 文档按照指定页面（比如第 1 ~ 3 页、第 4 ~ 7 页、第 8 ~ 9 页）进行拆分，应该怎么做呢？

7.4 PDF 文档的加密与解密

本节主要讲述 PDF 文档的加密与解密。

7.4.1 案例：PDF 文档的加密

对于私密的 PDF 文档，为了不让别人查看里面的内容，我们需要为它设置一个密码。比如，公司为了执行新的保密条例，需要对本地的 PDF 文档都进行加密，我们如何使用 Python 来实现这一任务呢？

在 PyPDF2 模块中，调用 encrypt() 方法，可以为 PDF 文档设置密码。

在交互式环境中输入如下命令：

```
In [1]: from PyPDF2 import PdfFileReader, PdfFileWriter

        pdf_reader = PdfFileReader("7_4.pdf")
        pdf_writer = PdfFileWriter()
        pages = pdf_reader.getNumPages()
        for i in range(pages):
            content = pdf_reader.getPage(i)
            pdf_writer.addPage(content)
        pdf_writer.encrypt("123456")    ❶

        with open("7_4_加密.pdf", "wb") as p:
                pdf_writer.write(p)
```

对 PDF 文档进行加密的原理其实很简单，不断读取“7_4.pdf”每一页中的内容，将其写入 pdf_writer 对象中。在将该对象作为 PDF 文档写到本地之前，调用 encrypt() 方法（见 ❶），完成密码设置。最终效果如图 7-12 所示。

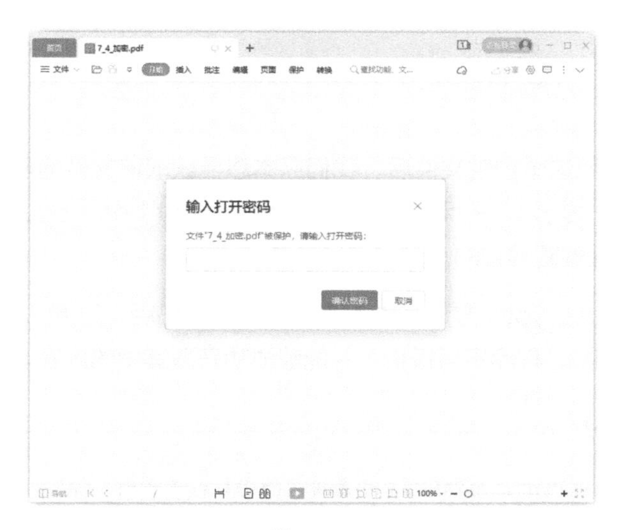

图 7-12

7.4.2 案例：PDF 文档的解密

对于加密后的 PDF 文档，我们无法读取里面的内容，因此我们需要学习如何为

PDF 文档解密。

在 PyPDF2 模块中，调用 decrypt() 方法，即可完成 PDF 文档的解密。

在交互式环境中输入如下命令：

```
In [1]: from PyPDF2 import PdfFileReader, PdfFileWriter

        pdf_reader = PdfFileReader("7_4_加密 .pdf")        ❶
        pdf_reader.getNumPages()                           ❷
```

上述命令运行后，产生了程序异常错误，如图 7-13 所示。

```
PdfReadError: file has not been decrypted

During handling of the above exception, another exception occurred:

PdfReadError                              Traceback (most recent call last)
<ipython-input-11-dd800d368f23> in <module>
      1 from PyPDF2 import PdfFileReader, PdfFileWriter
      2 pdf_reader = PdfFileReader("7_4_加密.pdf")
----> 3 pdf_reader.getNumPages()

~\anaconda3\lib\site-packages\PyPDF2\pdf.py in getNumPages(self)
   1148                 return self.trailer["/Root"]["/Pages"]["/Count"]
   1149             except:
-> 1150                 raise utils.PdfReadError("File has not been decrypted")
   1151             finally:
   1152                 self._override_encryption = False

PdfReadError: File has not been decrypted
```

图 7-13

```
In [2]: pdf_reader.decrypt("123456")                      ❸
        pdf_reader.getNumPages()                          ❹
Out[2]: 2
```

在 ❶ 处，读取这个加密文件后，我们原本想要获取该文件的最大页数（见 ❷），但最终程序报错，提示："PdfReadError:file has not been decrypted"。这是由于文件没有被正确解密导致的。

此时，调用 decrypt() 方法，传入正确的文件密码后（见 ❸），再次获取该文件的最大页数（见 ❹），程序不再报错，并能够成功获取其中的内容。

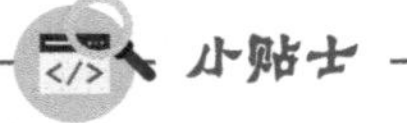

小贴士

本节所说的 PDF 文档解密，是指用正确的密码打开文档，并获取文档中的内容，而非暴力破解 PDF 文档。

7.5 实战项目：给 PDF 文档添加水印

无论是出版社还是创作者，为了保护作品的版权，常常需要向 PDF 文档中添加水印。添加水印的前提，要么手动制作一个水印文件，要么自动生成一个水印文件。

7.5.1 如何生成一个水印文件

在 Python 中，reportlab 是用于生成 PDF 文件的模块，本节将基于 reportlab 模块自动生成一个水印文件。

在交互式环境中输入如下命令：

```
In [1]: from reportlab.pdfgen import canvas
        from reportlab.lib import pagesizes
        from reportlab.lib.units import cm

        def create_watermark(watermark_file,word):
            myCanvas = canvas.Canvas(watermark_file,pagesizes.A4)        ❶
            myCanvas.setFont("Times-Roman",30)                            ❷
            myCanvas.setFillColorRGB(0,0,0)                               ❸
            myCanvas.setFillAlpha(0.1)                                    ❹
            myCanvas.rotate(15)                                           ❺

            for i in range(3,22,6):                                       ❻
                for j in range(-5,30,3):                                  ❼
                    myCanvas.drawString(i*cm,j*cm,word)                   ❽

            myCanvas.save()                                               ❾
            return watermark_file

        create_watermark("水印.pdf","Python")                             ❿
```

我们自定义了一个 create_watermark() 函数，里面包含 2 个形式参数：watermark_file 参数表示要保存的 PDF 水印文件，word 表示水印文件中要展示的文字。

在 ❶ 处，表示创建一个画布，指定为 A4 纸张大小。

在 ❷ 处，设置字体和字号大小。

在 ❸ 处，设置字体颜色。

在 ❹ 处，调整透明度。

在 ❺ 处，调整旋转角度。

在 ❻ ～ ❽ 处，使用嵌套循环语句，在水印文件中添加多重文字。

在 ❾ 处，保存水印文件。

定义好 create_watermark() 函数后，传入对应的参数（见 ❿），即可在本地生成一个自定义的水印文件。最终效果如图 7-14 所示。

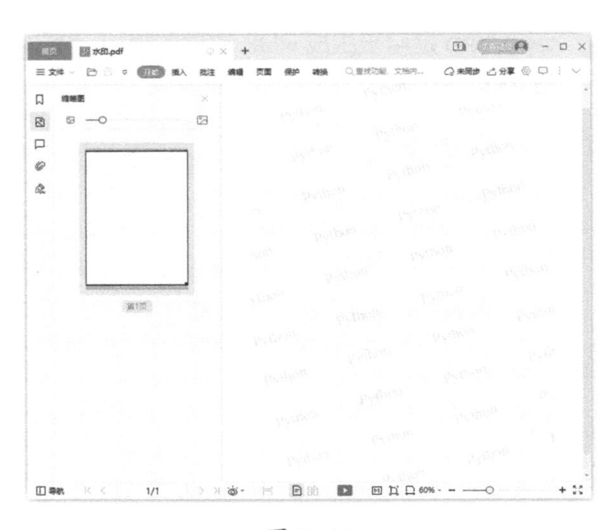

图 7-14

小贴士

reportlab 模块属于第三方开源模块，在使用之前需要使用 pip 提前安装。

7.5.2 将水印文档添加到 PDF 文档中

给 PDF 文档添加水印的本质，其实就是将水印文档合并、添加到 PDF 文档中。

在 PyPDF2 模块中，调用 mergePage() 方法，可以将两个文档内容拼接在一起。

在交互式环境中输入如下命令：

```
In [1]: from PyPDF2 import PdfFileReader, PdfFileWriter
        from copy import copy

        water = PdfFileReader("水印.pdf")           # 读取制作的水印文件。
        water_page = water.getPage(0)              # 获取水印文件的内容。
```

```
pdf_reader = PdfFileReader("7_5.pdf") # 读取了待添加水印的 PDF 文件。
pdf_writer = PdfFileWriter()          # 生成了一个空的写入对象。
for page in range(pdf_reader.getNumPages()):  ❶
    my_page = pdf_reader.getPage(page)        ❷
    new_page = copy(water_page)               ❸
    new_page.mergePage(my_page)               ❹
    pdf_writer.addPage(new_page)              ❺

with open("7_5_添加水印.pdf", "wb") as out:    ❻
    pdf_writer.write(out)
```

在 ❶ 处，我们使用 Python 循环遍历“7_5.pdf”文件中的每一页，并获取每一页的内容（见 ❷）。接着，调用 mergePage() 函数，将水印与文件内容合并（见 ❸❹），并将合并后的页面添加到 pdf_writer 对象中（见 ❺）。最后，调用 write() 方法，即可将添加水印后的 PDF 文档写到本地（见 ❻）。最终效果如图 7-15 所示。

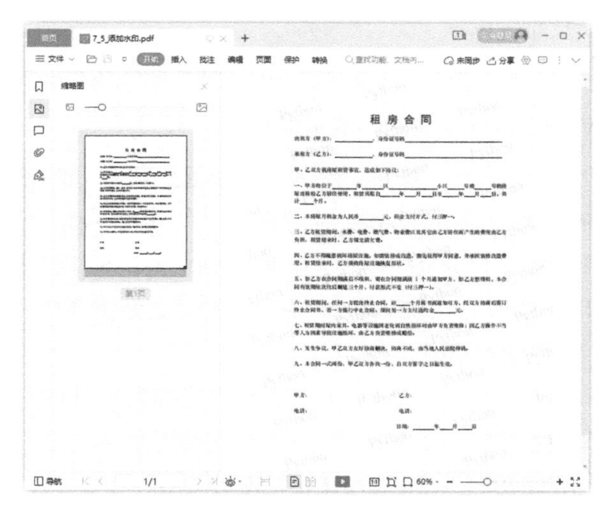

图 7-15

7.6 实战项目：不同文档格式的相互转换

在实际的工作中，我们常常会遇到不同文档格式之间的相互转换问题。比如将 Office 旧版本创建的文档 (doc、xls、ppt)，转换为新格式的文档 (docx、xlsx、pptx)，再比如，进行 Word 与 PDF 等不同文档之间的格式转换。

如果需要对大量文件进行格式的转换，手动实现该需求并不现实。因此，本节将讲述如何利用 Python 批量实现不同文档格式的相互转换。

7.6.1 win32com 模块常见方法介绍

本节主要基于 win32com 模块来实现不同文档格式之间的转换，win32com 模块属于 Python 的第三方模块（开源模块），需要我们额外安装、导入后，才能使用。

由于 win32com 是包含在 pypiwin32 模块里面的，因此安装 pypiwin32 模块即可，在 DOS 命令行窗口中输入如下命令：

```
pip install pypiwin32
```

安装完成之后，同样需要测试该模块是否安装成功。

在交互式环境中输入如下命令：

```
In [1]: import win32com
```

如果运行上述程序没有报错，则证明 win32com 模块安装成功。

下面将介绍 win32com 模块的一些常用方法。

- Dispatch(dispatch)：需要传入一个固定参数 dispatch。“Excel.Application”表示调用 Excel 应用程序，“Word.Application”表示调用 Word 应用程序，“PowerPoint.Application”表示调用 PPT 应用程序。
- Open()：用于读取 Excel/Word/PPT 文件。此处需要传入文件所对应的绝对路径，不能是相对路径。
- SaveAs(FileName,FileFormat)：表示“另存为”。其中，FileName 是文件名（必须是绝对路径），FileFormat 是文件的保存格式。
- Quit()：退出对应的 Excel/Wor/PPT 应用程序。

注意，我们安装的是 pypiwin32 模块，但是导入的是 win32com。

7.6.2 将 xls 格式转换为 xlsx 格式

如图 7-16 所示，如何将该表格文件从 xls 格式转换为 xlsx 格式呢？

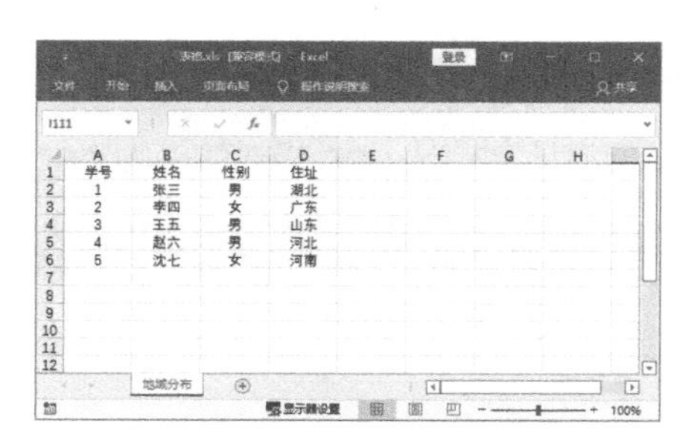

图 7-16

在交互式环境中输入如下命令：

```
In [1]: import os                                              ❶
        from win32com.client import Dispatch                   ❷

        path = os.getcwd()                                     ❸
        old_file_path = path + "\\表格.xls"                     ❹
        new_file_path = path + "\\表格.xlsx"                    ❺
        excel = Dispatch('Excel.Application')                  ❻
        wb = excel.Workbooks.Open(old_file_path)               ❼
        wb.SaveAs(new_file_path,51)                            ❽
        wb.Close()                                             ❾
        excel.Quit()                                           ❿
```

首先，导入需要使用的模块（见 ❶❷）。接着获取当前工作目录（见 ❸），用户后续拼接完整的文件绝对路径。old_file_path 表示原文件的绝对路径（见 ❹），new_file_path 表示转换后的新文件的绝对路径（见 ❺）。

在 ❻ 处，我们调用了 Excel 应用程序。利用 Open() 方法，可以帮助我们打开 Excel 文件（见 ❼）。随后调用 SaveAs() 方法（见 ❽），将文件另存为我们想要的格式，参数 FileFormat 等于 51 表示的是 xlsx 文件格式。

完成一系列操作后，我们需要关闭工作簿（见 ❾），同时也需要结束 Excel 进程（见 ❿）。

最终效果如图 7-17 所示，表格的文件格式转换成功。

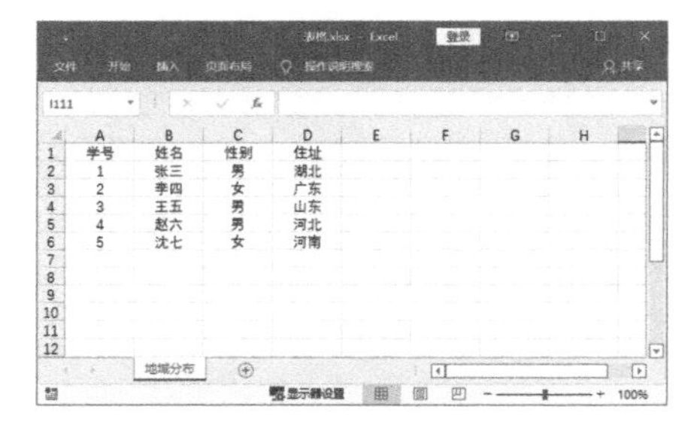

图 7-17

7.6.3 将 doc 格式转换为 docx 格式

如图 7-18 所示，如何将该文档从 doc 格式转换为 docx 格式呢?

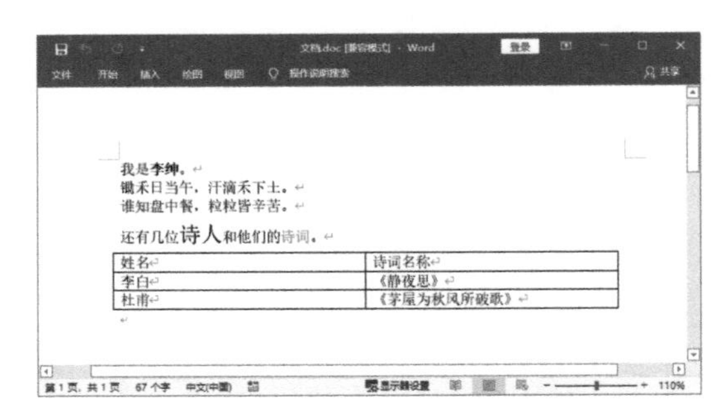
我是李绅。
锄禾日当午，汗滴禾下土。
谁知盘中餐，粒粒皆辛苦。
还有几位诗人和他们的诗词。

姓名	诗词名称
李白	《静夜思》
杜甫	《茅屋为秋风所破歌》

图 7-18

在交互式环境中输入如下命令：

```
In [1]: import os
        from win32com.client import Dispatch

        path = os.getcwd()
        old_file_path = path + "\\ 文档 .doc"
        new_file_path = path + "\\ 文档 .docx"
        word = Dispatch('Word.Application')                    ❶
        doc = word.Documents.Open(old_file_path)               ❷
        doc.SaveAs(new_file_path,12)                           ❸
        doc.Close()
        word.Quit()
```

观察 7.6.2 节的代码，本段代码的不同之处在于 ❶❷❸ 这 3 个部分。在 ❶ 处，表示我们要调用 Word 应用程序。在 ❷ 处，调用的是 Documents 属性，表示要打开的是 Word 文档。在 ❸ 处，参数 FileFormat 等于 12 表示的是 docx 文件格式。

最终效果如图 7-19 所示，文档的文件格式转换成功。

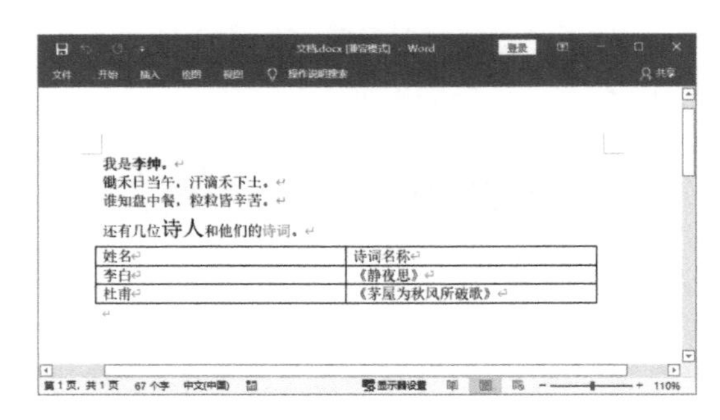
我是李绅。
锄禾日当午，汗滴禾下土。
谁知盘中餐，粒粒皆辛苦。
还有几位诗人和他们的诗词。

姓名	诗词名称
李白	《静夜思》
杜甫	《茅屋为秋风所破歌》

图 7-19

7.6.4 将 ppt 格式转换为 pptx 格式

如图 7-20 所示，如何将该演示文稿从 ppt 格式转换为 pptx 格式呢?

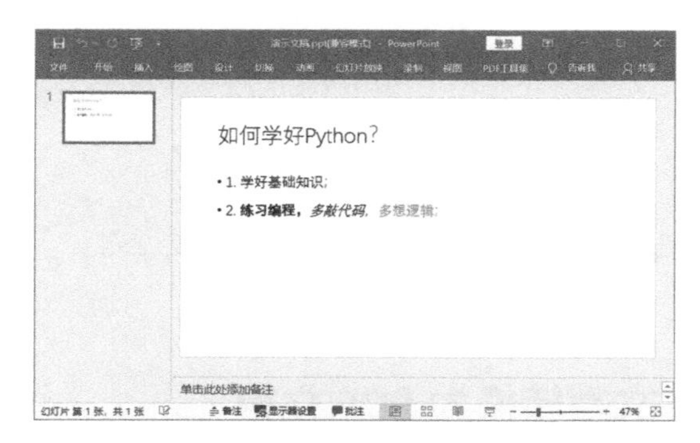

图 7-20

在交互式环境中输入如下命令：

```
In [1]: import os
        from win32com.client import Dispatch

        path = os.getcwd()
        old_file_path = path + "\\ 演示文稿 .ppt"
        new_file_path = path + "\\ 演示文稿 .pptx"
        ppt = Dispatch('PowerPoint.Application')                    ❶
        prs = ppt.Presentations.Open(old_file_path,WithWindow=0)    ❷
        prs.SaveAs(new_file_path,11)                                ❸
        ppt.Quit()
```

观察 7.6.2 节的代码，本段代码的不同之处在于 ❶❷❸ 这 3 个部分。在 ❶ 处，表示我们要调用 PPT 应用程序。在 ❷ 处，调用的是 Presentations 属性，表示要打开的是 PPT 文档。WithWindow 参数指定为 0，表示不显示 PPT 文档。在 ❸ 处，参数 FileFormat 等于 11 表示的是 pptx 文件格式。

最终效果如图 7-21 所示，演示文稿的文件格式转换成功。

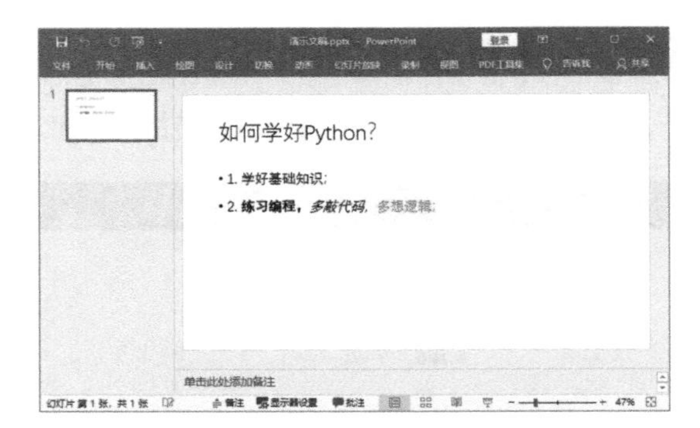

图 7-21

7.6.5 将 Word 文档转换为 PDF 文档

如图 7-22 所示，如何将该租房合同的 Word 文档转换为 PDF 文档呢?

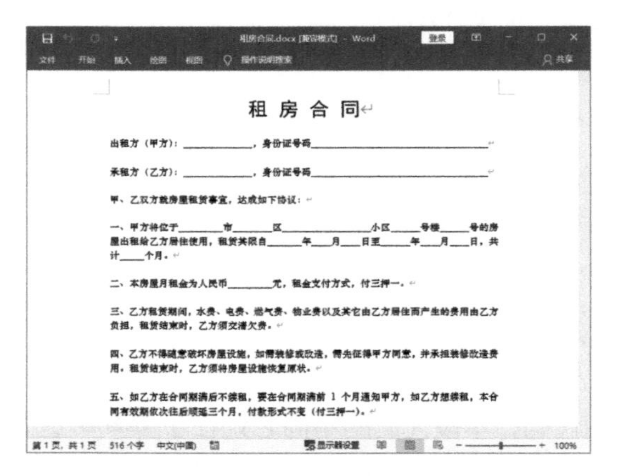

图 7-22

在交互式环境中输入如下命令：

```
In [1]: import os
        from win32com.client import Dispatch

        path = os.getcwd()
        old_file_path = path + "\\ 租房合同 .docx"
        new_file_path = path + "\\ 租房合同 .pdf"
        word = Dispatch('Word.Application')
        doc = word.Documents.Open(old_file_path)
        doc.SaveAs(new_file_path,17)          ❶
        doc.Close()
        word.Quit()
```

将 Word 文档转换为 PDF 文档，只需将 ❶ 处对应的 FileFormat 参数改为 17 即可。

最终效果如图 7-23 所示，租房合同的文件格式转换成功。

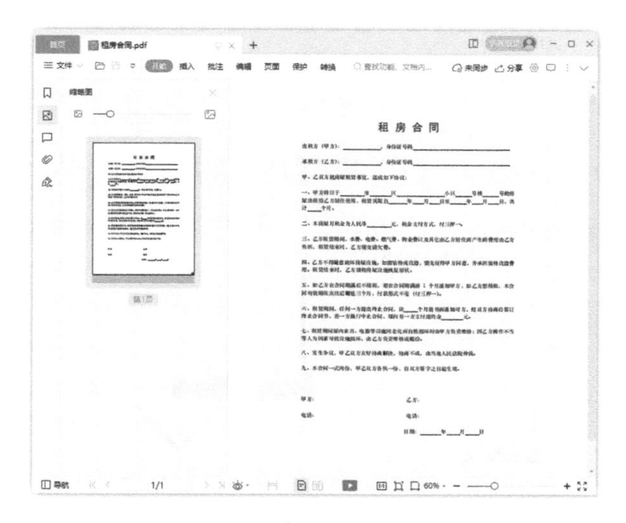

图 7-23

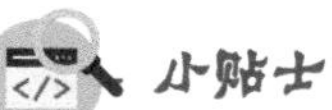

在我们的学习、工作中，也会遇到需要批量将 PPT 文件转换为 PDF 格式文件的问题。

这时，只需将 ❶ 处改为调用 PPT 应用程序，❷ 处的 FileFormat 参数改为 32 即可。

7.6.6 将 PDF 文档转换为 Word 文档

将 PDF 文档转换为 Word 文档也是使用频率较高的一个需求。在 Python 中，利用 pdf2docx 模块可以很好地实现这个需求。可直接使用 pip 安装该模块。

该模块有一个 convert() 方法，可以实现将 PDF 文档转换为 Word 文档。它的语法格式如图 7-24 所示。

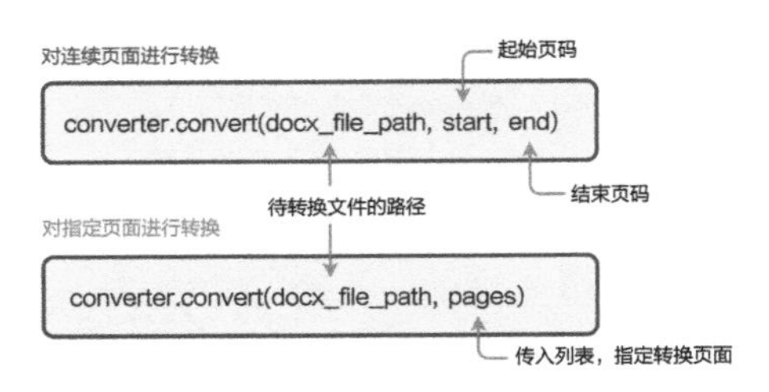

图 7-24

如图 7-25 所示，如何将该 PDF 格式的文档全部转换成 Word 格式的文档呢？

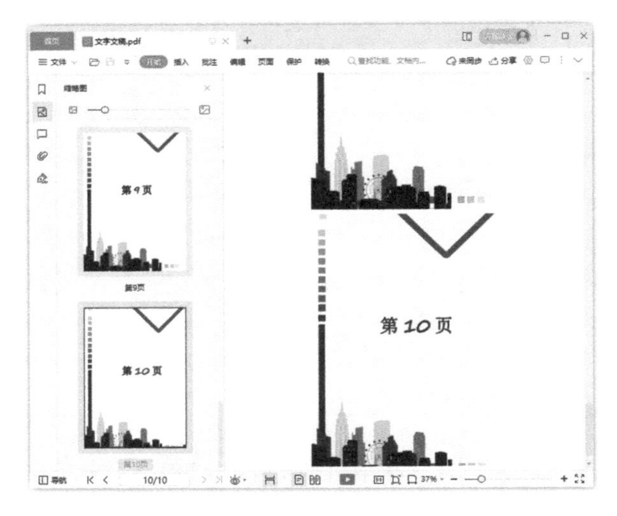

图 7-25

在交互式环境中输入如下命令：

```
In [1]: from pdf2docx import Converter

        cv = Converter("文字文稿.pdf")                          ❶
        cv.convert("文字文稿.docx", start=0, end=None)          ❷
        cv.close()
```

在❶处，调用 Converter() 方法，读取本地的 PDF 文档。接着，调用 convert() 方法，即可完成转换（见❷）。最终效果如图 7-26 所示。

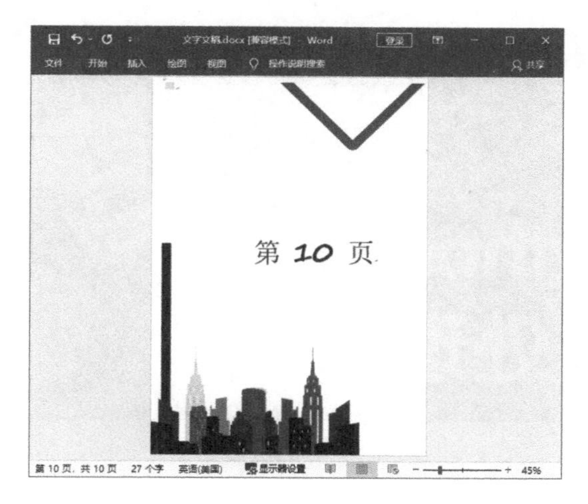

图 7-26

如果我们想对指定页面进行转换，比如只提取上述 PDF 文档中的奇数页，则可以在交互式环境中输入如下命令：

```
In [2]: from pdf2docx import Converter

        cv = Converter("文字文稿.pdf")
        cv.convert("文字文稿-奇数.docx",pages=[0,2,4,6,8])
        cv.close()
```

这里只需要在调用 convert() 方法时，传入一个 pages 参数，指定要转换的页码。最终效果如图 7-27 所示。

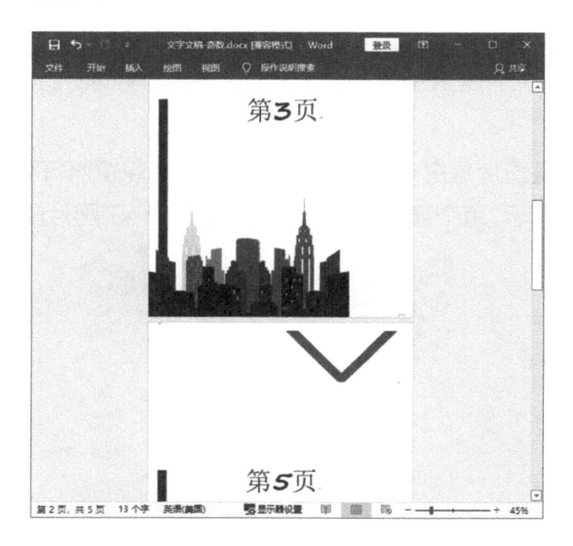

图 7-27

第8章

学习Python，可以自动化处理图片

在之前的章节中，无论什么格式的文件都离不开文本和数据，其实还有一个重要的元素——图片被忽略了。

使用 Python 自动化处理图片，是一件非常有效率的事情。学会 Python，我们既可以快速修改图片的样式，也可以批量处理成千上万张图片。

8.1 图片基础知识介绍

本节主要介绍与图片相关的基础概念，以及图片处理模块 Pillow 的安装与导入。

8.1.1 图片的相关概念

1. 图片的组成

我们常见的标量图片是由一个个不同颜色的像素点按照行和列的形式排列组合而成的。如图 8-1 所示，每个像素点的颜色和位置，决定了图片最终呈现出来的样子。

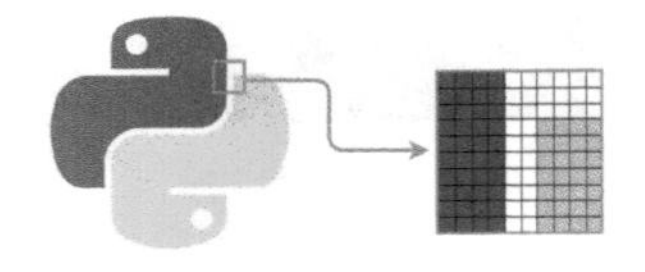

图 8-1

2. 像素

图片中的每一个点，叫作一个“像素”（pixel），它是图片的最小组成单元。每

个像素点都有一个明确的位置和被分配的颜色值。

3. 像素坐标表示

图片上的每一个像素点都有一个坐标（*x*,*y*），用于标识该像素在图片中的具体位置。如图 8-2 所示，原点位于图片的左上角，此处的像素坐标是（0,0）。然后以原点为基准，坐标从左往右依次增加，从上到下依次增加。

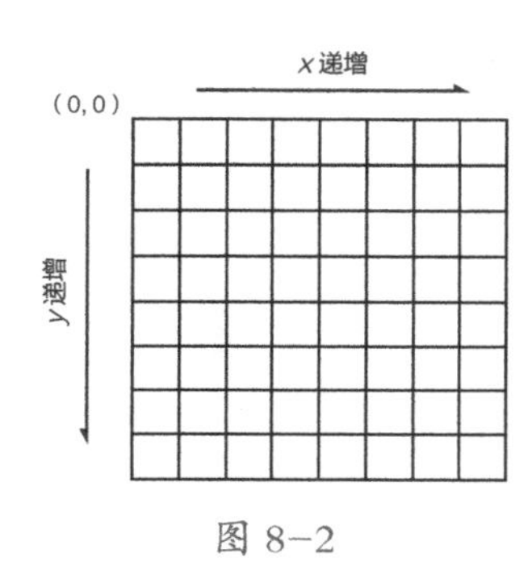

图 8-2

4. 分辨率

分辨率是和像素相关的一个重要概念。其最常用的单位是 dpi，表示每英寸内包含的像素点数量。一般情况下，单位面积内包含的像素点的数量越多，图像也就越清晰，而清晰的图片往往能够体现出图片的品质。

5. 颜色模式 RGB

RGB 模式是最常见的图片颜色模式之一。其中，R 表示红色，G 表示绿色，B 表示蓝色，它们的取值范围都是 [0,255]。通过 RGB 3 个颜色通道的变化和叠加，可以得到各种颜色的图片。

如图 8-3 所示，我们列出了常用标准颜色的名称和对应的 RGB 值。

此外，在 RGB 模式上新增 Alpha 透明度，便成了 RGBA 模式。Alpha 透明度的值可以从 0 到 255 的整数中选取，当一个像素的 Alpha 透明度为 0 时，它就是完全透明的。如果一个像素的 Alpha 透明度为 255 时，则与原本 RGB 值对应的颜色一致，具体效果如图 8-4 所示。

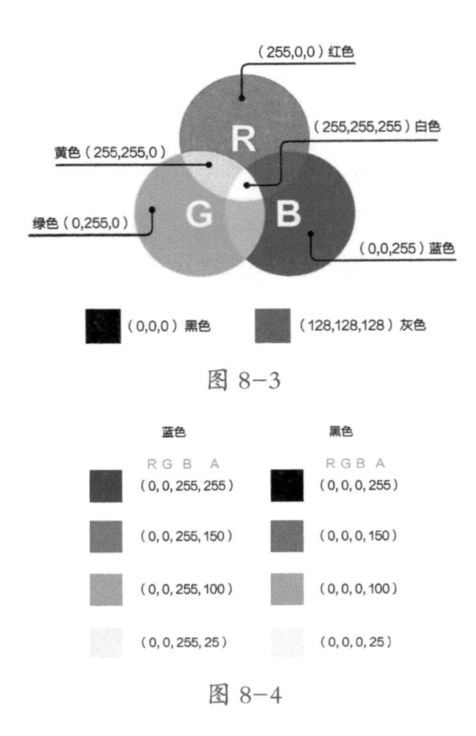

图 8-3

图 8-4

8.1.2 Pillow 模块的安装与导入

Pillow 是 Python 中最常用的图片处理模块，它可以处理大部分图片格式（bmp、jpeg、jpg、png 和 gif）。同时，Pillow 模块提供了许多图片处理方法，借此我们能够很方便、轻松地处理图片。

由于 Pillow 属于 Python 的第三方开源模块，因此需要额外安装、导入后，才能使用。

1. 如何安装 Pillow 模块

这里推荐使用 pip 安装，直接在命令行窗口中输入如下命令：

```
pip install pillow
```

2. 测试安装是否成功

安装完成之后，我们可以导入 PIL 模块，测试一下该模块是否安装成功。

在交互式环境中输入如下命令：

```
In [1]: from PIL import Image
```

如果运行上述程序没有报错，则证明 Pillow 模块安装成功。

小贴士

本章对图片的处理均是基于PIL模块操作的。由于PIL模块很早就停止开发了，而Pillow模块是在PIL模块基础上二次开发的，因此，如果我们想要使用PIL模块中的功能，就必须先安装Pillow模块。

8.2 图片基础操作介绍

本节主要介绍与图片相关的一些基础操作。

8.2.1 图片的读取、显示与保存

在Image模块中，提供了open()方法用于读取图片，show()方法用于显示图片，save()方法用于保存图片。

在交互式环境中输入如下命令：

```
In [1]: from PIL import Image                ❶
        im = Image.open("python.png")        ❷
In [2]: im.show()                            ❸
In [3]: im.save("python.png")                ❹
```

首先需要从PIL中导入Image模块（见❶），接着调用open()方法（见❷），可以读取指定路径的图片，并返回图片对象im。

在❸处，调用图片对象的show()方法，可以驱动后台显示这张图片，具体效果如图8-5所示。对图片经过一系列操作后，一定要使用save()方法保存图片（见❹）。

图8-5

8.2.2 图片基础信息提取

图片的基础信息主要包括图片的文件名、图片格式、图片类型、图片大小、图片的宽 / 高，本节介绍如何获取这 5 个信息。

在交互式环境中输入如下命令：

```
In [1]: from PIL import Image
        im = Image.open("python.png")
In [2]: im.filename                    ❶
Out[2]: 'python.png'
In [3]: im.format                      ❷
Out[3]: 'PNG'
In [4]: im.mode                        ❸
Out[4]: 'RGBA'
In [5]: im.size                        ❹
Out[5]: (466, 176)
In [6]: im.width,im.height             ❺
Out[6]: (466, 176)
```

在获取到图片对象 im 后，分别调用 filename、format、mode、size 和 width/height 属性，可以帮助我们获取图片的文件名、图片格式、图片类型、图片大小，以及图片的宽度和高度（见 ❶ ～ ❺）。

这与桌面系统显示的图片文件属性基本是一致的，如图 8-6 所示。

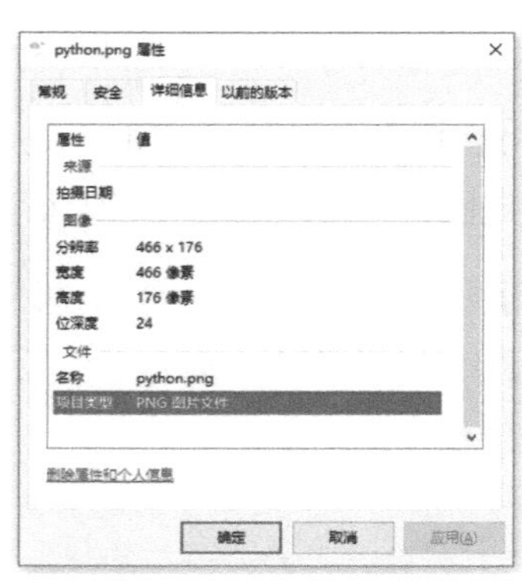

图 8-6

8.2.3 图片大小调整

在 Image 模块中，调用图片对象的 resize() 方法，可以调整图片的尺寸大小。

在交互式环境中输入如下命令：

```
In [1]: from PIL import Image

        im = Image.open("拍摄图.png")                    ❶
        im.size                                          ❷
Out[1]: (562,420)
In [2]: width, height = im.size
        new_width = int(width/2)                         ❸
        new_height = int(height/2)                       ❹
        new_im = im.resize((new_width,new_height))       ❺
        new_im.size
Out[2]: (281,210)                                        ❻
In [3]: new_im.save("拍摄图_尺寸缩小.png")
```

在获取到图片对象 im 后（见❶），我们打印了此时图片的宽度和高度分别是 562、420（见❷）。

接着，调用 resize() 方法，我们将原始图片的宽度和高度分别缩小为原来的 1/2（见❸～❺），打印最终图片的宽和高分别是 281、210（见❻）。

最后，将操作后的图片保存到本地。调整前后的图片尺寸对比如图 8-7 所示。

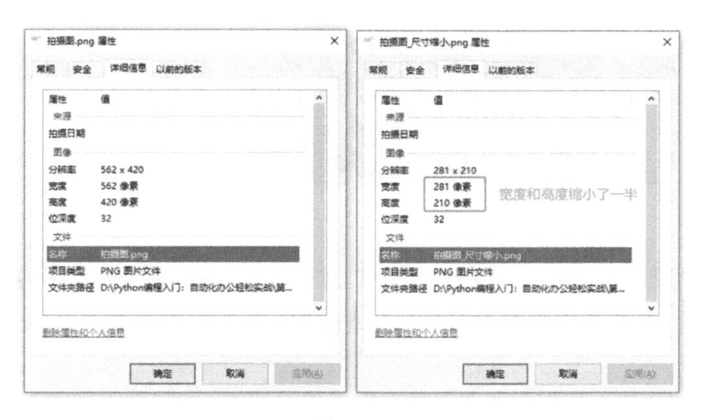

图 8-7

8.3 图片裁剪与图片水印添加

8.3.1 案例：图片裁剪与制作九宫格图

在 Image 模块中，调用图片对象的 crop() 方法，可以截取某张图片指定区域的图像，完成裁剪操作。

在交互式环境中输入如下命令：

```
In [1]: from PIL import Image

        im = Image.open("拍摄图.png")                ❶
        box = (200, 0, 400, 150)                     ❷
        region = im.crop(box)                        ❸
        region.save("拍摄图_裁剪.png")               ❹
```

在获取到图片对象后（见❶），调用图片对象的 crop() 方法（见❸），我们裁剪了图片中的指定区域。其中，box 是一个四元组（见❷），分别定义了待裁剪区域的左、上、右、下 4 个坐标。

之后，将裁剪得到的新图片保存到本地（见❹），效果如图 8-8 所示。

图 8-8

我们在社交平台上经常会看到各种九宫格图片，即将一张完整的图片分割成 9 张正方形图片。通过刚刚学习的图片裁剪知识，我们能不能使用 Python 实现这个功能呢？

在交互式环境中输入如下命令：

```
In [2]: from PIL import Image

        im = Image.open("拍摄图.png")
        length = 140                                                          ❶
        for i in range(3):                                                    ❷
            for j in range(3):                                                ❸
                box = (i*length, j*length, (i+1)*length, (j+1)*length)        ❹
                image = im.crop(box)                                          ❺
                image.save(f"./九宫格/第{i+j*3+1}张图片.png")                 ❻
```

在此，我们首先将九宫格中每张正方形图片的边长设置为 140（见❶）。

由于切分的九宫格是 3×3 的，一共 9 张图片，因此我们需要写一个嵌套 for 循环来遍历对应位置的坐标（见 ❷❸）。其中，box 参数定义了我们要裁剪的区域（见 ❹）。之后调用 crop() 方法（见 ❺），即可完成图片的切割。

最后，按照顺序编号将裁剪后的图片保存到“九宫格”文件夹中（见 ❻），效果如图 8-9 所示。

图 8-9

8.3.2 案例：图片粘贴与添加水印

假如有一位摄影师，最近拍摄了一些摄影作品，如图 8-10 所示。为了保护版权，他想给这些作品添加一个水印，我们应该怎么帮助他呢？

图 8-10

在 Image 模块中，调用图片对象的 paste() 方法，可以将某张图片添加到另一张图片的指定位置。利用此方法，我们可以实现为图片加水印的效果。

为了完成摄影师的需求，我们还需要额外准备一张包含水印的图片。如图 8-11

所示，这是一张 RGBA 模式的图片，除了黑色文字的个人署名外，图片的其余部分都是透明的。

图 8-11

在交互式环境中输入如下命令：

```
In [1]: from PIL import Image

        logo = Image.open("logo.png")            ❶
        im = Image.open("拍摄图.png")             ❷
        im.paste(logo,(321,26),logo)             ❸

        im.save("拍摄图_加logo.png")              ❹
```

首先，我们分别读取了水印图和拍摄图（见 ❶❷）。接着，调用 paste() 方法（见 ❸），即可将水印图添加到拍摄图的指定坐标位置处（见 ❹）。最终效果如图 8-12 所示。

图 8-12

小思考

如果我们搭配第 2 章中文件处理的知识，是否可以完成对多张图片批量加水印的操作呢？

8.4 更改图片的像素颜色

8.4.1 读取与更改单个像素颜色

RGB 格式的图片是由一个个不同颜色的像素组成的，改变像素的颜色和位置会影响图片最终呈现出来的样子。

在 Image 模块中，调用图片对象的 getpixel() 方法，可以获取对应坐标的像素点颜色值。而调用图片对象的 putpixel() 方法，可以更改对应坐标的像素点颜色值。

在交互式环境中输入如下命令：

```
In [1]: from PIL import Image

        im = Image.open("python.png")
        im.getpixel((400,88))                    ❶
Out[1]: (20, 38, 66)
In [2]: im.putpixel((400,88), (255, 255, 255))   ❷
In [3]: im.save("python_ 更改单个像素颜色 .png")   ❸
```

在获取到图片对象后，调用 getpixel() 方法（见 ❶），我们得到了坐标 (400,88) 处像素点的颜色值为 (20, 38, 66)，这是由 3 个整数组成的 RGB 元组。

接着，调用 putpixel() 方法（见 ❷），我们将该坐标处的像素颜色值改变为 (255, 255, 255)，即白色。

最后，将更改后的图片对象进行保存（见 ❸），效果如图 8-13 所示。

图 8-13

更改单个像素颜色的效果并不明显，但是，按照此规律改变多个像素往往能帮到我们。

在交互式环境中输入如下命令：

```
In [4]: from PIL import Image

        im = Image.open("python.png")
```

```
for i in range(350,450):
    for j in range(130,160):
        im.putpixel((i,j), (255, 255, 255))

im.save("python_更改区域像素颜色.png")
```

如图 8-14 所示，通过嵌套 for 循环语句，我们成功地将一块区域的像素点颜色值改为了 (255, 255, 255)，即白色。

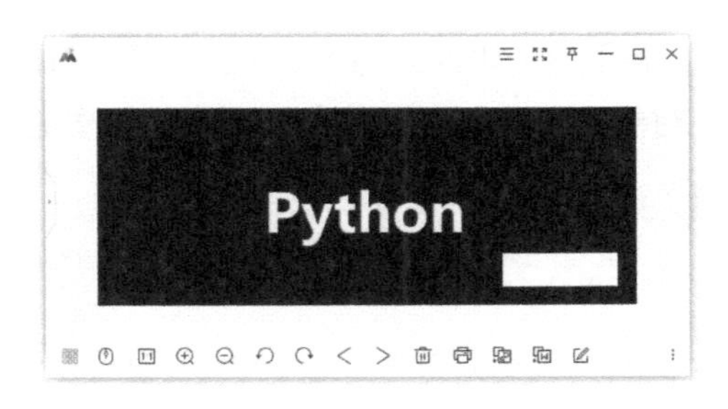

图 8-14

8.4.2 案例：去除图片的水印

如图 8-15 所示，我们经常会遇到带水印的图片，非常影响阅读和观看效果。

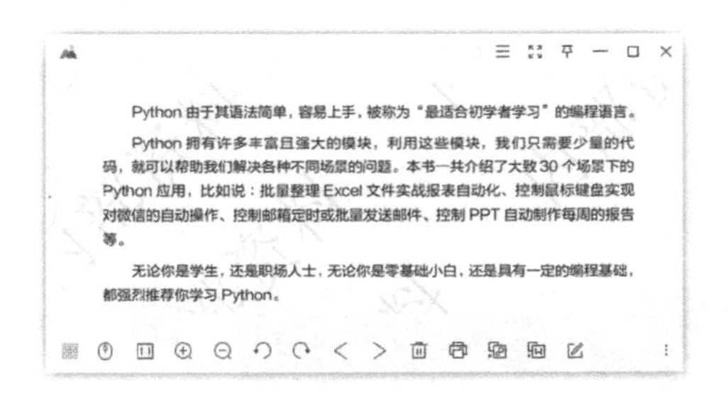

Python 由于其语法简单，容易上手，被称为“最适合初学者学习”的编程语言。

Python 拥有许多丰富且强大的模块，利用这些模块，我们只需要少量的代码，就可以帮助我们解决各种不同场景的问题。本书一共介绍了大致 30 个场景下的 Python 应用，比如说：批量整理 Excel 文件实战报表自动化、控制鼠标键盘实现对微信的自动操作、控制邮箱定时或批量发送邮件、控制 PPT 自动制作每周的报告等。

无论你是学生，还是职场人士，无论你是零基础小白，还是具有一定的编程基础，都强烈推荐你学习 Python。

图 8-15

如果我们按照一定规律读取和更改像素颜色，同样可以实现去除图片水印的效果。

在交互式环境中输入如下命令：

```
In [1]: from PIL import Image

        img = Image.open("带水印的图片.png")              ❶
        width, height = img.size                        ❷

        for i in range(width):                          ❸
```

```
    for j in range(height):                               ❹
        rgb = img.getpixel((i,j))[:3]                     ❺
        if sum(rgb) > 600:                                ❻
            img.putpixel((i,j), (255,255,255))            ❼

img.save('去除水印的图片.png')
```

在读取图片后，我们首先获取了图片的宽度和高度（见❶❷）。通过嵌套 for 循环，可以实现遍历图片的每一个像素点（见❸❹）。之后调用 getpixel() 方法，即可得到每一个像素点的具体颜色值（见❺）。

利用在线取色器工具，我们可以采集到水印的像素点接近 (217, 217, 217)。因此，RGB 元组的和超过 600，就可以判断该像素点为水印像素点（见❻）。

最后，针对筛选出来的水印像素点，调用 putpixel() 方法，将其像素点的颜色调整为白色（见❼）。最终效果如图 8-16 所示。

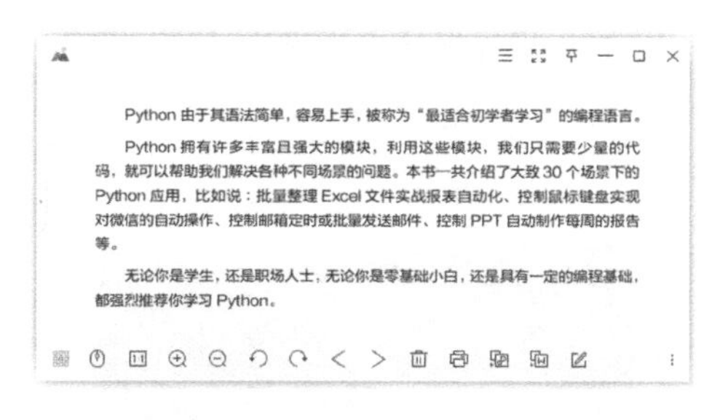

图 8-16

8.5 图片的旋转与翻转

在 Image 模块中，调用图片对象的 rotate() 方法，可以对图片进行任意角度的旋转。而调用图片对象的 transpose() 方法，不仅支持部分特殊角度的图片旋转，还支持图片翻转。

8.5.1 图片的旋转

调用 rotate() 方法，可将图片围绕其中心，逆时针旋转给定的角度。如果旋转的角度是 90°、180° 或 270°，同样可以使用 transpose() 方法。

对于如图 8-17 所示的图片，如何将它逆时针旋转 45° 呢？

图 8-17

在交互式环境中输入如下命令：

```
In [1]: from PIL import Image
        im = Image.open("python.png")
In [2]: im_rotate = im.rotate(45)          ❶
In [3]: im_rotate.save("python_图片旋转.png")
```

在获取到图片对象 im 后，直接调用 rotate() 方法，传入指定的角度，即可将图片逆时针旋转 45°（见❶）。最终效果如图 8-18 所示。

图 8-18

8.5.2 图片的翻转

transpose() 方法既支持特殊角度的图片旋转，也支持图片的翻转。常用方法介绍如下。

- Image.ROTATE_90：旋转 90°。
- Image.ROTATE_180：旋转 180°。
- Image.ROTATE_270：旋转 270°。
- Image.FLIP_LEFT_RIGHT：左右翻转。
- Image.FLIP_TOP_BOTTOM：上下翻转。
- Image.TRANSPOSE：图片转置。

- Image.TRANSVERSE：图片先转置，再翻转。

对于如图 8-19 所示的图片，我们先将它左右翻转，再将它上下翻转。

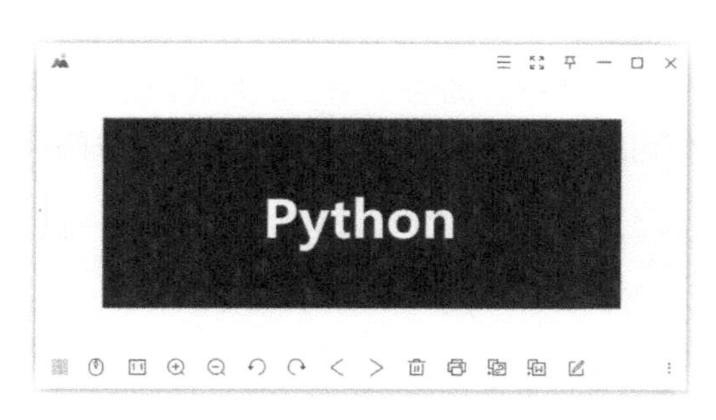

图 8-19

在交互式环境中输入如下命令：

```
In [1]: from PIL import Image

        im = Image.open("python.png")
In [2]: im1 = im.transpose(Image.FLIP_LEFT_RIGHT)        ❶
        im1.save("python_左右翻转.png")

        im2 = im.transpose(Image.FLIP_TOP_BOTTOM)         ❷
        im2.save("python_上下翻转.png")
```

在获取到图片对象 im 后，调用 transpose() 方法，分别传入不同的参数，即可完成图片的左右翻转和上下翻转（见 ❶❷）。最终效果如图 8-20 所示。

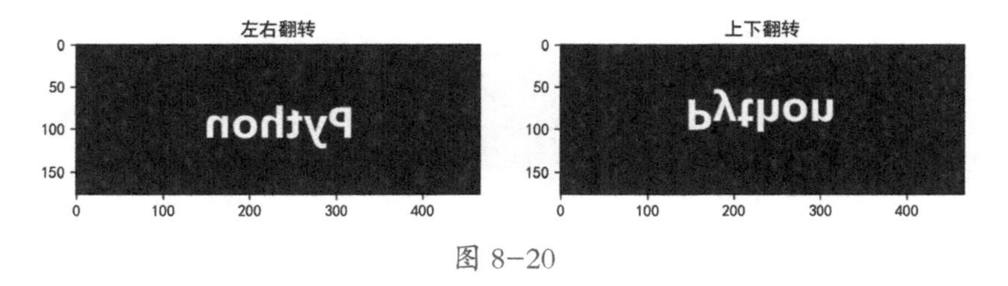

图 8-20

8.6 图片的美颜

图片的美颜主要涉及对亮度、对比度、饱和度和锐度的调整。这些概念分别介绍如下。

- 亮度：图片的明暗程度。

- 对比度：图片暗和亮的落差值。
- 饱和度：图片色彩的鲜艳程度。
- 锐度：图片边缘的锐利程度。

在 ImageEnhance 模块中，提供了用于图片美颜的方法。如图 8-21 所示是一张拍摄的照片，我们可以分别调整亮度等参数来美化这张照片。

图 8-21

在交互式环境中输入如下命令：

```
In [1]: from PIL import Image,ImageEnhance
        im = Image.open("拍摄图.png")
In [2]: im_bright = ImageEnhance.Brightness(im).enhance(1.5)          ❶
        im_bright.save("python_亮度.png")

        im_contrast = ImageEnhance.Contrast(im).enhance(1.5)          ❷
        im_contrast.save("python_对比度.png")

        im_color = ImageEnhance.Color(im).enhance(3)                  ❸
        im_color.save("python_饱和度.png")

        im_sharpe = ImageEnhance.Sharpness(im).enhance(3)             ❹
        im_sharpe.save("python_锐度.png")
```

在获取到图片对象 im 后，分别调用 ImageEnhance 模块的 Brightness()、Contrast()、Color()、Sharpness() 方法 3（见 ❶ ～ ❹），将图片的亮度和对比度增强 1.5 倍，饱和度和锐度增强 3 倍。

将更改后的图片对象分别保存，最终效果如图 8-22 所示。

图 8-22

8.7 图形的绘制

本节介绍如何利用 ImageDraw 模块进行相关图形的绘制，通过绘制 2D 图形，以达到修饰图片或对图片进行注释的目的。

我们不仅可以绘制不同的图形，也可以描绘文字。如表 8-1 所示为绘制图形、文字的常用方法。

表 8-1

图形 / 文字	方法
直线	line()
扇形	pieslice()
椭圆	ellipse()
圆弧	arc()
弦	chord()
多边形	polygon()
矩形	rectangle()
文字	text()

在交互式环境中输入如下命令：

```
In [1]: from PIL import Image,ImageDraw,ImageFont
```

```
        new_im = Image.new("RGB",(360,300),"white")                   ❶
        im_draw = ImageDraw.Draw(new_im)                              ❷
In [2]: im_draw.rectangle(xy=(30, 30, 200, 200), fill="#F0E68C",
                          outline="black", width=5)                   ❸
        im_draw.line(xy=[(50, 250), (750, 250)],
                          fill="#3A5FCD", width=5)                    ❹
        im_draw.pieslice(xy=(100, 120, 450, 470), start=0,
                          end=90, fill="#009966")                     ❺
        im_draw.ellipse(xy=(450, 30, 720, 150), fill="#3399CC")       ❻
        im_draw.ellipse(xy=(240, 20, 420, 200), fill="#FF9900")       ❼
        im_draw.arc((500, 300, 750, 550), 180, 360,
                          fill="black", width=5)                      ❽
        im_draw.polygon([(120, 287), (20, 460), (220, 460)],
                          fill="#FFAEB9")                             ❾

        font = ImageFont.truetype("alibaba.TTF", 35)                  ❿
        im_draw.text(xy=[450, 180], text="Python 绘制图形 ",
                          fill="#2d6996", font=font)                  ⓫

        new_im.save(" 图形的绘制 .png")
```

在❶处，调用Image模块中的new()方法，创建一张白底的空白图片。此时，将得到的图片对象new_im传入Draw()方法中，得到一个画笔对象im_draw（见❷）。

然后，分别调用画笔对象的rectangle()、line()、pieslice()、ellipse()、arc()、polygon()方法，我们就可以在指定位置绘制矩形、直线、扇形、椭圆、圆形、圆弧、三角形（见❸～❾）。

如果想输入中文，则首先需要调用ImageFont模块的truetype()方法，任意添加一种字体（见❿），之后调用text()方法，即可在指定位置写中文（见⓫）。最终效果如图8-23所示。

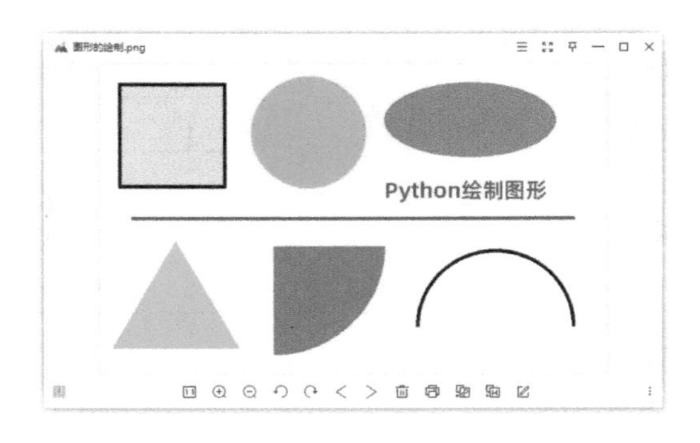

图 8-23

8.8 实战项目：批量制作电子名片

为了展示公司的形象并统一规范，现在公司的人力资源部门需要给每位员工制作电子名片，用作企业邮箱的电子签名。

现在已经将所需的员工信息与相应的照片文件存放在了“电子名片”文件夹中。具体文件分布如图 8-24 所示。

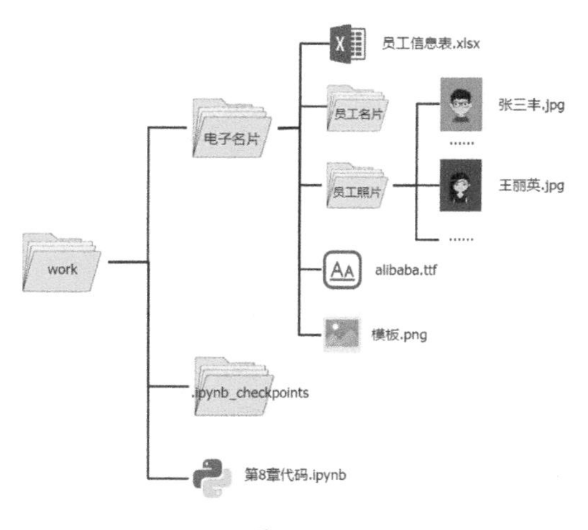

图 8-24

接下来，我们需要使用这些文件资料完成这项任务。其中，员工信息表中记录了所有员工的姓名、职务、电话和邮箱，如图 8-25 所示。员工照片则是以“员工名 +.jpg”的形式命名的，比如“王丽英 .jpg”。我们需要将批量生成的图片保存到“员工名片”这一文件夹中。

	A	B	C	D
1	姓名	职务	电话	邮箱
2	张三丰	项目经理	666 666 666	zhang@python.com
3	李四刚	数据分析师	777 777 777	lisi@python.com
4	王丽英	运营总监	888 888 888	wang@python.com
5	尤德义	用户运营	888 888 881	youde@python.com
6	芒湉湉	用户运营	888 888 882	mang@python.com
7	保安康	用户运营	888 888 883	baoan@python.com
8	袁升荣	内容运营	888 888 884	yuan@python.com
9	滕平蓝	内容运营	888 888 885	teng@python.com
10	甄思远	产品经理	999 999 991	zhens@python.com
11	庾瀚漠	产品经理	999 999 992	yuhan@python.com
12	沐同甫	产品经理	999 999 993	muto@python.com
13	鄢芷文	社群运营	888 888 886	yanzhi@python.com
14	让晓灵	社群运营	888 888 887	rangxi@python.com
15	史如彤	社群运营	888 888 888	shir@python.com

图 8-25

8.8.1 自定义模板名片

批量制作电子名片需要有一个照片模板。公司的设计师已经协助我们制作好了电子名片模板，如图 8-26 所示。

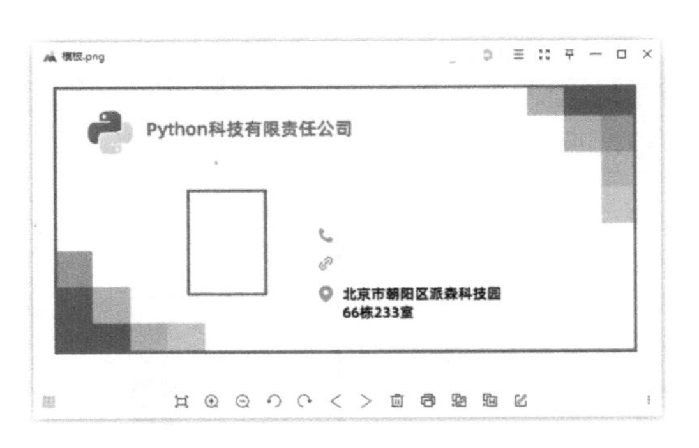

图 8-26

在图 8-26 中的空白位置，我们可使用 Python 来自动插入相关图片与文字信息。

通过对本章的学习，我们知道在 Image 模块中，调用图片对象的 paste() 方法，可以将照片添加到名片模板中；调用图片对象的 draw_text() 方法，可以将文字添加到名片模板中。

8.8.2 导入相关模块

导入本实战项目需要用到的所有 Python 模块。

在交互式环境中输入如下命令：

```
In [1]: import pandas as pd
        from PIL import Image,ImageDraw,ImageFont
```

8.8.3 获取相关信息

为了方便后续数据的写入，需要提前获取不同员工的身份信息。

在交互式环境中输入如下命令：

```
In [1]: df = pd.read_excel("./电子名片/员工信息表.xlsx")
        df.head()
Out[1]:
```

	姓名	职务	电话	邮箱
0	张三丰	项目经理	666 666 666	zhang@python.com
1	李四刚	数据分析师	777 777 777	lisi@python.com
2	王丽英	运营总监	888 888 888	wang@python.com

我们利用 Pandas 模块读取了“员工信息表”，并预览了前 3 行。

8.8.4 自定义写中文函数

由于需要多次向图片模板中写入中文文字，因此我们可以先自定义一个函数。

在交互式环境中输入如下命令：

```
In [1]: def draw_text(im_draw,coordinate,text,color,size):
            font = ImageFont.truetype("./电子名片/alibaba.TTF",size)
            return im_draw.text(xy=coordinate, text=text,fill=color,font=font)
```

其中，xy 参数表示中文的坐标位置，text 参数表示待写的中文文本，color 参数表示字体颜色，font 参数表示字体类型。

8.8.5 信息写入

通过前面的准备工作，只需将员工身份信息和图片信息写入模板的对应位置即可。

```
In [1]: for index, row in df.iterrows():
            im1 = Image.open("./电子名片/模板.png")                                    ❶
            im_draw = ImageDraw.Draw(im1)                                              ❷
            # 插入图片
            im2 = Image.open(f"./电子名片/员工照片/{row['姓名']}.jpg")                   ❸
            im2_resize = im2.resize((136,187))                                         ❹
            im1.paste(im2_resize,(220,175))                                            ❺
            # 写入信息
            draw_text(im_draw,(435,180),f"{row['姓名']}","black",40)                   ❻
            draw_text(im_draw,(560,203),f"{row['职务']}","#2d6996",20)                 ❼
            draw_text(im_draw,(480,240),f"{row['电话']}","black",25)                   ❽
            draw_text(im_draw,(480,285),f"{row['邮箱']}","black",25)                   ❾
            # 保存图片
            im1.save(f"./电子名片/员工名片/{row['姓名']}_电子名片.png")                  ❿
```

每经历一次 for 循环，均需要经历下面这 4 个步骤：

1. 读取模板照片，得到一个画笔对象 im_draw（见 ❶❷）。

2. 读取员工照片，调用 resize() 方法，将其调整为统一的尺寸。再调用 paste() 方法，将图片粘贴到模板图片的指定位置（见 ❸～❺）。

3. 将员工的身份信息分别填充到 4 个指定位置，并设置字号大小和字体颜色（见 ❻～❾）。

4. 将处理好的照片保存到指定位置（见 ❿）。最终效果如图 8-27 所示。

Python科技有限责任公司
王丽英 运营总监
888 888 888
wang@python.com
北京市朝阳区派森科技园
66栋233室

图 8-27

第9章 学习Python，可以自动化操作通信软件

在日常办公中，我们除了常常使用 Excel、Word、PPT 及 PDF 工具等外，还需要经常使用通信软件进行沟通交流。

本章将以通信软件中的邮件、企业微信、钉钉、飞书为例，循序渐进地介绍如何利用 Python 自动化操作通信软件，实现消息或文件的自动传输。

9.1 邮件自动化操作的准备工作

在每天的办公过程中，发送邮件是我们经常要做的一件事。我们利用 Python 处理好数据后，常常需要手动将工作成果发送给上级或其他同事，在流程上并没有彻底实现自动化。

基于此，本节就为大家讲述如何利用 Python 来实现自动发送邮件。

9.1.1 邮件基础知识

电子邮件（E-mail，又称“电子函件”）是指通过互联网进行书写、发送和接收的信件。

图 9-1 是某个邮箱的发送邮件界面，其中包括收件人、抄送人、主题、附件、正文以及发件人等部分。

如果想用 Python 实现自动发送邮件的功能，就需要模拟电子邮件的传输。这里要用到 SMTP 邮件服务。SMTP 是一种提供可靠且有效的电子邮件传输的协议。我们无须详细了解其中的技术细节，因为有很多 Python 模块将其简化为几个方法，供我们直接调用。

图 9-1

在 Python 内置模块中，有一个叫作 smtplib 的邮件处理库。它使用起来不便于理解，且代码量很大。在此，推荐大家使用开源模块 yagmail。该模块的底层仍然使用 smtplib，但是其提供了更好的接口，非常适合初学者使用。

9.1.2 自动发送邮件的准备工作

如果想要利用 Python 实现自动发送邮件的功能，首先必须开通自己邮箱的 SMTP 服务。我们以网易 163 邮箱为例进行讲述，具体开通操作可以按照图 9-2 中的步骤执行。

图 9-2

完成上述操作步骤后，我们最终得到了当前邮箱账户的授权码（授权密码），如图 9-3 所示。

图 9-3

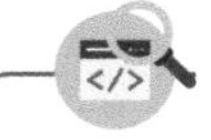

小贴士

1. 一定要记得复制、保存图9-3中的授权码。该授权码将在后面的章节中被频繁使用。
2. 如果读者使用的是其他邮箱，可以单击该邮箱的帮助文档查看获取授权码的方式。

除了开通自己邮箱的 SMTP/IMAP 服务，我们还需要安装 yagmail 模块。该模块属于开源模块，需要我们使用 pip 安装，在命令行窗口中输入如下命令：

```
pip install yagmail
```

安装完成之后，我们可以导入 yagmail 模块，测试一下该模块是否安装成功。

在交互式环境中输入如下命令：

```
In [1]: import yagmail
```

如果运行上述程序没有报错，则证明 yagmail 模块安装成功。

9.2 利用 Python 自动发送邮件

本节介绍如何利用 Python 自动发送邮件。

9.2.1 发送一封简单邮件

使用 Python 自动发送邮件，主要使用 yagmail 模块中的 SMTP() 方法和 send() 方法。它们的语法格式如图 9-4 和图 9-5 所示。

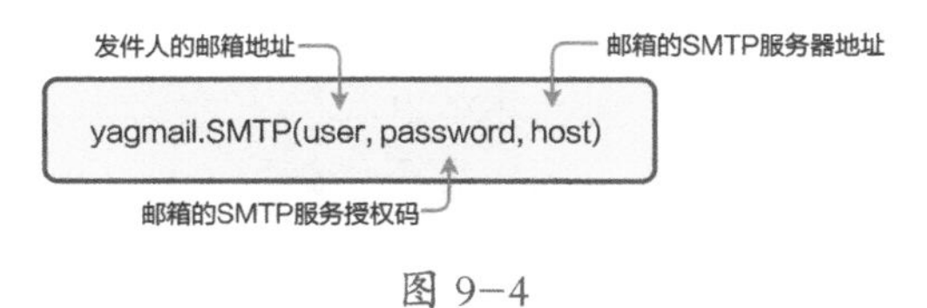

图 9-4

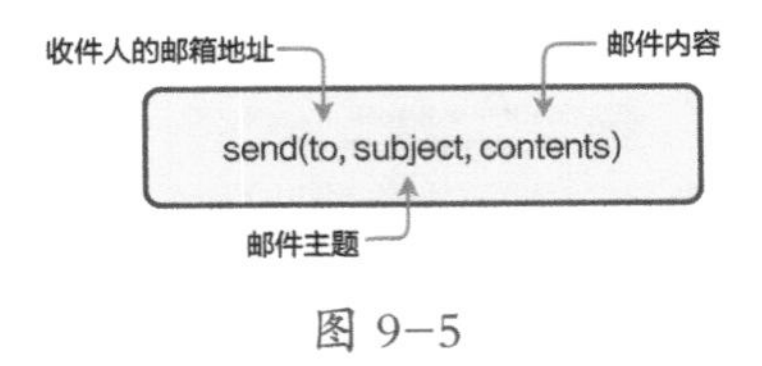

图 9-5

了解了上述两个方法后，其实发送邮件的过程很简单，一共分为以下 3 个步骤：

1. 调用 SMTP() 方法，创建 SMTP 服务实例。

2. 调用 send() 方法，执行发送邮件操作。

3. 断开连接。

在 9.1.2 节中，我们已经获取了自己邮箱的 SMTP 服务授权码。我们以该邮箱为例，给收件人发送一封测试邮件。

在交互式环境中输入如下命令：

```
In [1]: import yagmail

        mail = yagmail.SMTP("python3721@163.com","授权码","smtp.163.com")  ❶
        mail.send("xxxx@qq.com","测试邮件","hello world!")                ❷
        mail.close()
```

在 ❶ 处，我们使用 SMTP 方法创建了 SMTP 服务实例，其中的 3 个参数分别是自己的邮箱地址及其对应的 SMTP 服务授权码和服务器地址。请注意，实际运行时需要替换为读者自己的邮箱以及授权码信息。

在 ❷ 处，我们使用 send() 方法来执行发送邮件操作，参数中除了包括收件人、邮箱地址，还有自定义的邮件主题和内容。

如图 9-6 所示，收件人成功收到了测试邮件。

图 9-6

如果想要发送包含多行文字的邮件，我们只需在使用 send() 方法前，定义一个变量 contents 来存放邮件正文内容即可。

在交互式环境中输入如下命令：

```
In [1]: import yagmail

        mail = yagmail.SMTP("python3721@163.com","授权码","smtp.163.com")
        contents = ["第一段", "第二段", "第三段"]                ❶
        mail.send("xxxx@qq.com","多行文字的测试邮件",contents) ❷
        mail.close()
```

在 ❶ 处，我们自定义了一个列表 contents，其中的每个元素都是邮件内容的一行文字。接着，我们使用 send() 方法来执行发送邮件操作（见 ❷）。

如图 9-7 所示，收件人成功收到了多行文字的测试邮件。

图 9-7

如表 9-1 所示，我们总结了常见的电子邮件服务商及其对应的 SMTP 服务器域名。

表 9-1

电子邮件服务商	SMTP 服务器域名
163 邮箱	smtp.163.com
126 邮箱	smtp.126.com
qq 邮箱	smtp.qq.com
Gmail 邮箱	smtp.gmail.com
Outlook 邮箱	smtp.office365.com

9.2.2 案例：使用 Python 批量发送邮件

通过对前面章节的学习，我们已经学会了如何使用 Python 自动发送简单的邮件。在实际工作中，我们经常需要把邮件同时发送给领导及相关同事。

如图 9-8 所示，假如我们需要将邮件群发给业务同事 A、B、C，并抄送给上级 D，应该怎么办呢？

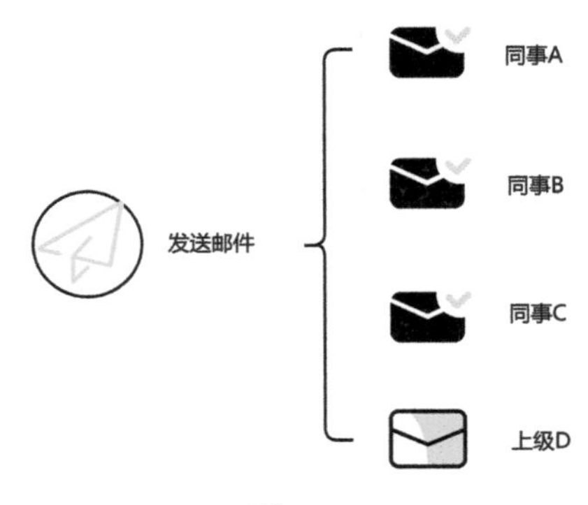

图 9-8

在交互式环境中输入如下命令：

```
In [1]: import yagmail

mail = yagmail.SMTP("python3721@163.com","授权码","smtp.163.com")
contents = ["早上好，", "昨日网站的新增用户为83.7万人，", "请查收。"]
to_list = ["同事A@163.com", "同事B@163.com", "同事C@163.com"]    ❶
mail.send(to_list,"测试邮件",contents,cc="上级D@163.com")    ❷
mail.close()
```

对照上述代码，我们给多个联系人群发邮件，需要将收件的邮箱组合成列表形式（见❶）。

在❷处，为了实现将邮件抄送给领导的功能，我们需要设置 send() 方法中的 cc 抄送参数。

如图 9-9 所示，收件人成功收到了测试邮件。

图 9-9

如果要实现秘密抄送的话，需要将 send() 方法中的 cc 改为 bcc。

9.2.3 自定义邮件内容

大家在发送电子邮件时，有时不只是发送文本内容。比如，还要将自己处理好的数据文件作为附件发送给他人，或者需要附带链接、图片等。

在交互式环境中输入如下命令：

```
In [1]: import yagmail

        mail = yagmail.SMTP("python3721@163.com","授权码","smtp.163.com")
        contents = ["昨日网站的新增数据见附件，", "请查收。",
                    yagmail.inline(r"C:\xxx\xxx.jpg"),                    ❶
                    '<a href="https://www.*****.com">具体查询网址</a>']    ❷
        attachments = r"C:\xxx\新增详细数据.zip"                            ❸
        mail.send("xxxx@qq.com", "自定义内容的邮件", contents, attachments) ❹
```

变量 contents 是我们待发送的内容列表。调用 inline() 方法，可以实现嵌入图片的操作（见❶）。我们还写了一段简单的前端代码，表示这是一个附带的链接（见❷）。

在❸处，指明了附件内容的路径地址。设置 send() 方法中的 attachments 参数（见❹），可以添加附件。

如图 9-10 所示，收件人成功地收到了自定义内容的邮件。

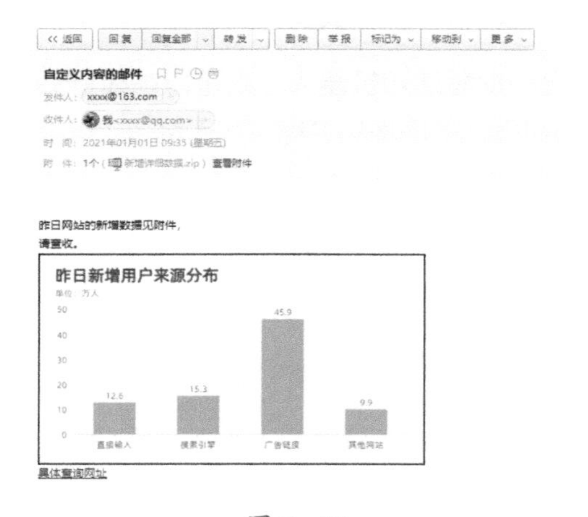

图 9-10

小贴士

如果想要发送多个附件，就可以将多个附件的路径地址组合成列表形式。

9.3 企业微信机器人的自动化操作准备

在日常办公中，我们除了使用邮件与其他同事交流，还会用到其他办公通信软件，比如企业微信、钉钉、飞书等。这些通信软件的机器人，在自动提醒方面往往比邮件更加便捷。根据日常的工作需求，我们可以轻松定制各种适合自己的提醒或预警消息等。

9.3.1 申请一个企业微信机器人

打开企业微信软件后，首先需要建立一个企业微信群，并在详情页创建一个群机器人，具体如图 9-11 所示。

图 9-11

如果只是作为自己的提醒通知机器人，则可以在建群后将其他成员移出群组。此外，还可以自己设置机器人的图像和名称，如图 9-12 所示。

图 9-12

在群中添加机器人之后，创建者可以在机器人详情页看到该机器人特有的

Webhook 地址，如图 9-13 所示。

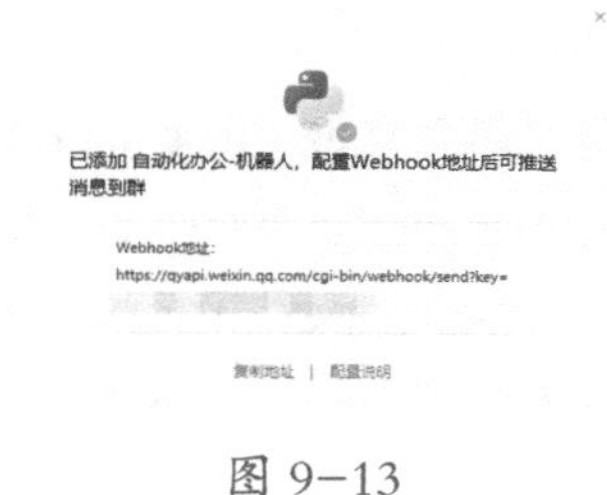

图 9-13

在申请了企业微信机器人后，整个过程其实很简单。调用 requests 模块向 Webhook 地址发起 POST 请求，即可实现给该群发送消息。具体语法格式如下所示。

```
In [1]: import requests

    url = "https://qyapi.******.qq.com/cgi-bin/webhook/send?key= 替换成自己的 key"    ❶
    data = {"msgtype": " 消息类型 ",
            " 消息类型 ": { 参数 }}    ❷
    requests.post(url,json=data)
```

在 ❶ 处，url 网址就是前面申请机器人得到的 Webhook 地址，注意实际运行时替换为读者自己的地址。

在 ❷ 处，参数中的消息类型支持文本（text）、Markdown（markdown）、图片（image）、图文（news）和文件（file）格式。

9.3.2 Python 调用机器人自动发送文本消息

机器人不仅支持发送普通的文本消息，还支持发送 Markdown 格式类型的消息。

1. 发送普通文本消息

在交互式环境中输入如下命令：

```
In [1]: import requests

    url = "https://qyapi.******.qq.com/cgi-bin/webhook/send?key= 替换成自己的 key"
    data = {
        "msgtype": "text",                                                ❶
        "text": {
            "content": " 一条文本消息 ",                                   ❷
            "mentioned_mobile_list":["13800001111","@all"],               ❸
```

```
        }
}
requests.post(url,json=data)
```

在❶处，我们将消息类型设置为文本（text）。针对该类型，我们使用了两个参数 content 和 mentioned_mobile_list。其中，content 参数是必填的，表示机器人待发送的文本消息（见❷）；mentioned_mobile_list 参数是选填的，在列表中可以填写群成员的手机号，以提醒群中的指定成员（@某个成员），@all 表示提醒所有人（见❸）。

执行这段代码后，具体效果如图 9-14 所示。

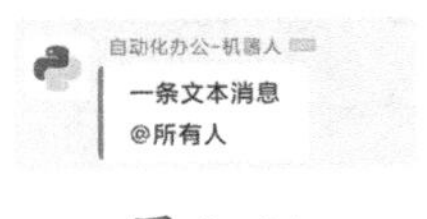

图 9-14

2. 发送 Markdown 格式类型的消息

在交互式环境中输入如下命令：

```
In [1]: import requests

url = "https://qyapi.******.qq.com/cgi-bin/webhook/send?key= 替换成自己的 key"
data = {
    "msgtype": "markdown",      ❶
    "markdown": {
        "content": "# ** 一级标题，粗体！ **\n" +
                   "## * 二级标题，斜体 *\n" +
                   "-0 无序列表第一项 \n" +
                   "- 无序列表第二项 \n" +
                   "1. 有序列表第一项 \n"+
                   "2. 有序列表第二项 \n"+
                   "<font color='info'> 绿色字体 </font>\n"+
                   "> 引用段落 \n"+
                   "[ 各省明细数据链接，单击下载 ](https://danlu1.oss-cn-chengdu.********.com/1919/yue/ 公司省份表 .xlsx)"
    }
}
requests.post(url,json=data)
```

这里与前面代码的不同之处在于，我们将消息类型设置为 Markdown 格式的（见❶），并针对该类型，在 content 参数中写了大量的 Markdown 语法。

执行这段代码后，具体效果如图 9-15 所示。

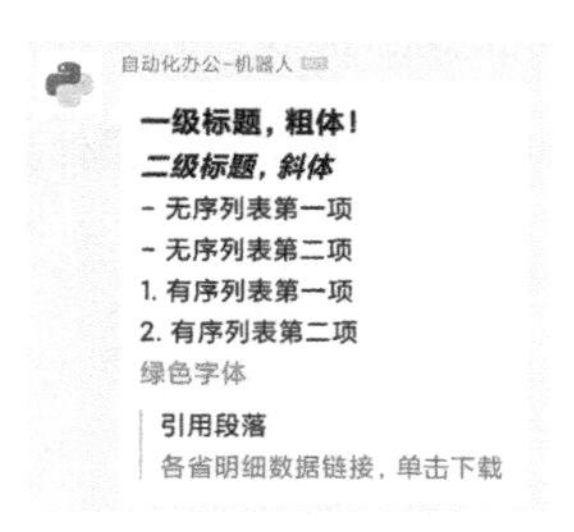

图 9-15

可以看出，Markdown 格式的消息比普通文本更加美观，而且还能添加更多的样式。这两类文本消息通常都被用来发送提醒消息。

9.3.3 Python 调用机器人自动发送文件

在实际办公中，我们经常需要给上级或其他同事发送文件。与发送文本不同，我们在发送消息之前，首先需要利用企业微信的文件上传接口，获取待上传文件的文件 media_id。

在交互式环境中输入如下命令：

```
In [1]: import requests

        id_url = "https://qyapi.******.qq.com/cgi-bin/webhook/upload_
        media?key=替换成自己的 key&type=file"                          ❶
        path_file = r"D:\第 9 章\TestData.xlsx"
        data = {"file": open(path_file,"rb")}
        response = requests.post(url=id_url, files=data)           ❷
        media_id = response.json()["media_id"]                     ❸
```

其中，id_url 表示的是企业微信的文件上传接口（见❶）。我们可以利用 requests 模块向该接口发送 POST 请求（见❷），最终返回的是一个 JSON 格式的数据。通过“键值对”方式，我们即可获取待上传文件的 media_id（见❸）。

一旦拿到了待上传文件的 media_id，我们就可以调用机器人自动发送文件。

```
In [2]: url = "https://qyapi.******.qq.com/cgi-bin/webhook/send?key=替换成自
        己的 key"
        data = {
            "msgtype": "file",                    ❶
            "file": {"media_id": media_id}        ❷
                }
        requests.post(url,json=data)
```

在 ❶ 处，我们需要将消息类型设置为文件（file）。其中，file 参数中有一个嵌套的 media_id 参数，这就是前面我们获取到的文件 media_id（见 ❷）。

执行这段代码后，即可实现自动发送文件，具体效果如图 9-16 所示。

图 9-16

小贴士

建议将待发送的文件命名为英文或数字形式，因为中文名称有可能引发程序报错。

9.3.4 案例：Python 机器人定时发送消息

Python 操作通信软件制作机器人的最大优势，就是可以定时执行。比如，我们可以在每天的固定时间发各种数据报表，实时对异常数据做出报警，定时提醒自己该做什么事情等。

在这个案例中，我们将制作一个定时企业微信机器人，每天提醒我们上、下班打卡。

在交互式环境中输入如下命令：

```
In [1]: import time
        import schedule
        import requests

        url = "https://qyapi.******.qq.com/cgi-bin/webhook/send?key=替换成自
        己的 key"
        def morning():                                              ❶
            data = {"msgtype": "text",
                    "text": {"content": "早上好，记得上班打卡！ "}}
            requests.post(url,json=data)
        def evening():                                              ❷
            data = {"msgtype": "text",
                    "text": {"content": "晚上好，记得下班打卡！ "}}
            requests.post(url,json=data)
        schedule.every().day.at("09:50").do(morning)               ❸
        schedule.every().day.at("17:50").do(evening)               ❹
        while True:                                                 ❺
```

```
    schedule.run_pending()                    ❻
    time.sleep(1)                             ❼
```

首先，我们自定义了两个函数，分别表示上、下班打卡的提示信息（见 ❶❷）。

接着，调用 schedule 模块中的相应方法，分别用于执行上述的两个自定义函数（见 ❸❹）。其中，❸ 处的语法表示会在每天早上 9：50 执行函数 morning，❹ 处的语法表示会在每天下午 17：50 执行函数 evening。

在 ❺ 处，是一个 while 循环语句，而 while True 代表的是“死循环”，即后续的程序会一直执行。于是 ❻ 处的 run_pending() 方法会一直检测前面的任务列表（❸❹）。一旦到期，则立即执行。

在 ❼ 处，使用 time 模块的 sleep() 方法设置了每次检测的时间间隔。

执行这段代码后，具体效果如图 9-17 所示。

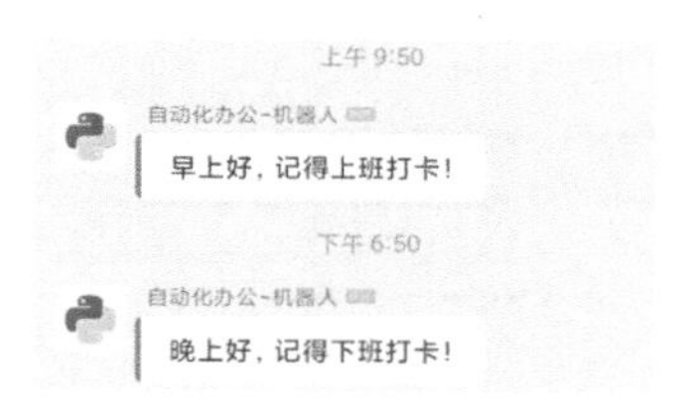

图 9-17

在代码中，schedule 模块起到了重要的作用。通过它，我们可以实现每秒、每分钟、每小时、每天、每周几实施定时任务。如表 9-2 所示，使用 schedule() 方法可以实现不同的定时任务。

表 9-2

代码	含义
schedule.every(10).seconds.do(job)	每 10 秒执行一次任务
schedule.every(10).minutes.do(job)	每 10 分钟执行一次任务
schedule.every().hour.do(job)	每小时执行一次任务
schedule.every().day.at(“11:00”).do(job)	每天的 11：00 执行一次任务
schedule.every().wednesday.at(“11:00”).do(job)	每周三的 11：00 执行一次任务
schedule.every(1).to(5).seconds.do(job)	每 1~5 秒执行一次任务

9.4 利用 Python 制作钉钉和飞书机器人

其实，制作钉钉机器人和飞书机器人的流程与制作企业微信机器人的流程基本一致。

9.4.1 制作钉钉机器人的准备工作

打开钉钉软件后，首先需要建立一个钉钉群组。依次单击群组右上角的【设置】-【智能群助手】-【添加机器人】-【智能群助手】- 选择【自定义】选项。按照该步骤，就可以得到一个钉钉机器人及其对应的 Webhook，如图 9-18 所示。

图 9-18

需要注意的是，我们至少需要选择一种安全设置，以保障自定义机器人的安全。如图 9-19 所示，如果只发送文本消息，建议使用第一种安全设置（自定义关键词）就可以。

图 9-19

9.4.2 案例：利用 Python 制作钉钉机器人

使用 Python 实现钉钉机器人的文本提醒功能，具体语法如下所示。

在交互式环境中输入如下命令：

```
In [1]: import requests
        import json
        webhook = "https://oapi.*******.com/robot/send?access_
        token=xxxxxx"
        headers = {"Content-Type": "application/json"}
        text = {
            "msgtype": "text",
            "text": {
                "content": " 自动提醒：这是一条来自钉钉机器人的消息！ "
            }}
        requests.post(url=webhook, headers=headers, data=json.dumps(text))
```

执行这段代码后，钉钉机器人成功地进行了自动提醒，如图 9-20 所示。

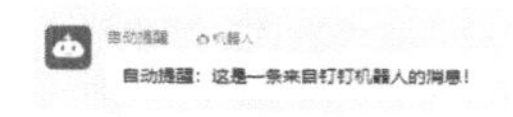

图 9-20

9.4.3 制作飞书机器人的准备工作

打开飞书软件后，首先需要建立一个飞书群组。依次单击群组右侧的【设置】-【群机器人】-【添加机器人】- 选择【自定义机器人】选项。按照该步骤，就可以得到一个飞书机器人及其对应的 Webhook，如图 9-21 所示。

图 9-21

如图 9-22 所示，飞书机器人同样需要进行安全设置。

图 9-22

9.4.4 案例：利用 Python 制作飞书机器人

使用 Python 实现飞书机器人的文本提醒功能，具体语法如下所示。

在交互式环境中输入如下命令：

```
In [1]: import requests
        import json
        webhook = "https://open.******.cn/open-apis/bot/v2/hook/xxxxxx"
        headers = {"Content-Type": "application/json"}
        text = {
            "msg_type": "text",
            "content": {
                "text": "自动提醒：这是一条来自飞书机器人的消息！"
            }}
        requests.post(url=webhook, headers=headers, data=json.dumps(text))
```

执行这段代码后，飞书机器人成功进行了自动提醒，如图 9-23 所示。

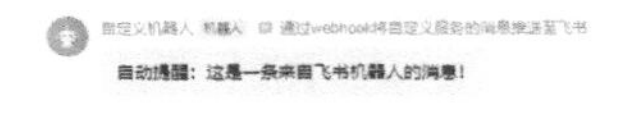

图 9-23

第10章 学习Python，可以自动化操作鼠标和键盘

在日常的学习或工作、生活中，不少人遇到过下面这些问题：

1. 定时填写多个表单或问卷。

2. 重复性填写会计凭证。

3. 批量给微信好友发送消息。

本章将介绍如何利用 Python 程序自动化控制鼠标与键盘，模拟人为操作，从而完成这类重复性任务。

10.1 操作鼠标与键盘的准备工作

本节主要介绍与计算机屏幕相关的基础知识，以及 pyautogui 模块的安装与导入。

10.1.1 计算机屏幕的基础知识

在学习使用 Python 自动化操作鼠标与键盘之前，我们需要了解简单的计算机屏幕知识。

1. 计算机屏幕的坐标

如图 10-1 所示，假如这是我们的计算机屏幕。那么它的原点位于左上角，此处的像素坐标是 (0,0)。以该原点为基准，像素坐标从左往右、从上到下依次增加。

屏幕右下角的像素坐标是 (1919,1079)，它表示计算机屏幕的分辨率是 1920 像素 ×1080 像素。

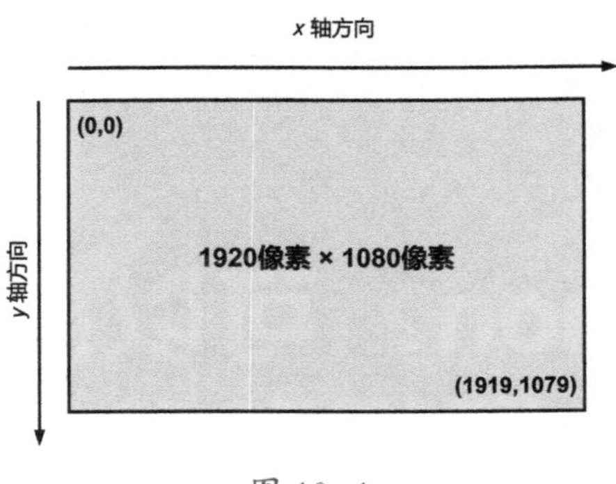

图 10-1

2. 鼠标与键盘操作

在日常操作计算机时，我们也离不开“鼠标”和“键盘”的配合使用。鼠标的常用操作包括移动、单击、拖动以及滚动等。而键盘则通过我们对按键的单击，将对应的信息传输到计算机内部，实现相应的操作。

10.1.2 pyautogui 模块的安装与导入

在 Python 中，pyautogui 模块可以轻松地控制鼠标与键盘来实现各种自动化操作。由于该模块属于 Python 的第三方开源模块，因此需要我们额外安装、导入后，才能使用。

1. 如何安装 pyautogui 模块

这里推荐使用 pip 安装，直接在命令行窗口中输入如下命令：

```
pip install pyautogui
```

2. 测试安装是否成功

在交互式环境中输入如下命令：

```
In [1]: import pyautogui
```

如果运行上述程序没有报错，则证明 pyautogui 模块安装成功。

成功安装该模块后，如果想要知道自己计算机屏幕的分辨率，就可以在交互式环境中输入如下命令：

```
In [2]: pyautogui.size()
Out[2]: Size(width=1920, height=1080)
```

从输出结果中可以看出，我们计算机屏幕的分辨率为 1920 像素 ×1080 像素。

10.2 鼠标控制操作

本节将介绍如何利用 pyautogui 模块实现鼠标的移动、单击、拖动、滚动等操作。

10.2.1 移动鼠标

在 pyautogui 模块中，提供了 moveTo() 和 move() 两个方法，用于控制鼠标的移动。它们的语法格式如图 10-2 所示。

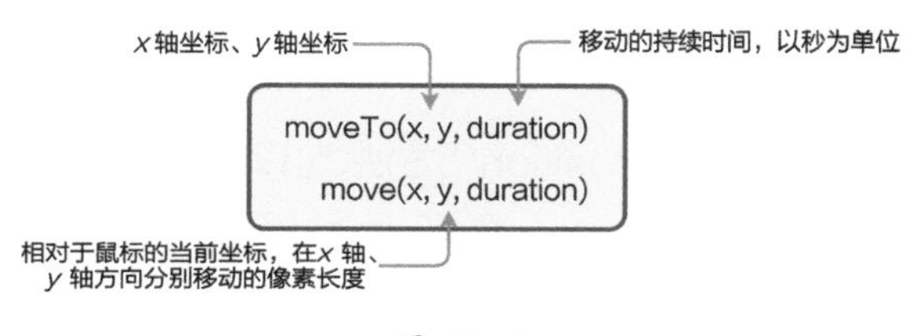

图 10-2

无论鼠标当前处在何种位置，moveTo() 方法都会直接将其移动到指定坐标位置。而 move() 方法表示相对移动，它以鼠标的当前位置为基准，分别朝着 x 轴或 y 轴方向移动一定的像素距离。

在交互式环境中输入如下命令：

```
In [1]: import pyautogui

        pyautogui.moveTo(300, 200, duration=1)        ❶
        pyautogui.move(0, 300, duration=2)            ❷
```

在导入 pyautogui 模块后，直接调用 moveTo() 方法，我们首先将鼠标移动到了屏幕坐标 (300,200) 处，整个移动时间持续 1 秒（见 ❶ ）。接着，我们再调用 move() 方法，将鼠标往下移动了 300 个像素长度，整个移动时间持续 2 秒（见 ❷ ）。

具体执行结果，如图 10-3 所示。

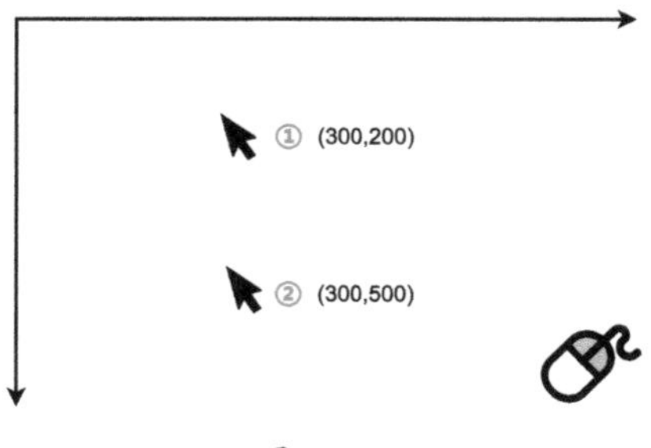

图 10-3

人为手动移动鼠标时，会有一个持续时间，参数 duration 就表达了这个意思。如果不使用该参数，鼠标会立刻移动到指定位置。

10.2.2 获取鼠标的坐标位置

相对于整个计算机屏幕而言，鼠标每时每刻都有一个它当时所处的位置，这就是鼠标的“坐标位置”。

在 pyautogui 模块中，调用 position() 方法，可以返回鼠标当前时刻的坐标位置。

在交互式环境中输入如下命令：

```
In [1]: import time
        import pyautogui

        time.sleep(2)                    ❶
        pyautogui.position()             ❷
Out[1]: Point(x=300, y=200)
```

在 ❶ 处，我们调用 time 模块中的 sleep() 方法，表示让程序暂停 2 秒。请在 2 秒内，将鼠标移动到某个位置。

2 秒后，程序执行 ❷ 处的代码，即可获取鼠标此时的坐标位置。执行结果如图 10-4 所示。

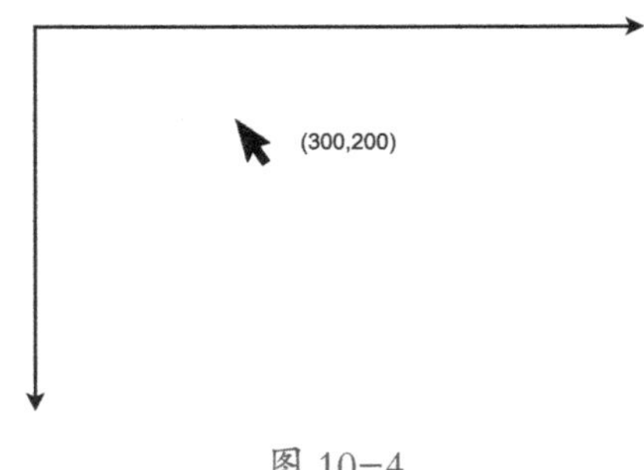

图 10-4

注意：计算机程序没有人脑那种思维方式。一旦被执行，还未等我们移动鼠标，程序可能已经执行结束。因此，我们常常搭配 time 模块的 sleep() 方法，让程序暂停几秒，以便给我们足够的时间来把鼠标移动到指定位置。

10.2.3 单击鼠标

在 pyautogui 模块中，调用 click() 方法，可以实现单击鼠标的操作。它的语法格式如图 10-5 所示。

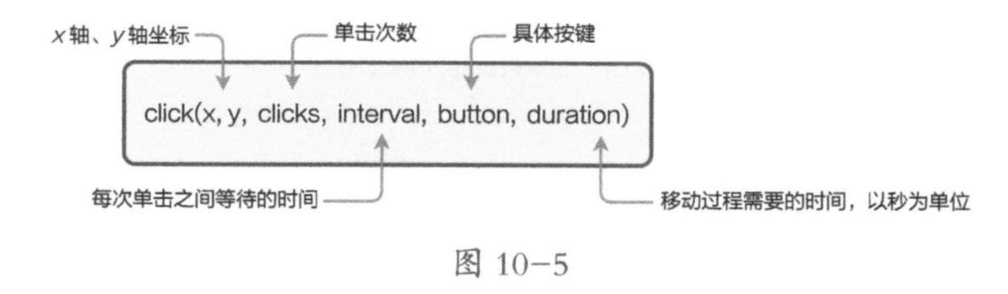

图 10-5

对于 button 参数，我们可以将其设置为 left、middle、right，分别代表鼠标左键、中间滑轮、鼠标右键。

如果不指定任何参数，会在当前位置单击一下鼠标左键。

在交互式环境中输入如下命令：

```
In [1]: pyautogui.click()
```

如果指定了鼠标坐标 x、y，以及 clicks 参数，会在指定位置单击两下鼠标左键。

在交互式环境中输入如下命令：

```
In [2]: pyautogui.click(300, 200, clicks=2)
```

具体执行结果，如图 10-6 所示。

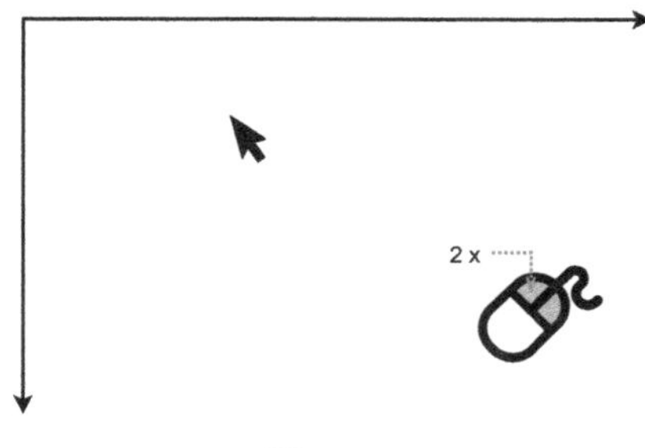

图 10-6

如果指定了 button 参数为 right，会在指定位置单击一下鼠标右键。

在交互式环境中输入如下命令：

```
In [3]: pyautogui.click(button="right")
```

其实，整个单击鼠标的操作还可以拆解为两个步骤：按下鼠标按键和释放鼠标按键。

在交互式环境中输入如下命令：

```
In [4]: pyautogui.mouseDown()     ❶
        pyautogui.mouseUp()       ❷
```

❶ 处代表按下鼠标左键，❷ 处代表释放鼠标左键。

在 pyautogui 模块中，分别调用 doubleClick()、leftClick() 和 rightClick() 方法，同样可以实现双击、左击和右击功能。

10.2.4 拖动鼠标

以打开的记事本软件为例，拖动鼠标的过程一共可拆解为三步：

1. 按住鼠标左键不放。

2. 将记事本窗口拖动到指定位置。

3. 释放鼠标左键。

在 pyautogui 模块中，提供了 dragTo() 和 drag() 两个方法，用来控制鼠标的拖动操作。它们的语法格式如图 10-7 所示。

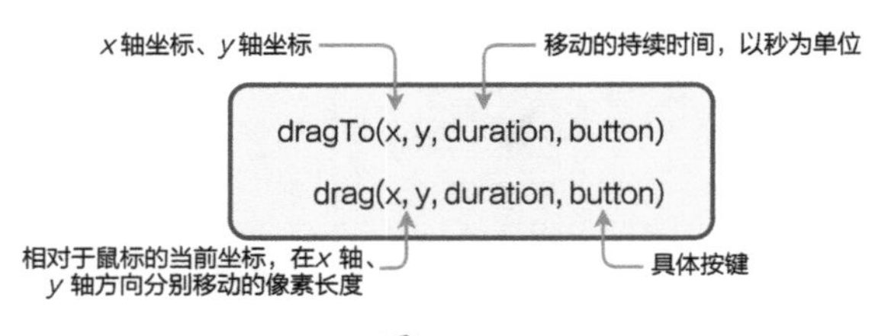

图 10-7

其中，dragTo() 方法表示直接拖动，drag() 方法表示相对拖动。具体可参考 10.2.1 节中 moveTo() 和 move() 的用法。

在交互式环境中输入如下命令：

```
In [1]: import pyautogui

        pyautogui.dragTo(200, 250, duration=1, button="LEFT")     ❶
        pyautogui.drag(800, 500, duration=1, button="LEFT")       ❷
```

在 ❶ 处，调用 dragTo() 方法，表示按住鼠标左键，将某个窗口拖动到屏幕 (200, 250) 处，整个拖动过程持续 1 秒。

而调用 drag() 方法，表示相对于刚才的坐标位置 (200, 250)，我们再将该窗口向 *x* 轴方向移动 800 像素，向 *y* 轴方向移动 500 像素，整个拖动过程也持续 1 秒（见 ❷）。具体执行结果如图 10-8 所示。

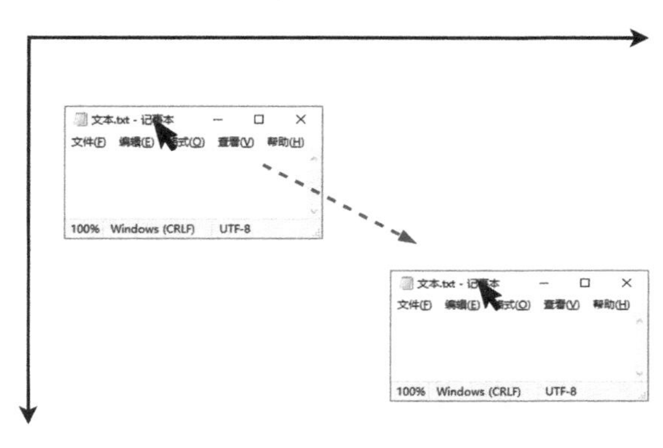

图 10-8

10.2.5 滚动鼠标

在 pyautogui 模块中，调用 scroll() 方法，可以实现鼠标的滚动操作。

在交互式环境中输入如下命令：

```
In [1]: import pyautogui

        pyautogui.scroll(100)              ❶
        pyautogui.scroll(-100)             ❷
        pyautogui.scroll(100, x=200, y=300) ❸
```

❶ 表示鼠标向上滚动 100 像素长度（垂直方向），❷ 表示鼠标向下滚动 100 像素长度，❸ 表示鼠标先移动到屏幕 (200, 300) 处，再向下滚动 100 像素长度。

10.3 屏幕截图与定位识别

本节将介绍如何利用 pyautogui 模块实现自动化屏幕截图（简称“截屏”），以及某个按键、窗口的定位识别。

10.3.1 屏幕截图

有时候，我们想要截取计算机屏幕的指定区域，并将截取的图片保存到指定位置。

在 pyautogui 模块中，调用 screenshot() 方法，可以实现计算机的截屏功能。其语法格式如图 10-9 所示。

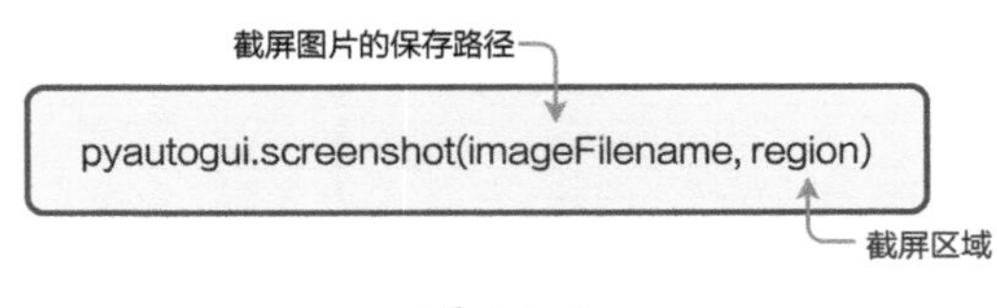

图 10-9

在交互式环境中输入如下命令：

```
In [1]: import pyautogui

        pyautogui.screenshot(region=(300, 300, 500, 1000),
                             imageFilename=r"D:\picture\test.png") ❶
```

在 ❶ 处，调用 screenshot() 方法，截取的是以 (300, 300) 为起始坐标，截屏宽度为 500 像素，长度为 1000 像素的区域，并将得到的截屏图片保存到本地 D 盘路径下。

10.3.2 定位识别

如果想要用 Python 程序控制计算机屏幕上的某个按钮操作，我们首先应找到按钮在计算机屏幕上的具体坐标位置。如果该按钮在计算机屏幕中的位置并不是固定的，我们就无法依赖坐标实现对它的控制。

在 pyautogui 模块中，提供了 locateOnScreen() 方法，这样就可以很好地解决这个难题。它的整个使用逻辑可以分为如下两个步骤：

1. 截取待定位的按钮图片，保存在本地。

2. 调用 locateOnScreen() 方法，传入本地图片的路径，它会自动在整个计算机屏幕中搜索与该图片相同的照片，并返回此时该按钮所处的坐标位置。

如图 10-10 所示，假如这是我们的计算机屏幕，“月亮”代表计算机屏幕上我们想要单击的按钮。

图 10-10

假如“月亮”的位置并不固定，它可以移动到计算机屏幕的任意一个位置。我们如何识别“月亮”在整个计算机屏幕中的具体位置呢?

首先，我们手动截取一张图片，如图 10-11 所示，并将其保存到本地。

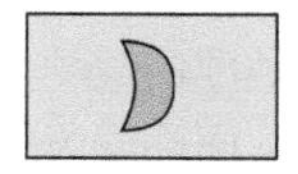

图 10-11

接着，调用 locateOnScreen() 方法，传入图片的本地路径。

在交互式环境中输入如下命令：

```
In [1]: import pyautogui

        location = pyautogui.locateOnScreen("D:\picture\moon.png")
        pyautogui.center(location)
Out[1]: Point(x=1000, y=500)
```

通过结果可以看出，我们获取了此时“月亮”在当前计算机屏幕的坐标位置(1000,500)。

小贴士

1. 如果在计算机屏幕中无法匹配图像，locateOnScreen() 方法将引发异常。在实际应用中，建议搭配 try...except... 语句使用。

2. “待定位图片”不要命名为中文名称，否则会引发异常。

3. “待定位图片”需要为 png 格式，其他图片格式无法被程序识别。

10.4 键盘控制操作

除了控制鼠标，pyautogui 模块还可以控制键盘的操作，使得 Python 程序能够自动向应用程序中填充文本。

10.4.1 控制键盘发送文本

在 pyautogui 模块中，调用 write() 方法可以控制键盘发送文本。

在交互式环境中输入如下命令：

```
In [1]: import time
        import pyautogui

        time.sleep(5)                                    ❶
        pyautogui.write("Hello world!", interval=0.5)    ❷
```

为了给大家展示演示效果，这里我们需要调用 sleep() 方法，让程序暂停 5 秒（见 ❶）。请在 5 秒之内，将鼠标移动到代码框 Ⅰ 内。

5 秒结束后，程序会执行 ❷ 处的代码，并自动在代码框 Ⅰ 中输入“Hello world!”。

执行上述代码后，具体效果如图 10-12 所示。

图 10-12

小贴士

由于 pyautogui 模块无法支持中文写入，因此，请在执行程序之前，将本地输入法切换为英文状态。

10.4.2 控制单击键盘的按键

键盘上除了 26 个英文字符的按键外，还有其他各种操作符号按键，比如“Ctrl”

键或“Shift”键等。

在 pyautogui 模块中，调用 press() 方法，可以模拟“人为单击键盘按键”的操作。其语法格式如图 10-13 所示。

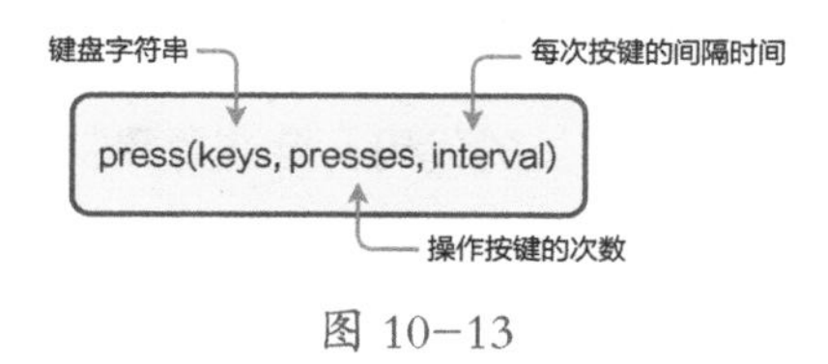

图 10-13

在交互式环境中输入如下命令：

```
In [1]: import time
        import pyautogui

        time.sleep(5)                                                    ❶
        pyautogui.press(["y","e","s","!"], presses=2, interval=1)        ❷
```

为了给大家展示演示效果，这里我们仍需要调用 sleep() 方法，让程序暂停 5 秒（见 ❶）。所以在运行代码后，我们需要在 5 秒之内，将鼠标移动到代码框 II 内。

5 秒结束后，程序会执行 ❷ 处的代码，并在代码框 II 中自动输入“yes!yes!”。

执行上方代码后，具体效果如图 10-14 所示。

```
import time
import pyautogui

time.sleep(5)
pyautogui.press(["y","e","s","!"], presses=2, interval=1)
```

yes!yes!　代码框 II

图 10-14

10.4.3 快捷键组合

在日常使用计算机时，我们会经常用到各种快捷键，比如使用快捷键 Ctrl+A 表示全选，使用快捷键 Ctrl+C 表示复制，使用快捷键 Ctrl+V 表示粘贴。

在交互式环境中输入如下命令：

```
In [1]: import time
        import pyautogui

        time.sleep(5)                        ❶
        pyautogui.hotkey("ctrl", "a")        ❷
```

```
pyautogui.hotkey("ctrl", "c")    ❸
time.sleep(5)                    ❹
pyautogui.hotkey("ctrl", "v")    ❺
```

为了给大家展示演示效果，这里我们仍需要调用 sleep() 方法，让程序暂停 5 秒（见 ❶）。所以在运行代码后，我们需要在 5 秒之内，将鼠标移动到代码框 Ⅲ 内。

5 秒结束后，程序会执行 ❷❸ 处的代码，全选并复制代码框 Ⅲ 中的内容。

此时，再调用 sleep() 方法让程序暂停 5 秒（见 ❹）。所以，我们还需要在 5 秒之内，将鼠标移动到代码框Ⅳ内。

5 秒结束后，程序会执行 ❺ 处的代码，并将复制后的内容，粘贴到代码框Ⅳ中。

执行上述代码后，具体效果如图 10-15 所示。

待复制的文本　代码框 Ⅲ

```
import time
import pyautogui

time.sleep(5)
pyautogui.hotkey("ctrl", "a")
pyautogui.hotkey("ctrl", "c")
time.sleep(5)
pyautogui.hotkey("ctrl", "v")
```

待复制的文本　代码框Ⅳ

图 10-15

10.4.4 控制键盘输入中文字符

为了解决“无法直接写入中文字符”的问题，这里我们需要搭配使用 pyperclip 模块来完成该需求。

在使用该模块之前，同样需要提前安装：

```
pip install pyperclip
```

搭配使用 pyautogui 和 pyperclip 这两个模块，控制键盘发送中文文本就非常容易了。整个流程的原理如图 10-16 所示。

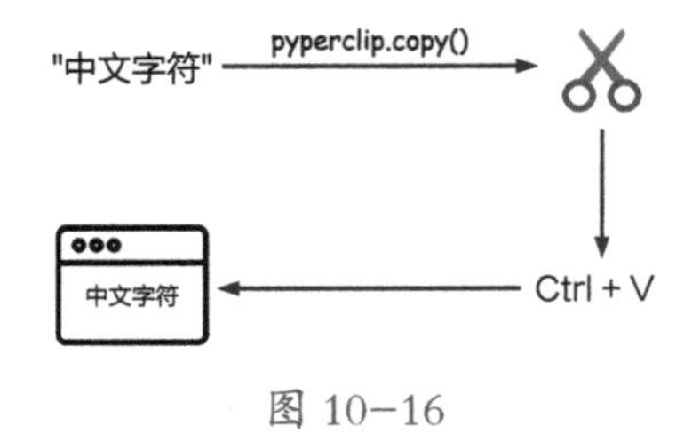

图 10-16

首先，我们调用 pyperclip 模块中的 copy() 方法，向计算机的剪贴板发送文本。此时，相当于剪贴板中已经包含了你待输入的中文。接着，调用 pyautogui 模块中的 hotkey() 方法，调用快捷键 Ctrl+V，将剪贴板中的内容粘贴到输入框中。

在交互式环境中输入如下命令：

```
In [1]: import pyautogui
        import pyperclip

        time.sleep(5)                          ❶
        pyperclip.copy(" 写入中文字符 ")       ❷
        pyautogui.hotkey("ctrl","v")           ❸
```

为了给大家展示演示效果，这里我们同样需要调用 sleep() 方法，让程序暂停 5 秒（见 ❶）。所以在运行代码后，我们需要在 5 秒之内，将鼠标移动到代码框 V 内。

5 秒结束后，程序会执行 ❷❸ 处的代码，并在代码框 V 中输入“写入中文字符”。

执行上述代码后，具体效果如图 10-17 所示。

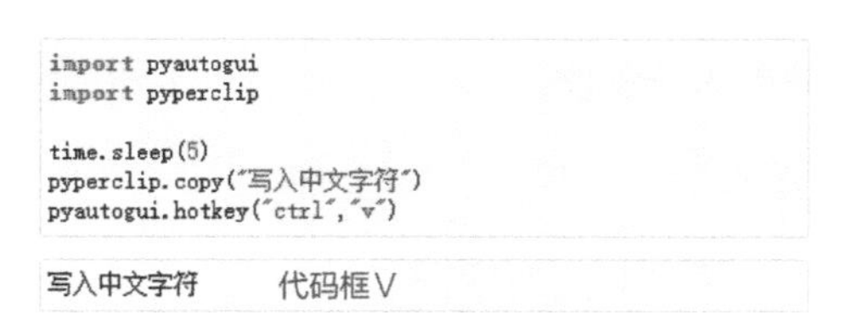

图 10-17

为了观看演示效果，需要你配合手动操作。但是在实际中，我们可以单纯依靠代码来代替手动移动鼠标的操作。

10.5 实战项目：操作微信批量发送消息

小李是一位社群运营人员，平时负责添加平台优质用户的微信号，并引导微信社群用户的活跃度。现在其需要通过微信对社群优质用户发放奖励。相关的微信用户信息和兑奖编码存放在 Excel 文档中，具体如图 10-18 所示。

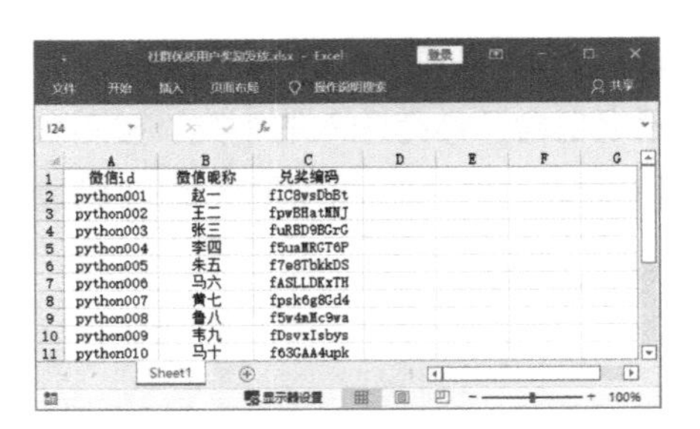

微信id	微信昵称	兑奖编码
python001	赵一	fIC8wsDbBt
python002	王二	fpwBHatMNJ
python003	张三	fuRBD9BGrG
python004	李四	f5uaMRGT6P
python005	朱五	f7e8TbkkDS
python006	马六	fASLLDKxTH
python007	黄七	fpsk6g8Gd4
python008	鲁八	f5w4mMc9wa
python009	韦九	fDsvxIsbys
python010	马十	f63GAA4upk

图 10-18

如果待发送奖励的用户过多，则手动操作会花费小李的大量时间。我们如何使用 Python 自动控制计算机的微信程序，实现批量发送微信消息呢？

10.5.1 操作流程分析

在正式编写代码之前，我们可以厘清整个操作流程。

如图 10-19 所示，计算机的微信端界面发送消息主要分为以下 4 个步骤：

1. 定位搜索框，并单击搜索框。
2. 输入微信 ID，搜索指定好友。
3. 单击好友头像，切换到聊天对话框。
4. 输入待发送消息，单击“回车键”即可成功发送该消息。

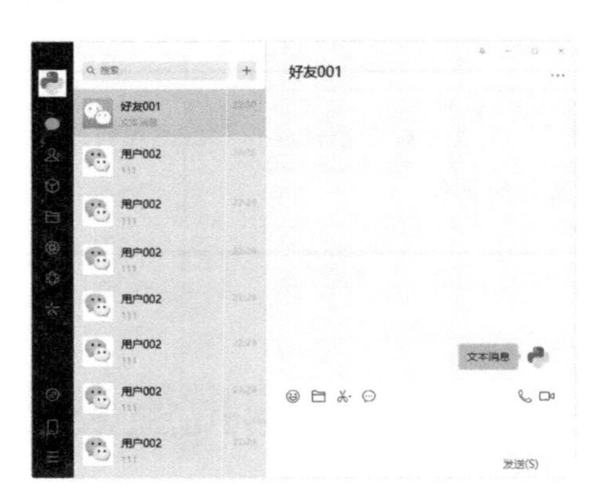

图 10-19

这样，我们就清楚了计算机微信端界面发送消息的整个流程。为了更加清晰地掌握 Python 如何自动读取用户信息，批量发送微信消息，我们制作了一个流程图，如图 10-20 所示。

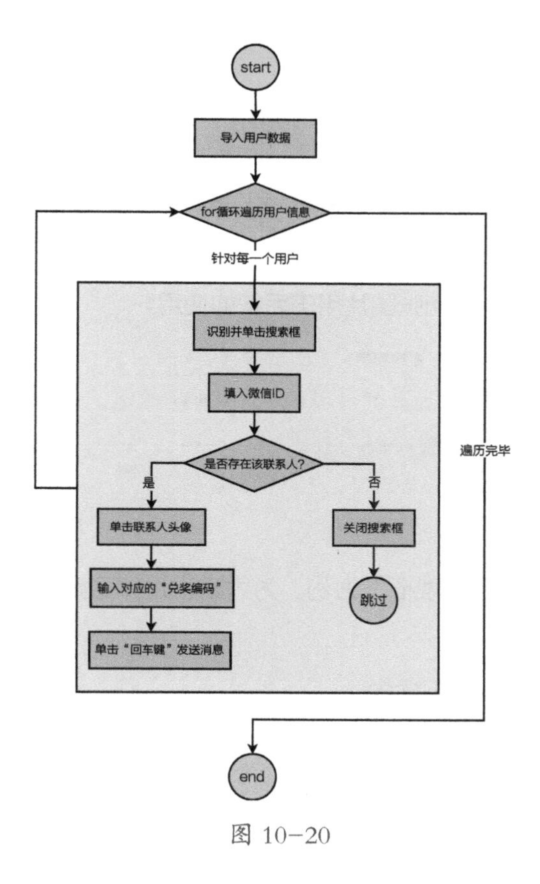

图 10-20

10.5.2 导入相关模块

导入本案例需要用到的所有 Python 模块。

在交互式环境中输入如下命令：

```
In [1]: import time
        import pyautogui
        import pyperclip
        import pandas as pd
```

10.5.3 图片识别并定位坐标

通过前面的流程分析，我们可以发现整个流程包括“定位搜索框”和“单击用户头像”两个关键步骤。在“定位搜索框”后，可以输入用户 ID 来搜索用户。此时会出现如图 10-21 所示的两种状态。

仔细观察图 10-21 可以发现，它们的最大区别在于是否有“联系人”3 个字。此时，我们定位“联系人”在计算机屏幕中的位置。如果存在“联系人”，则证明存在该好友，此时将鼠标向下移动一定的距离，就可以实现“单击用户头像”的操作。

由于每台计算机的屏幕尺寸不同，微信窗口在整个计算机屏幕中的位置并不固定，那么如何用 Python 准确定位“搜索框”和“联系人”在屏幕中的具体坐标位置呢？

我们需要借助 10.3.2 节中的“定位识别”知识，完成该需求。如图 10-22 所示，我们在本地存储了待查找的两张图片用于后续的使用。

图 10-21　　　　图 10-22

在此，我们以定位“搜索框”为例，为大家讲述如何定位它在整个计算机桌面中的具体坐标位置。

在交互式环境中输入如下命令：

```
In [1]: import time
        import pyautogui

        time.sleep(5)                                          ❶
        location = pyautogui.locateOnScreen("search.png")      ❷
        pyautogui.center(location)                             ❸
Out[1]: Point(x=925, y=267)
```

在此调用 sleep() 方法，让程序暂停 5 秒（见 ❶）。请在 5 秒之内，手动打开后台运行的微信程序。

5 秒结束后，程序会执行 ❷❸ 处的代码，即可识别出“搜索框”的具体坐标位置。

小贴士

1. 这里我们采用的是“手动”打开微信窗口方式。只有打开微信窗口，我们才能定位到界面的“搜索框”。

2. 由于计算机的尺寸不同，这里最终得到的结果可能会有所不同。

10.5.4 遍历读取用户数据

在 Pandas 模块中，iterrows() 方法是针对数据框中的行进行迭代的一个生成器，它返回每行的索引及内容。该方法搭配 for 循环语句使用，可以很方便地读取 Excel 表格中的每一行数据。

在交互式环境中输入如下命令：

```
In [1]: data = pd.read_excel("社群优质用户奖励发放.xlsx",header=0)        ❶
        for index, rows in data.iterrows():                                ❷
            print(index,rows[0],rows[1],rows[2])                           ❸
Out[1]: 0 python001 赵一 fIC8wsDbBt
        1 python002 王二 fpwBHatMNJ
        2 python003 张三 fuRBD9BGrG
        ......
        10 python011 苗十一 fGDw6eQgt3
        11 python012 方十二 fwdkKkq9kB
```

在 ❶ 处，我们使用 Pandas 模块读取本地的 Excel 文件。

在 ❷ 处，index 表示每一行的行索引，rows 表示每一行的具体内容。由于每行有 3 个数据，因此可以利用“索引”提取每一行的具体值（见 ❸）。

10.5.5 批量发送微信消息

通过前面的分析并结合流程图，可以得到本案例最终的代码。

在交互式环境中输入如下命令：

```
In [1]: data = pd.read_excel("社群优质用户奖励发放.xlsx", header=0)          ❶
        person_pass = []                                                      ❷

        for index, rows in data.iterrows():                                   ❸
            # 请在 5 秒之内，打开后台运行的微信界面。
            time.sleep(5)
            locate_1 = pyautogui.locateOnScreen("search.png")                 ❹
            center_1 = pyautogui.center(locate_1)                             ❺
            pyautogui.click(center_1[0], center_1[1])                         ❻
            pyautogui.write(rows[0])                                          ❼
            # 输入用户名后，我们等待 2 秒的反应时间。
            time.sleep(2)

            try:
                locate_2 = pyautogui.locateOnScreen("person.png")             ❽
                center_2 = pyautogui.center(locate_2)                         ❾
                pyautogui.click(center_2[0], center_2[1]+50)                  ❿
                # 单击“用户图像”后，我们等待 2 秒的反应时间。
                time.sleep(2)
                pyperclip.copy(
                    f"感谢您参与 Python 科技周年活动，请查收您的专属 VIP 兑换码：
```

```
            {rows[2]} ，兑换有效期到 1 月 10 日，还请尽快登录后兑换。")    ⓫
        pyautogui.hotkey("Ctrl", "v")                                      ⓬
        pyautogui.press("enter")                                           ⓭

    except:
        person_pass.append(rows[0])                                        ⓮
        pyautogui.click(center_1[0]+85, center_1[1])                       ⓯

print(f"以下用户未成功查询到：{person_pass}，请检查后手动发送")
Out[1]: 以下用户未成功查询到：['zpw509', 'zpw510', 'zpw511']，请检查后手动发送
```

首先，我们利用 Pandas 读取“用户信息”数据，并定义一个列表 person_pass，用于存储不是微信好友的用户名（见❶❷）。

接着，调用 iterrows() 方法遍历读取用户数据（见❸）。每循环一次，均定位“搜索框”（见❹），获取截图屏幕的中心坐标（见❺），并单击（见❻），同时向输入框中输入用户 ID（见❼），查询好友是否存在。

通过前面的分析，我们可以利用是否存在“联系人”3 个字来判断好友是否存在。因此，我们首先定位“联系人”在计算机屏幕中的具体位置（见❽）。

假如好友存在，我们就获取截图屏幕的中心坐标（见❾），并以该坐标为基准，朝下移动 50 个像素长度（见❿），这样即可成功单击“用户图像”。此时，我们就能给该好友发送具体信息了（见⓫ ~ ⓭）。

假如好友不存在，我们首先将该名称存储到列表 person_pass 中（见⓮），并以该坐标为基准，朝右移动 85 个像素长度（见⓯），关闭当前的搜索。

如图 10-23 所示，我们成功地实现了操作计算机微信来批量发送消息的功能。

图 10-23

应用篇

第11章 Python自动化办公轻松实战

通过对基础篇和操作篇的学习，我们既实现了 Python 编程快速入门，也掌握了利用 Python 进行自动化办公的各种操作。

在本章中，我们将结合“实际需求”，讲述多个具有“代表性”的真实案例，让大家能够真正地做到学以致用。

11.1 实战项目：利用 Python 批量发送工资条

11.1.1 项目说明

假如你是一位人事部的员工，在你的公司有 5000 名员工。图 11-1 中展示的是由财务人员核算出来的当月所有员工的工资数据，其中包括每个员工的工作邮箱地址。

	A	B	C	D	E	F	G	H	I	J
1	姓名	基本工资	奖金	应发合计	社保	公积金	应扣预缴税	实发金额	职务	邮箱
2	张三丰	15000	5000	20000	2103	2400	314.91	15182.09	项目经理	zhang@python.com
3	李四刚	11000	0	11000	1158	1320	105.66	8416.34	数据分析师	lisi@python.com
4	王丽英	15000	2000	17000	1788	2040	245.16	12926.84	运营总监	wang@python.com
5	尤德义	11000	0	11000	1158	1320	105.66	8416.34	用户运营	youde@python.com
6	芒湉湉	11000	0	11000	1158	1320	105.66	8416.34	用户运营	mang@python.com
7	保安康	11000	1000	12000	1263	1440	128.91	9168.09	用户运营	baoan@python.com
8	袁升荣	11000	0	11000	1158	1320	105.66	8416.34	内容运营	yuan@python.com
9	滕平蓝	11000	0	11000	1158	1320	105.66	8416.34	内容运营	teng@python.com
10	甄思远	13000	500	13500	1420.5	1620	163.79	10295.71	产品经理	zhens@python.com
11	庾瀚漠	13000	0	13000	1368	1560	152.16	9919.84	产品经理	yuhan@python.com
12	沐同甫	13000	0	13000	1368	1560	152.16	9919.84	产品经理	muto@python.com
13	鄢芷文	9000	0	9000	948	1080	59.16	6912.84	社群运营	yanzhi@python.com
14	让晓灵	9000	0	9000	948	1080	59.16	6912.84	社群运营	rangxi@python.com
15	史如彤	9000	0	9000	948	1080	59.16	6912.84	社群运营	shir@python.com
16	童香旋	9000	0	9000	948	1080	59.16	6912.84	活动运营	tongx@python.com
17	禳代天	9000	0	9000	948	1080	59.16	6912.84	活动运营	rangd@python.com
18	伍丹琴	9000	0	9000	948	1080	59.16	6912.84	活动运营	wuda@python.com
19	赤锐志	9000	0	9000	948	1080	59.16	6912.84	活动运营	chir@python.com
20	梨康乐	9000	0	9000	948	1080	59.16	6912.84	活动运营	lika@python.com
21	粟元嫣	9000	0	9000	948	1080	59.16	6912.84	活动运营	suyua@python.com
22	候以丹	9000	0	9000	948	1080	59.16	6912.84	活动运营	houyi@python.com
23	合代巧	9000	0	9000	948	1080	59.16	6912.84	活动运营	hedaiq@python.com
24	冉代双	9000	0	9000	948	1080	59.16	6912.84	活动运营	randa@python.com
25	藏若蕊	9000	0	9000	948	1080	59.16	6912.84	活动运营	cangr@python.com

图 11-1

现在领导让你每月向全体员工发送一条工资条邮件，应该怎么做呢？

11.1.2 项目代码及解释

在交互式环境中输入如下命令：

```
In [1]: import yagmail
        import pandas as pd
        from datetime import *                                                    ❶
In [2]: df = pd.read_excel("2 月工资明细 .xlsx")                                   ❷
        mail = yagmail.SMTP("python3721@163.com"," 授权码 ","smtp.163.com")      ❸

        for index, rows in df.iterrows():                                         ❹
            html_table = df.iloc[[index], :8].to_html(header=True,index=
        False,border="2px")                                                       ❺
            html_table = html_table.replace("\n","")                             ❻
            html_style = '<style>table {cellpadding: "5";border-collapse:
        collapse;}th {width: 12.5%;background-color: #c7e0f5;text-align:
        center;}td{text-align: center;}</style>'                                 ❼
            contents = [f"{rows[' 姓名 ']}，你好：",f" 请查收你 {date.today().
        year}-{date.today().month} 月的工资明细，有问题可咨询人事部门。\n\n",
        html_style+html_table]                                                    ❽
            mail.send(rows[" 邮箱 "], f"{date.today().year}-{date.today().
        month} 月工资明细 ",contents)                                              ❾
```

本案例一共可以拆解为如下 5 个步骤：

1. 导入本案例需要用到的所有 Python 模块（见 ❶）。其中，yagmail 模块用于操作邮箱，Pandas 模块用于操作 Excel，datetime 模块用于获取当前系统的时间。

2. 利用 Pandas 模块读取 Excel 数据（见 ❷），以便后续步骤直接使用表格中的数据。

3. 利用 yagmail 模块登录邮箱（见 ❸），运行时需要替换为自己的实际邮箱。

4. 准备要发送的邮件内容（见 ❹ ～ ❽），

5. 发送邮件（见 ❾）。

执行上述步骤后，每位员工都会收到自己的工资明细。最终效果如图 11-2 所示。

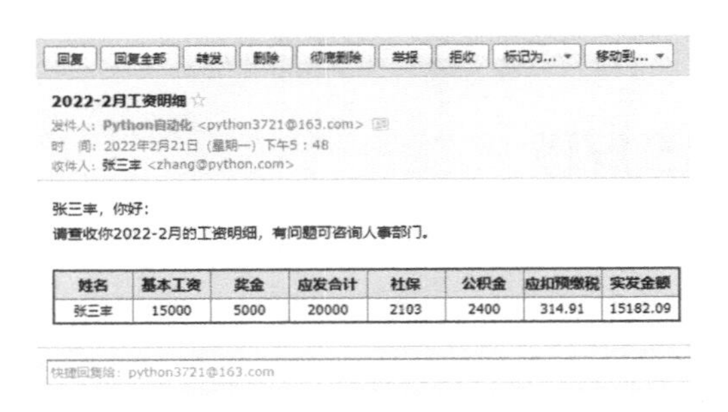

图 11-2

为了保证邮件的美观性，我们需要用到一些简单的前端知识，其中

- style：定义样式标签。
- table：表格标签。
- thead：表格的表头标签。
- tr：表格中的行标签。
- td：行中的单元格标签。

其实整个前端代码很简单，这里我们采用“拼接”代码的方式，为大家展示这么漂亮的表格。

在交互式环境中输入如下命令：

```
In [3]: df.iloc[[0],:8]
Out[3]:
     姓名  基本工资  奖金   应发合计  社保   公积金  应扣预缴税  实发金额
  0 张三丰  15000    5000  20000    2103  2400    314.91   15182.09
In [4]: df.iloc[[0],:8].to_html(header=True,index=False,border="2px")
```

在 ❺ 处的代码中，df.iloc[[index], :8] 表示选取的是第 {index+1} 行的前 8 列数据。这里我们将 index 设置为 0，表示获取的是第 1 行的前 8 列数据。它返回的是一个表格形式的数据。

接着，调用 to_html() 方法，即可将结果转换为 HTML 代码。最终在浏览器中的渲染效果如图 11-3 所示。

在此可以发现，如果不进行表格样式的设置，得到的表格显得有些单调，并不好看。因此，我们定义了一个 style 标签，用于定义表格样式（见 ❼）。此时，将上述转换后的 HTML 代码与定义表格样式的代码“拼接”在一起。最终在浏览器中的渲染效果如图 11-4 所示。

```
<table border="2px" class="dataframe">
  <thead>
    <tr style="text-align: right;">
      <th>姓名</th>
      <th>基本工资</th>
      <th>奖金</th>
      <th>应发合计</th>
      <th>社保</th>
      <th>公积金</th>
      <th>应扣预缴税</th>
      <th>实发金额</th></tr>
  </thead>
  <tbody>
    <tr>
      <td>张三丰</td>
      <td>15000</td>
      <td>5000</td>
      <td>20000</td>
      <td>2103</td>
      <td>2400</td>
      <td>314.91</td>
      <td>15182.09</td></tr>
  </tbody>
</table>
```

姓名	基本工资	奖金	应发合计	社保	公积金	应扣预缴税	实发金额
张三丰	15000	5000	20000	2103	2400	314.91	15182.09

图 11-3

```
<style>
  table {
    cellpadding: "5";
    border-collapse: collapse;
  }
  th {
    width: 12.5%;
    background-color: #c7e0f5;
    text-align: center;
  }
  td {
    text-align: center;
  }
</style>
<table border="2px" class="dataframe">
  <thead>
    <tr style="text-align: right">
      <th>姓名</th>
      <th>基本工资</th>
      <th>奖金</t
      <th>应发合计
      <th>社保</t
      <th>公积金<
      <th>应扣预
      <th>实发金额</th>
    </tr>
  </thead>
  <tbody>
    <tr>
      <td>张三丰</td>
      <td>15000</td>
      <td>5000</td>
      <td>20000</td>
      <td>2103</td>
      <td>2400</td>
      <td>314.91</td>
      <td>15182.09</td>
    </tr>
  </tbody>
</table>
```

姓名	基本工资	奖金	应发合计	社保	公积金	应扣预缴税	实发金额
张三丰	15000	5000	20000	2103	2400	314.91	15182.09

图 11-4

11.1.3 小结

在本节的实战案例中，我们不仅学会了如何使用 Pandas 模块读取 Excel 表格中的数据，同时也学会了如何利用 yagmail 模块发送邮件，并掌握了一些基础的前端知识。

这是一个非常典型的Python自动化办公案例，它能够大大提升我们的工作效率。无论是群发工资条，还是定时发送表格型的日报数据，抑或发送消息、图片、压缩文件，我们都可以利用该方法来实现自己的需求。

小思考

如果领导要求员工的工资条必须在14：00准时发送，大家会怎么做呢？可以参考9.3.4节。

11.2 实战项目：利用Python批量筛选工作简历

11.2.1 项目说明

假如你是一位人事部的员工，负责求职简历的筛选工作。如图11-5所示，你收到了大量求职数据分析师岗位的工作简历。

第11章 代码 › 简历　　搜索

名称	类型
后台研发工程师_朱五.pdf	WPS PDF 文档
黄七校招简历.pdf	WPS PDF 文档
简历_张三.pdf	WPS PDF 文档
李星星求职简历-.pdf	WPS PDF 文档
马六_求职简历.pdf	WPS PDF 文档
求职简历_李四_13812345678.pdf	WPS PDF 文档
求职数据分析师-小王.pdf	WPS PDF 文档
商业数据分析师简历-周九.pdf	WPS PDF 文档
数据运营简历-王二.pdf	WPS PDF 文档
赵一_简历.pdf	WPS PDF 文档

图11-5

现在业务部门要求面试者必须掌握SQL技能，你应该如何从大量的PDF文件中筛选出符合要求的简历呢？

每份简历都是PDF格式的文件。如图11-6所示，任意打开一份简历，其中包括应试者自己填写的个人基础信息、教育背景（教育经历）、工作经历和专业技能等。

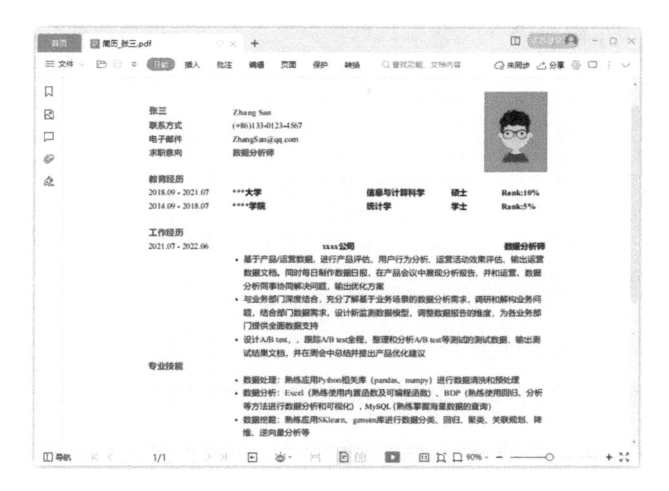
张三　Zhang San
联系方式　(+86)133-0123-4567
电子邮件　ZhangSan@qq.com
求职意向　数据分析师

教育经历
2018.09 - 2021.07　***大学　信息与计算科学　硕士　Rank:10%
2014.09 - 2018.07　****学院　统计学　学士　Rank:5%

工作经历
2021.07 - 2022.06　xxxx公司　数据分析师
- 基于产品/运营数据，进行产品评估、用户行为分析、运营活动效果评估、输出运营数据文档。同时每日制作数据日报，在产品会议中展现分析报告，并和运营、数据分析同事协同解决问题，输出优化方案
- 与业务部门深度结合，充分了解基于业务场景的数据分析需求，调研和解构业务问题，结合部门数据需求，设计新监测数据模型，调整数据报告的维度，为各业务部门提供全面数据支持
- 设计A/B test，，跟踪A/B test全程，整理和分析A/B test等测试的测试数据，输出测试结果文档，并在周会中总结并提出产品优化建议

专业技能
- 数据处理：熟练应用Python相关库（pandas、numpy）进行数据清洗和预处理
- 数据分析：Excel（熟练使用内置函数及可编程函数）、BDP（熟练使用回归、分析等方法进行数据分析和可视化），MySQL（熟练掌握海量数据的查询）
- 数据挖掘：熟练应用SKlearn、gensim库进行数据分类、回归、聚类、关联规划、降维、逆向量分析等

图 11-6

11.2.2 项目代码及解释

在交互式环境中输入如下命令：

```
In [1]: import os
        import shutil
        import pdfplumber                                                    ❶
In [2]: file_list = os.listdir("./ 简历 ")                                   ❷
        new_file_list = []                                                   ❸
        for index, file in enumerate(file_list):                             ❹
            if file.split(".")[-1] == "pdf":
                new_file_list.append(file_list[index])
        full_path_list = ["./ 简历 /" + i for i in new_file_list]            ❺
        full_path_list
Out[2]: ['./ 简历 / 后台研发工程师 _ 朱五 .pdf',
         './ 简历 / 商业数据分析师简历 - 周九 .pdf',
         './ 简历 / 数据运营简历 - 王二 .pdf',
         './ 简历 / 李星星求职简历 -.pdf',
         './ 简历 / 求职数据分析师 - 小王 .pdf',
         './ 简历 / 求职简历 _ 李四 _13812345678.pdf',
         './ 简历 / 简历 _ 张三 .pdf',
         './ 简历 / 赵一 _ 简历 .pdf',
         './ 简历 / 马六 _ 求职简历 .pdf',
         './ 简历 / 黄七校招简历 .pdf']
In [3]: des_path = "./ 简历 / 简历筛选 _SQL"
        for full_path in full_path_list:
            string = ""                                                      ❻
            with pdfplumber.open(full_path) as pdf:                          ❼
                pages_list = pdf.pages
```

```
        for page in pages_list:
            text = page.extract_text()
            string += text
        pdf.close()
        if "sql" in string.lower():                          ❽
            if not os.path.exists(des_path):                 ❾
                os.mkdir(des_path)
            shutil.move(full_path,des_path)                  ❿
```

本案例一共可以拆解为如下 4 个步骤：

1. 导入本案例需要用到的所有 Python 模块（见 ❶）。其中，os 模块和 shutil 模块主要用于文件/文件夹的自动化处理，pdfplumber 模块主要用于操作 PDF 文件。

2. 利用 os 模块，读取并筛选出符合条件的简历文件，获取每个简历文件的相对路径（见 ❷ ～ ❺）。

3. 利用 pdfplumber 模块，读取每个简历文件，并提取其中的文字内容，将其转换为一个字符串 string（见 ❻❼）。

4. 判断关键词 sql 是否在字符串 string 中（见 ❽）。如果在，则将该简历移动到目标文件夹中（见 ❿）。在此期间，还需要判断目标文件夹是否存在，若不存在，则需要创建一个目标文件夹（见 ❾）。

执行上述步骤，目标文件夹中已经包含了筛选后的简历。最终效果如图 11-7 所示。

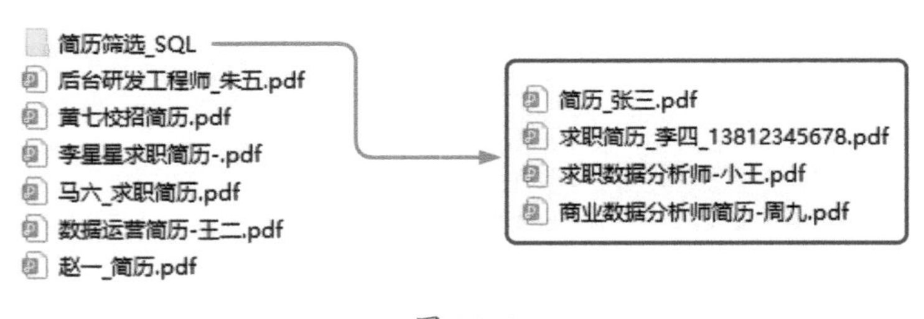

图 11-7

11.2.3 小结

在本节的实战案例中，我们学会了如何利用 os 模块和 shutil 模块处理本地的文件/文件夹，还学会了如何利用 pdfplumber 模块处理 PDF 文件。

这是 Python 自动化办公中一个非常典型的应用方向——筛选文件。筛选简历只是其中的一个案例，实际上我们还能做更多事。比如，批量筛选公司财报，找到符合条件的公司；再如，在本地海量的 PDF 电子书中，搜索满足某些关键词条件的相关图书。

举一反三，根据本案例的逻辑，我们也可以筛选出符合条件的 Word、Excel、PPT 等文件。

11.3 实战项目：利用Python批量识别财务发票信息

11.3.1 项目说明

假如你是一位财务部的员工。你最近接到了一个新任务。如图 11-8 所示，这是一张电子发票，里面包含了许多有用的信息。与此类似的发票大概有 200 张。

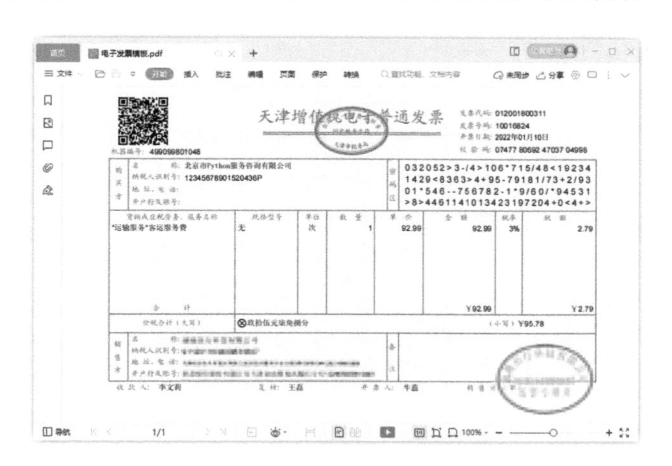

图 11-8

现在，领导要求你将提取到的信息保存到 Excel 表格中。你应该怎么做呢?

在 Python 中有进行文字识别的模块，但是利用该模块来识别发票显得非常复杂。因此，我们可以利用 Python 调用免费的 API 接口来识别发票中的信息。

在正式讲述代码之前，我将详细讲述如何创建一个应用，获取密钥。

首先，打开百度智能云的网站，注册并登录。

接着，依次选择【产品】-【人工智能】-【财务票据文字识别】-【立即使用】选项。在打开的如图 11-9 所示的窗口中，单击【创建应用】按钮。

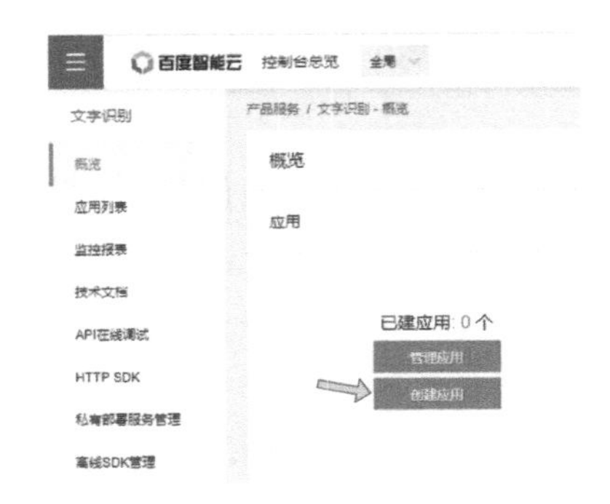

图 11-9

然后，在创建应用界面中填写必要的信息。注意在【接口选择】栏中勾选【文字识别】项中的财务发票识别，填写内容可以参考图 11-10。

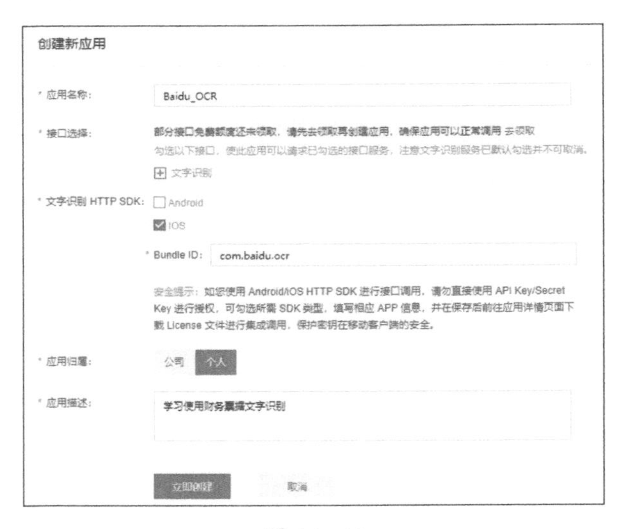

图 11-10

如图 11-11 所示，创建应用后，可获取你的密钥 API Key 和 Secret Key。

图 11-11

11.3.2 项目代码及解释

在交互式环境中输入如下命令：

```
In [1]: import os
        import base64
        import requests
        import pandas as pd                                                    ❶
In [2]: def get_access_token(API_Key,Secret_Key):                              ❷
            host = f"https://aip.********.com/oauth/2.0/token?client_
        secret={Secret_Key}&grant_type=client_credentials&client_id={API_
        Key}"
            response = requests.get(host)
            return response.json()['access_token']

        access_token = get_access_token(API_Key,Secret_Key)
In [3]: def get_content(access_token,pdf_file):                                ❸
            headers = {'content-type': 'application/x-www-form-urlencoded'}
            request_url = f"https://aip.********.com/rest/2.0/ocr/v1/vat_
        invoice?access_token={access_token}"
            f = open(pdf_file,'rb')
            pdf = base64.b64encode(f.read())
            params = {"pdf_file":pdf}
            response = requests.post(request_url,data=params,headers=headers)
            return response.json()

        content = get_content(access_token,pdf_file)
In [4]: def get_useful_info(content,pdf_name):                                 ❹
            words_result = json_s['words_result']
            info = {'发票文件名': pdf_name,
                    '发票号码': str(words_result['InvoiceNum']),
                    '开票日期': words_result['InvoiceDate'],
                    '货物名称': words_result['CommodityName'][0]['word'],
                    '未税金额': words_result['CommodityAmount'][0]['word'],
                    '货物税率': words_result['CommodityTaxRate'][0]['word'],
                    '货物税额': words_result['CommodityTax'][0]['word'],
                    '合计金额': words_result['TotalAmount'],
                    '合计税额': words_result['TotalTax'],
                    '价税合计(小写)': words_result['AmountInFiguers'],
                    '价税合计(大写)': words_result['AmountInWords'],
                    '销售方名称': words_result['SellerName'],
                    '销售方纳税人识别号': words_result['SellerRegisterNum'],
                    '销售方银行及账户': words_result['SellerBank'],
                    '销售方地址及电话': words_result['SellerAddress']}
            return info
In [5]: API_Key = '自己申请的'
        Secret_Key = '自己申请的'

        pdf_file_list = os.listdir("./财务发票")                               ❺
        info_list = []
        for pdf_file in pdf_file_list:
            if pdf_file.split(".")[-1] == 'pdf':                               ❻
```

```
        pdf_name = pdf_file.split(".")[:-1]
        access_token = get_access_token(API_Key,Secret_Key)                    ❼
        content = get_content(access_token,"./财务发票/"+pdf_file)              ❽
        info = get_useful_info(content,pdf_name)                               ❾
        info_list.append(info)                                                 ❿

df = pd.DataFrame(info_list)                                                   ⓫
df.to_excel('增值税发票信息统计.xlsx',index=None)                                ⓬
```

本案例一共可以拆解为如下 6 个步骤：

1. 导入本案例需要用到的所有 Python 模块（见❶）。其中，os 模块主要用于文件 / 文件夹的处理，base64 模块主要用于编码处理，requests 模块主要用于发送请求，Pandas 模块主要用于处理 Excel 文件中的数据。

2. 自定义 get_access_token 函数（见❷），用于获取 access_token。

3. 自定义 get_content 函数（见❸），用于识别发票中的内容，返回 JSON 格式的数据。

4. 自定义 get_useful_info 函数（见❹），将需要的数据最终保存为字典格式。

5. 利用 os 模块，读取并筛选出所有的发票文件（见❺❻）。针对每个发票文件，我们先获取 access_token（见❼），接着识别发票中的内容（见❽），然后存储需要的数据（见❾），最终将得到的字典数据都存储在一个列表中（见❿）。info_list 是一个列表嵌套字典的形式。

6. 利用 Pandas 模块，将得到的数据转换为 DataFrame 数据框（见⓫），并存储到 Excel 文件中（见⓬）。

执行上述步骤，我们得到了生成的 Excel 表格。最终效果如图 11-12 所示。

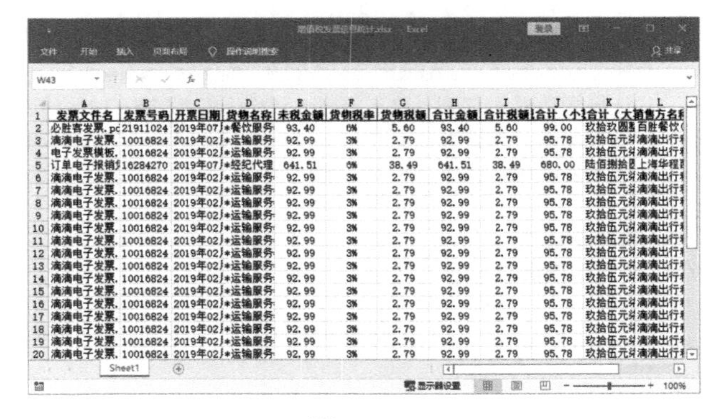

图 11-12

11.3.3 小结

由于没有合适的 Python 模块能够直接解决问题，因此，我们选择了调用接口的方法来批量识别财务发票信息。

在本案例中，我们提取的是 PDF 格式的电子发票。但是在实际财务工作中，如果遇到提取图片格式的电子发票，只需将 get_content 函数中的代码做如下修改：

```
In [1]: f = open(PDF路径,'rb')
        pdf = base64.b64encode(f.read())
        params = {"pdf_file":pdf}
```

替换为：

```
In [2]: f = open(图片路径,'rb')
        img = base64.b64encode(f.read())
        params = {"image":img}
```

11.4 实战项目：利用 Python 批量提取合同数据

11.4.1 项目说明

假如你是一位法务部的员工，需要整理公司最近的合同数据。图 11-13 中展示了公司最近一段时间签订的合同文件。该合同文件大约有 500 份。

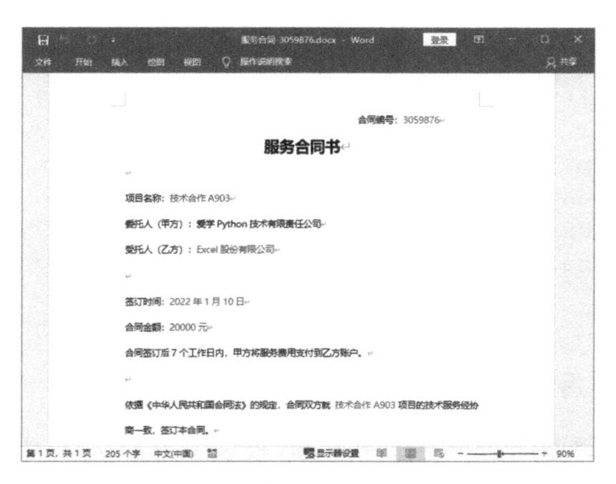
合同编号：3059876

服务合同书

项目名称：技术合作 A903

委托人（甲方）：爱学 Python 技术有限责任公司

受托人（乙方）：Excel 股份有限公司

签订时间：2022 年 1 月 10 日

合同金额：20000 元

合同签订后 7 个工作日内，甲方将服务费用支付到乙方账户。

依据《中华人民共和国合同法》的规定，合同双方就 技术合作 A903 项目的技术服务经协商一致，签订本合同。

图 11-13

现在领导让我们将合同文件中的相关数据信息提取出来，并保存到本地的 Excel 文件中，应该怎么做呢？

11.4.2 项目代码及解释

在交互式环境中输入如下命令：

```
In [1]: import os
        import pandas as pd
        from docx import Document                                          ❶
In [2]: file_list = os.listdir("./合同文件")                                 ❷
        new_file_list = []                                                  ❸
        for index, file in enumerate(file_list):                            ❹
            if file.startswith("服务合同-"):
                new_file_list.append(file_list[index])
        full_path_list = ["./合同文件/" + i for i in new_file_list]          ❺
        full_path_list
Out[2]: ['./合同文件/服务合同-3059874.docx',
         './合同文件/服务合同-3059875.docx',
        ......
         './合同文件/服务合同-3059884.docx',
         './合同文件/服务合同-3059885.docx',
         './合同文件/服务合同-3059886.docx']
In [3]: columns = ["合同编号","合作名称","委托公司","签订日期","合同金额",
        "合作名称"]
        data = pd.DataFrame(columns=columns)

        for full_path in full_path_list:
            doc = Document(full_path)                                       ❻
            result = []
            rgb = doc.paragraphs[0].runs[1].font.color.rgb                  ❼
            for paragraph in doc.paragraphs:
                tmp = []
                for run in paragraph.runs:
                    if str(run.font.color.rgb) == str(rgb):                 ❽
                        tmp.append(run.text)
                if tmp:
                    result.append("".join(tmp))                             ❾
            df = pd.DataFrame([result], columns=columns)                    ❿
            data = data.append(df)                                          ⓫

        data.to_excel("合同文件信息_导出.xlsx", index=None)                   ⓬
```

本案例一共可以拆解为如下4个步骤：

1. 导入本案例需要用到的所有Python模块（见❶）。其中，os模块主要用于文件/文件夹的处理，Pandas模块主要用于处理Excel文件中的数据，python-docx模块主要用于操作Word文件。

2. 利用 os 模块，读取并筛选出符合条件的合同文件，获取每个合同文件的相对路径（见❷～❺）。

3. 针对每个合同文件，首先读取它（见❻），接着获取 Word 文档中第一个段落的第二个文字块的颜色（见❼），然后筛选出颜色一致的文字块并存储到列表中（见❽❾），最后将得到的数据转换为 DataFrame 数据框（见❿）。

4. 这里我们读取一个 Word 文件，将提取到的数据存储到 DataFrame 数据框中。因此，我们需要调用 append() 方法将每次得到的小数据框合并成一个大的数据框（见⓫）。之后调用 to_excel() 方法，即可将所有数据写入本地的 Excel 文件中（见⓬）。

执行上述步骤后，我们得到了生成的 Excel 表格。最终效果如图 11-14 所示。

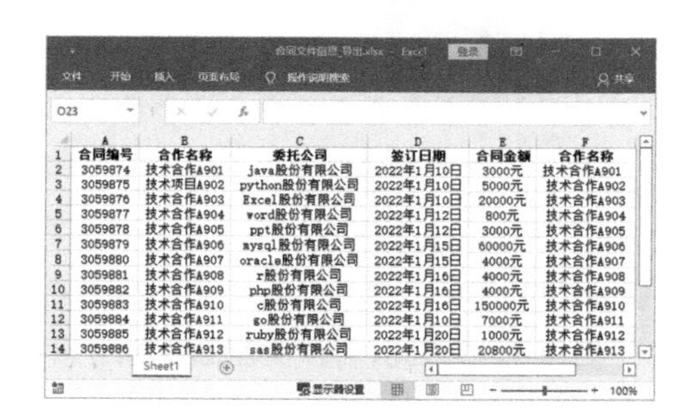

合同编号	合作名称	委托公司	签订日期	合同金额	合作名称
3059874	技术合作A901	java股份有限公司	2022年1月10日	3000元	技术合作A901
3059875	技术项目A902	python股份有限公司	2022年1月10日	5000元	技术合作A902
3059876	技术合作A903	Excel股份有限公司	2022年1月10日	20000元	技术合作A903
3059877	技术合作A904	word股份有限公司	2022年1月12日	800元	技术合作A904
3059878	技术合作A905	ppt股份有限公司	2022年1月12日	3000元	技术合作A905
3059879	技术合作A906	mysql股份有限公司	2022年1月15日	60000元	技术合作A906
3059880	技术合作A907	oracle股份有限公司	2022年1月15日	4000元	技术合作A907
3059881	技术合作A908	r股份有限公司	2022年1月16日	4000元	技术合作A908
3059882	技术合作A909	php股份有限公司	2022年1月16日	4000元	技术合作A909
3059883	技术合作A910	c股份有限公司	2022年1月16日	150000元	技术合作A910
3059884	技术合作A911	go股份有限公司	2022年1月10日	7000元	技术合作A911
3059885	技术合作A912	ruby股份有限公司	2022年1月20日	1000元	技术合作A912
3059886	技术合作A913	sas股份有限公司	2022年1月20日	20800元	技术合作A913

图 11-14

11.4.3 小结

在本节的实战案例中，我们学会了如何利用 os 模块处理本地的文件 / 文件夹，还学会了如何利用 python-docx 模块处理 Word 文件。

在本案例中，最关键的一点在于，我们利用了“待提取的合同信息数据的颜色与正文不一致”这个差别来提取合同中的数据。如果在实际案例中碰到了更加复杂的合同文件的数据提取，我们一定要学会找其中的差别。

小思考

如果法务部的员工想批量生成合同，应该怎么办呢？

11.5 实战项目：利用 Python 自动制作周报 PPT

11.5.1 项目说明

假如你是一位运营部的员工，每周都需要制作公司周报 PPT。如图 11-15 所示的 PPT 展示了公司一周的销售数据报告。

图 11-15

周报 PPT 的格式是固定的，PPT 中的内容是根据本周的销售数据（如图 11-16 所示）计算得到的。为了能够节省时间，你希望能够利用 Python 自动化处理数据并制作周报 PPT，应该怎么做呢？

	A	B	C	D
1	日期	区域	渠道	销量
2	2022/4/18	华东大区	电商平台	10369
3	2022/4/18	华东大区	线下门店	5184
4	2022/4/18	华东大区	社区团购	2145
5	2022/4/18	华东大区	其他	178
6	2022/4/18	华中大区	电商平台	8640
7	2022/4/18	华中大区	线下门店	4320
8	2022/4/18	华中大区	社区团购	1787
9	2022/4/18	华中大区	其他	148
10	2022/4/18	华南大区	电商平台	9908
11	2022/4/18	华南大区	线下门店	4954
12	2022/4/18	华南大区	社区团购	2049
13	2022/4/18	华南大区	其他	170
14	2022/4/18	华北大区	电商平台	6221
15	2022/4/18	华北大区	线下门店	3110

图 11-16

11.5.2 项目代码及解释

```
In [1]: import pandas as pd
        from datetime import datetime
        from pptx.util import Cm
        from pptx.util import Pt
        from pptx import Presentation
```

```
from pptx.enum.text import PP_ALIGN
from pptx.chart.data import ChartData
from pptx.enum.chart import XL_CHART_TYPE, XL_LEGEND_POSITION
In [2]: week_list = ["周一","周二","周三","周四","周五","周六","周日"]
this_week_df = pd.read_excel("公司销量模拟数据.xlsx",sheet_name="本周数据")
this_week_df["星期"] = this_week_df["日期"].apply(lambda x: week_
list[x.dayofweek])
this_week_df.head()
Out[2]:    日期        区域      渠道      销量    星期
0   2022-04-18  华东大区  电商平台  10369   周一
1   2022-04-18  华东大区  线下门店  5184    周一
2   2022-04-18  华东大区  社区团购  2145    周一
3   2022-04-18  华东大区  其他       178    周一
4   2022-04-18  华中大区  电商平台  8640    周一
In [3]: this_month = max(this_week_df["日期"].dt.month)
min_date = min(this_week_df["日期"].dt.day)
max_date = max(this_week_df["日期"].dt.day)
this_total_sale = this_week_df["销量"].sum()
this_total_sale = f"{(this_total_sale / 10000):.1f}万"

print(this_month,min_date,max_date,this_total_sale)
Out[3]: 4 18 24 50.9万
In [4]: diff_regions = this_week_df.groupby("区域")["销量"].sum()
sale_max_regions = diff_regions.idxmax()

sale_max_regions_value = diff_regions.max()
sale_max_regions_value = f"{(sale_max_regions_value / 10000):.1f}万"

diff_channels = this_week_df.groupby("渠道")["销量"].sum()
sale_max_channels = diff_channels.idxmax()

sale_max_channels_value = diff_channels.max()
sale_max_channels_value = f"{(sale_max_channels_value / 10000):.1f}
万"

day_of_week = this_week_df.groupby("星期")["销量"].sum()
sale_max_week = day_of_week.idxmax()

sale_max_week_value = day_of_week.max()
sale_max_week_value = f"{(sale_max_week_value / 10000):.1f}万"

print(sale_max_regions, sale_max_regions_value,
      sale_max_channels,sale_max_channels_value,
      sale_max_week,sale_max_week_value)
Out[4]: 华东大区 11.3万 电商平台 29.5万 周一 9.4万
In [5]: line_chart = this_week_df.groupby("日期")["销量"].sum()
line_chart.index.to_list()
line_chart.values.tolist()
```

```
Out[5]: [94307, 57867, 50639, 65955, 69948, 86717, 83787]
In [6]: last_week_df  = pd.read_excel("公司销量模拟数据.xlsx",sheet_name="上
        周数据")
        last_week_df["星期"] = last_week_df["日期"].apply(lambda x: week_
        list[x.dayofweek])
        last_week_df.head()
Out[6]:       日期        区域        渠道        销量     星期
        0   2022-04-11  华东大区    电商平台    10608    周一
        1   2022-04-11  华东大区    线下门店    5304     周一
        2   2022-04-11  华东大区    社区团购    1591     周一
        3   2022-04-11  华东大区    其他         176     周一
        4   2022-04-11  华中大区    电商平台    8301     周一
In [7]: weekly_ratio = (this_week_df["销量"].sum() - last_week_df["销量"].
        sum()) / last_week_df["销量"].sum()
        weekly_ratio = f"{weekly_ratio:.1%}"

        last_diff_channels = last_week_df.groupby("渠道")["销量"].sum().
        sort_values()
        this_diff_channels = this_week_df.groupby("渠道")["销量"].sum().
        sort_values()
        idx = (this_diff_channels - last_diff_channels).idxmax()

        channels_weekly_ratio = (this_diff_channels[idx] - last_diff_
        channels[idx]) / last_diff_channels[idx]
        channels_weekly_ratio = format(channels_weekly_ratio,'.0%')

        ave = int(this_week_df["销量"].sum() / ((this_week_df["日期"].max()
        - this_week_df["日期"].min()).days + 1))
        ave = f"{(ave/10000):.1f}万"

        print(weekly_ratio,idx,channels_weekly_ratio,ave)
Out[7]: 4.7% 社区团购 40% 7.3万
In [8]: year = datetime.now().year
        month = datetime.now().month
        day = datetime.now().day
        date = f"{year}年{month}月{day}日"
        date
Out[8]: '2022年4月25日'
In [9]: prs = pptx.Presentation("模板.pptx")

        # 第一页内容
        slide1 = prs.slides[0]
        slide1.placeholders[1].text = date

        # 第二页内容
        slide2 = prs.slides[1]
        slide2.placeholders[14].text = f"{this_month}月{min_date}日-{this_
        month}月{max_date}日"
```

```
slide2.placeholders[16].text = this_total_sale
slide2.placeholders[18].text = weekly_ratio
slide2.placeholders[20].text = sale_max_regions
slide2.placeholders[22].text = sale_max_regions_value
slide2.placeholders[25].text = sale_max_channels
slide2.placeholders[27].text = sale_max_channels_value
slide2.placeholders[30].text = sale_max_week
slide2.placeholders[32].text = sale_max_week_value

# 第三页内容
slide3 = prs.slides[2]

slide3.placeholders[15].text = sale_max_week
slide3.placeholders[17].text = sale_max_week_value
slide3.placeholders[20].text = ave

shapes3 = slide3.shapes
x = line_chart.index.to_list()
y = line_chart.values.tolist()
chart_data = ChartData()
chart_data.categories = x
chart_data.add_series(name='', values=y)
left, top, width, height = Cm(1), Cm(4.5), Cm(20), Cm(10)
graphic_frame = shapes3.add_chart(
    chart_type=XL_CHART_TYPE.LINE, x=left, y=top, cx=width,
cy=height, chart_data=chart_data)
chart = graphic_frame.chart
chart.has_legend = False
value_axis = chart.value_axis
value_axis.minimum_scale = 30000

# 第四页内容
slide4 = prs.slides[3]

slide4.placeholders[17].text = sale_max_channels
slide4.placeholders[20].text = sale_max_channels_value
slide4.placeholders[23].text = idx
slide4.placeholders[25].text = channels_weekly_ratio

shapes4 = slide4.shapes
chart_data = ChartData()
chart_data.categories = this_diff_channels.index.to_list()
chart_data.add_series("本周", this_diff_channels.values.tolist())
chart_data.add_series("上周", last_diff_channels.values.tolist())
left, top, width, height = Cm(3), Cm(4), Cm(17), Cm(12)
graphic_frame = shapes4.add_chart(
    chart_type=XL_CHART_TYPE.COLUMN_CLUSTERED, x=left, y=top,
cx=width, cy=height, chart_data=chart_data)
```

```
chart = graphic_frame.chart
chart.has_legend = True
chart.legend.position = XL_LEGEND_POSITION.BOTTOM
chart.legend.include_in_layout = False

prs.save(f"周报_{date}.pptx")
```

本案例一共可以拆解为如下 3 个步骤：

1. 导入本案例需要用到的所有 Python 模块。其中，Pandas 模块主要用于读取并处理 Excel 文件中的数据，datetime 模块主要用于时间的处理，python-pptx 模块主要用于 PPT 演示文稿的处理。

2. 利用 Pandas 模块读取 Excel 文件中的数据，并根据周报 PPT 中的内容，计算出我们需要的数据。In [1] ~ In [9] 都是数据处理部分，大家一定要仔细研究这一部分。

3. 利用 python-pptx 模块读取 PPT 演示文稿，分别将处理好的数据，插入第一页至第四页的 PPT 中。

其实这个案例，省略了“自定义幻灯片模板”和“获取幻灯片模板的占位符索引”这两个关键步骤。大家可以参考第 6 章的知识点，自行补充这部分代码。

执行上述步骤，我们得到了生成的周报 PPT。最终效果如图 11-17 至图 11-20 所示。

图 11-17

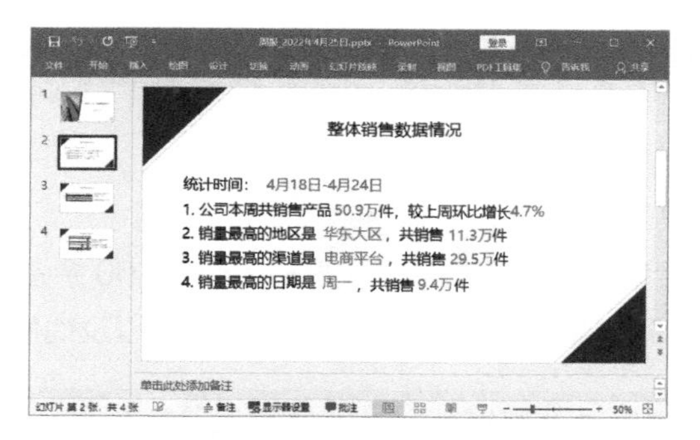

图 11-18

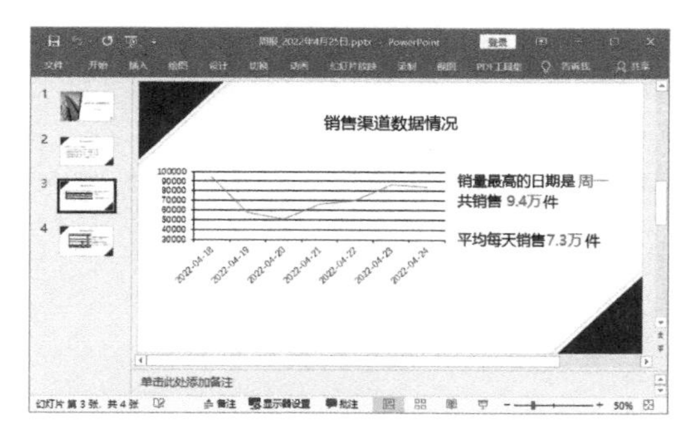

图 11-19

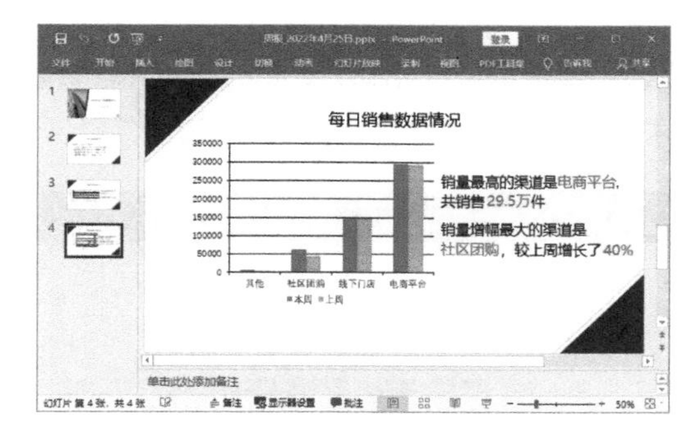

图 11-20

11.5.3 小结

在本节的实战案例中，我们不仅学会了如何用 Pandas 模块读取并处理 Excel 文件中的数据，同时也学会了如何利用 python-pptx 模块处理 PPT 演示文稿。

掌握了这个案例中的知识点，就可以大大提高我们的工作效率。花一点时间写代码，即可无限次复用。在实际工作中，我们往往还需要定时提交日报。大家可以参考本案例，试着完成该需求。

11.6 实战项目：利用 Python 批量制作学生成绩报告

11.6.1 项目说明

如果你是一位人民教师，你所在的学校高一大约有 400 余名学生。在如图 11-21 所示的 Excel 表中，存储着全体学生的期末考试成绩，以及他们的期中排名。

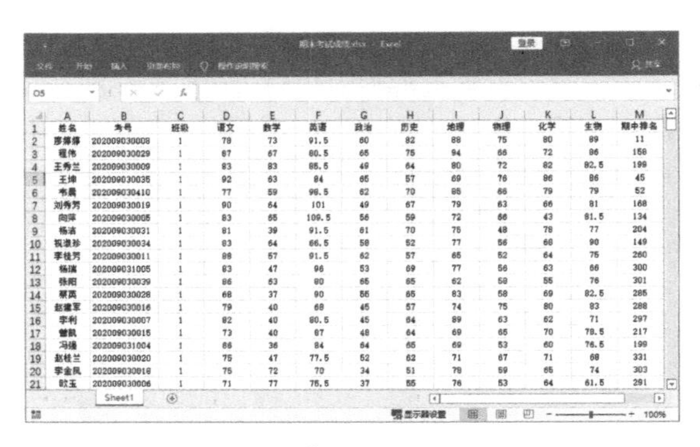

姓名	考号	班级	语文	数学	英语	政治	历史	地理	物理	化学	生物	期中排名
廖婷婷	202009030008	1	78	73	91.5	60	82	88	75	80	89	11
程伟	202009030029	1	67	67	80.5	65	75	94	66	72	86	158
王秀兰	202009030009	1	83	83	85.5	49	64	80	72	82	82.5	199
王坤	202009030035	1	92	63	84	65	57	69	76	86	86	45
韦晨	202009030410	1	77	59	96.5	62	70	85	66	79	79	52
刘秀芳	202009030019	1	90	64	101	49	67	79	63	66	81	168
向萍	202009030005	1	83	65	109.5	56	59	72	66	43	81.5	134
杨洁	202009030031	1	81	39	91.5	61	70	75	48	78	77	204
钱淑珍	202009030034	1	83	64	66.5	58	52	77	56	68	90	149
李桂芳	202009030011	1	88	57	91.5	62	57	65	52	64	75	260
杨瑞	202009031005	1	83	47	96	53	69	77	56	63	66	300
张阳	202009030039	1	86	63	80	65	65	62	58	55	76	301
蔡丽	202009030028	1	68	37	90	56	65	83	58	69	82.5	285
赵建军	202009030016	1	79	40	68	45	57	74	75	80	83	288
李利	202009030007	1	82	40	80.5	45	64	89	63	62	71	297
曾凯	202009030015	1	73	40	87	48	64	69	65	70	78.5	217
冯强	202009031004	1	86	36	84	64	65	69	53	60	76.5	199
赵桂兰	202009030020	1	75	47	77.5	52	62	71	67	71	68	331
李金凤	202009030018	1	75	72	70	34	51	78	59	65	74	303
欧玉	202009030006	1	71	77	75.5	37	55	76	53	64	61.5	291

图 11-21

现在需要给每位家长发送一份单独的成绩报告，说明孩子这个学期的学习情况，应该怎么做呢?

当然，成绩报告模板需要提前设计出来。图 11-22 展示了本案例用到的案例模板。大家可以根据实际需求，设计出更符合特定情况的模板。

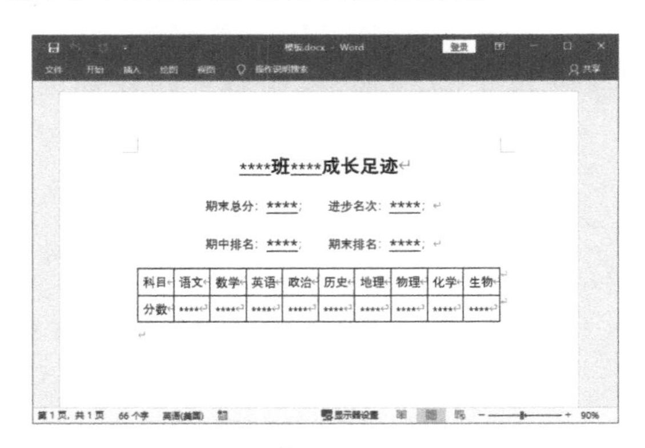

******班****成长足迹**

期末总分：****；　进步名次：****；

期中排名：****；　期末排名：****；

科目	语文	数学	英语	政治	历史	地理	物理	化学	生物
分数	****	****	****	****	****	****	****	****	****

图 11-22

11.6.2 项目代码及解释

在交互式环境中输入如下命令：

```
In [1]: import pandas as pd
```

```
    from docx import Document
    from docx.shared import Pt,RGBColor
    from docx.enum.text import WD_ALIGN_PARAGRAPH                ❶
In [2]: df = pd.read_excel("期末考试成绩.xlsx")                   ❷
    df = df.fillna(0)                                            ❸
    df["总分"] = df.loc[:,"语文":"生物"].sum(axis=1)              ❹
    df["期末排名"] = df["总分"].rank(method="min",ascending=False).
    astype("int")                                                ❺
    df["期中排名"] = df["期中排名"].astype("int")                  ❻
    df["进步名次"] = -(df["期末排名"]-df["期中排名"])              ❼
    df.sample(5)                                                 ❽
Out[2]:     姓名   ...   班级   语文  ...  期中排名   总分    期末排名   进步名次
    95   张伟    ...    2    86.0  ...    38     671.5    109       -71
    112  程秀英  ...    2    84.0  ...   163     584.5    283      -120
    315  房淑兰  ...    7    95.0  ...   256     672.5    105       151
    358  谢阳    ...    8    88.0  ...    23     753.0     14         9
    31   魏平    ...    1    75.0  ...   408     504.5    389        19
In [3]: doc = Document("模板.docx")                               ❾

    def normal_run(a,b,text):                                    ❿
        run = doc.paragraphs[a].runs[b]
        run.text = str(text)
        run.font.bold = True
        run.font.color.rgb = RGBColor(2,30,170)

    def table_run(c,text):                                       ⓫
        cell = doc.tables[0].rows[1].cells[c]
        paragraph = cell.paragraphs[0]
        paragraph.alignment = WD_ALIGN_PARAGRAPH.CENTER
        run = paragraph.runs[0]
        run.text = str(text)
        run.font.bold = True
        run.font.size = Pt(12)
In [4]: for index, rows in df.iterrows():
        normal_run(0,0,rows["班级"])                              ⓬
        normal_run(0,2,rows["姓名"])                              ⓭
        normal_run(1,2,rows["总分"])                              ⓮
        normal_run(1,7,rows["进步名次"])                          ⓯
        normal_run(2,4,rows["期中排名"])                          ⓰
        normal_run(2,9,rows["期末排名"])                          ⓱
        table_run(1,rows["语文"])                                 ⓲
        table_run(2,rows["数学"])                                 ⓳
        table_run(3,rows["英语"])                                 ⓴
        table_run(4,rows["政治"])                                 ㉑
        table_run(5,rows["历史"])                                 ㉒
        table_run(6,rows["地理"])                                 ㉓
        table_run(7,rows["物理"])                                 ㉔
        table_run(8,rows["化学"])                                 ㉕
```

```
    table_run(9,rows[" 生物 "])                                    ㉖
    doc.save(f'{rows[" 姓名 "]} 的成长足迹 .docx')                  ㉗
```

本案例一共可以拆解为如下 5 个步骤：

1. 导入本案例需要用到的所有 Python 模块（见 ❶）。其中，Pandas 模块用于处理 Excel 文件中的数据，python-docx 模块用于操作 Word 文件。

2. 利用 Pandas 模块读取 Excel 表格，并针对其中的数据做了一系列的处理（见 ❷ ～ ❽），以便后续步骤直接使用。

3. 利用 python-docx 模块，读取 Word 模板文件（见 ❾）。由于要填充的数据不仅存在于正文中，而且还存在于表格中，因此，我们自定义了两个函数：normal_run()、table_run()（见 ❿ ⓫）。

4. 有了上述基础，我们分别调用 normal_run() 和 table_run() 函数，即可将数据填充到对应位置。其中，正文中有 6 个空（见 ⓬ ～ ⓱），表格中有 9 个空（见 ⓲ ～ ㉖）。

5. 将生成的 Word 成绩报告保存到本地（见 ㉗）。

执行上述步骤，我们得到了生成的成绩报告 Word 文档。最终效果如图 11-23 所示。

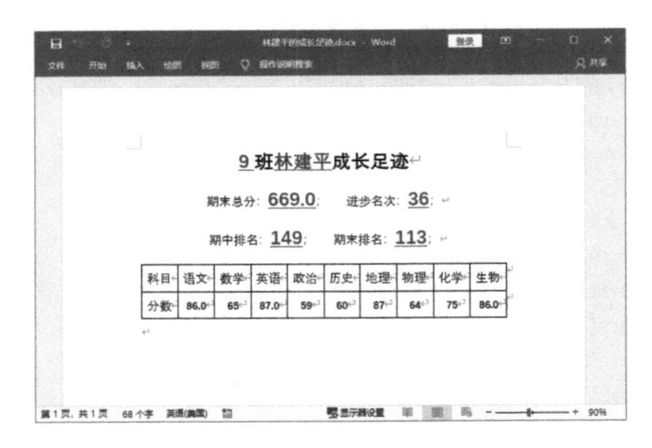

图 11-23

11.6.3 小结

在本节的实战案例中，我们不仅学会了如何用 Pandas 模块读取并处理 Excel 文件中的数据，同时也学会了如何利用 python-docx 模块处理 Word 文件。

该案例不仅提升了老师的工作效率，还有利于老师通过数据发现学生的成长足迹。

第12章 Python自动化办公的拓展应用

本章属于 Python 自动化办公的拓展应用篇，我们不仅会介绍许多实用的开源模块，还会讲述如何为你的程序增加一个“用户图形界面”、如何将程序打包，以便让不会使用 Python 编程的人也能共享你的成果。

12.1 善用 Python 开源模块

在日常的学习、工作中，我们会遇到各种各样的奇怪问题，你应该相信使用 Python 可以帮助你解决这些问题。本节将介绍几个非常实用的开源模块，你可以看看利用它们是如何解决实际问题的。

12.1.1 案例：模拟生成一万条“真实”数据

在如今的大数据时代，数据的价值可想而知。有时候为了做测试，需要模拟真实的环境，但是又不能直接使用真实数据，这时就需要我们人为地制造一些模拟数据。

基于这个需求，我们可以使用 faker 模块来模拟相关数据，供自己学习使用。

在交互式环境中输入如下命令：

```
In [1]: from faker import Faker
        import pandas as pd

        fake = Faker(["zh_CN"])                        ❶
        Faker.seed(0)

        def get_data():                                ❷
```

```
    key_list = ["姓名","详细地址","所在公司","从事行业","手机号","身份证号","邮箱"]
    name = fake.name() # 生成姓名。
    address = fake.address() # 生成详细地址。
    company = faker.bs() # 生成所在公司。
    job = faker.job() # 生成从事行业。
    number = fake.phone_number() # 生成手机号。
    id_card = fake.ssn() # 生成身份证号。
    email = fake.email() # 生成邮箱。
    info_list = [name,address,company,job,number,id_card,email]
    person_info = dict(zip(key_list,info_list))
    return person_info

df = pd.DataFrame(columns=["姓名","详细地址","所在公司","从事行业",
     "手机号","身份证号","邮箱"])
for i in range(10000):                                       ❸
    person_info = [get_data()]
    df1 = pd.DataFrame(person_info)
    df = pd.concat([df,df1])
df.to_excel("模拟数据.xlsx",index=None)                       ❹
```

在 ❶ 处，表示我们想要生成与中文相关的信息。

在 ❷ 处，我们自定义了一个 get_data() 函数，用于生成个人相关信息，并将最终生成的信息存储为“字典”形式。

此时，我们利用 for 语句循环调用该函数 10 000 次，将生成的数据转换为 DataFrame 数据框（见 ❸）。最后，调用 to_excel() 方法，即可将生成的数据存储到 Excel 文件中（见 ❹）。输出结果如图 12-1 所示。

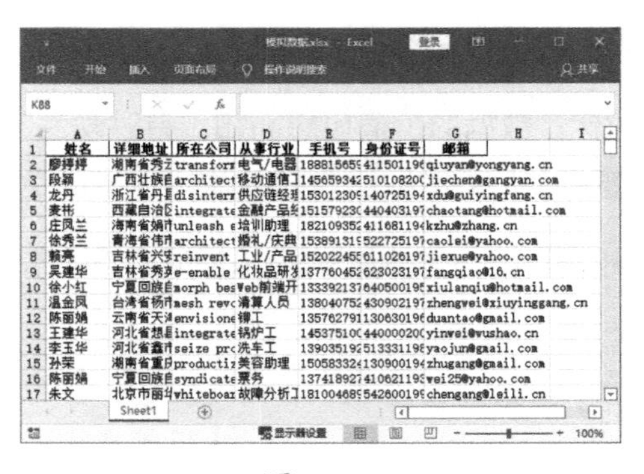

	A	B	C	D	E	F	G
1	姓名	详细地址	所在公司	从事行业	手机号	身份证号	邮箱
2	廖婷婷	湖南省秀	transfor	电气/电器	18881565	41150119	qiuyan@yongyang.cn
3	段颖	广西壮族	architect	移动通信	14565934	51010820	jiechen@gangyan.com
4	龙丹	浙江省丹	disinter	供应链经	15301230	14072519	xdu@guiyingfang.cn
5	麦彬	西藏自治	integrate	金融产品	15157923	44040319	chaotang@hotmail.com
6	庄凤兰	海南省娟	unleash	培训助理	18210935	41168119	kzhu@zhang.cn
7	徐秀兰	青海省伟	architect	婚礼/庆典	15389131	52272519	caolei@yahoo.com
8	赖亮	吉林省兴	reinvent	工业/产品	15202245	61102619	jiexue@yahoo.com
9	吴建华	吉林省秀	e-enable	化妆品研	13776045	62302319	fangqiao@16.cn
10	徐小红	宁夏回族	morph bes	Web前端开	13339213	64050019	xiulanqiu@hotmail.com
11	温金凤	台湾省杨	mesh rev	清算人员	13804075	43090219	zhengwei@xiuyinggang.cn
12	陈丽娟	云南省天	envisione	铆工	135762791	13063019	duantao@gmail.com
13	王建华	河北省想	integrate	锅炉工	14537510	44000020	yinwei@wushao.cn
14	李玉华	河北省鑫	seize pr	洗车工	13903519	51333119	yaojun@gmail.com
15	孙荣	湖南省重	productiz	美容助理	15058332	13090019	zhugang@gmail.com
16	陈丽娟	宁夏回族	syndicate	票务	13741892	41062119	wei25@yahoo.com
17	朱文	北京市丽	whiteboar	故障分析	18100468	54260019	chengang@leili.cn

图 12-1

小贴士

上述 Excel 文件中的信息，均使用 faker 模块模拟生成，如有雷同，纯属巧合。

12.1.2 案例：批量统计员工的证件归属地

在如图 12-2 所示的 Excel 表格中，存储了某公司所有员工的身份证件号码。此时，领导让我们快速统计出他们的户籍地址和年龄，应该怎么做呢？

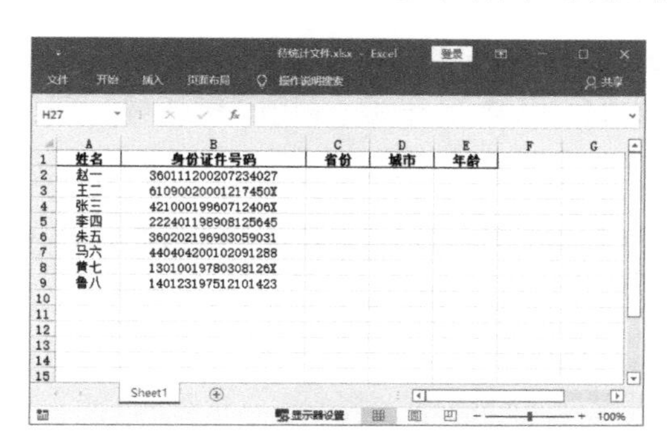

姓名	身份证件号码	省份	城市	年龄
赵一	360111200207234027			
王二	61090020001217450X			
张三	42100019960712406X			
李四	222401198908125645			
朱五	360202196903059031			
马六	440404200102091288			
黄七	13010019780308126X			
鲁八	140123197512101423			

图 12-2

本节涉及的身份证件号码，均为模拟生成，如有雷同，纯属巧合。

众所周知，身份证件号码中包含了大量的个人信息，比如户籍地、出生日期、性别等。如果一个个手动去查，费时费力。

因此，我们可以使用 id_validator 模块来实现身份证件号码相关信息的提取。

在交互式环境中输入如下命令：

```
In [1]: from id_validator import validator

        info = validator.get_info("440308199901101512")        ❶
        info
Out[1]: {'address_code': '440308',
         'abandoned': 0,
         'address': '广东省深圳市盐田区',
         'address_tree': ['广东省', '深圳市', '盐田区'],
         'age': 23,
         'birthday_code': '1999-01-10',
         'constellation': '摩羯座',
         'chinese_zodiac': '卯兔',
         'sex': 1,
         'length': 18,
         'check_bit': '2'}
In [2]: info["address_tree"][0]                                ❷
```

```
Out[2]: '广东省'
In [3]: info["age"]                                          ❸
Out[3]: 23
In [4]: info["birthday_code"]                                ❹
Out[4]: '1999-01-10'
```

对于任意一个身份证件号码，调用 validator 模块中的 get_info() 方法，可以返回一个字典格式的数据（见❶）。于是，利用“键值对”即可获取该身份证所对应的地区、出生日期等信息（见❷～❹）。

有了上述基础，针对本节开头讲述的案例，我们使用 id_validator 模块就可以快速统计公司所有员工的户籍地址和年龄。

```
In [5]: import pandas as pd
        from id_validator import validator

        df = pd.read_excel("待统计文件.xlsx")                    ❶
        df["省份"] = df["身份证件号码"].apply(lambda x: validator.get_
        info(x)["address_tree"][0])                              ❷
        df["城市"] = df["身份证件号码"].apply(lambda x: validator.get_
        info(x)["address_tree"][1])                              ❸
        df["年龄"] = df["身份证件号码"].apply(lambda x: validator.get_
        info(x)["age"])                                          ❹

        df.to_excel("统计结果.xlsx", index=False)                ❺
```

首先，导入本案例所需要用到的所有模块。

接着，利用 Pandas 模块读取待统计的文件（见❶），并新增了 3 列数据。其中，第 1 列用于提取身份证中的“省份”信息（见❷），第 2 列用于提取身份证中的“城市”信息（见❸），第 3 列用于提取身份证中的“年龄”信息（见❹）。

最后，调用 to_excel() 方法将重新生成的数据保存到本地（见❺），效果如图 12-3 所示。

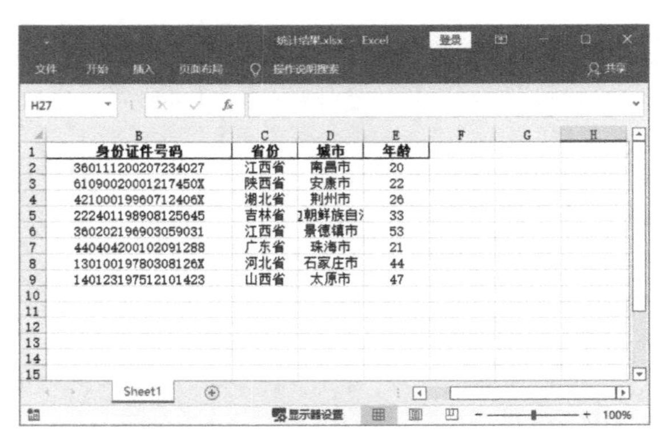

身份证件号码	省份	城市	年龄
360111200207234027	江西省	南昌市	20
61090020001217450X	陕西省	安康市	22
42100019960712406X	湖北省	荆州市	26
222401198908125645	吉林省	朝鲜族自	33
360202196903059031	江西省	景德镇市	53
440404200102091288	广东省	珠海市	21
13010019780308126X	河北省	石家庄市	44
140123197512101423	山西省	太原市	47

图 12-3

12.1.3 更多高效的第三方开源模块

本节将继续讲述更多高效、有用的 Python 开源模块。

1. 如何实现手机号归属地的查询

phone 模块专门用于提取手机号码中的相关隐含信息。

在交互式环境中输入如下命令：

```
In [1]: from phone import Phone

        phoneNum = "15813390000"          ❶
        Phone().find(phoneNum)            ❷
Out[1]: {'phone': '15813390000',
         'province': '广东',
         'city': '广州',
         'zip_code': '510000',
         'area_code': '020',
         'phone_type': '移动'}
```

任意给定一个号码（见 ❶），调用 find() 方法（见 ❷）即可返回该号码信息的字典格式。这个字典中包含了该手机号的归属省份（或直辖市、自治区）、归属城市（或归属的区县）、邮政编码、区号和运营商。

2. 如何识别某字符属于哪个国家

langid 模块专门用于识别某个字符属于哪个国家。

在交互式环境中输入如下命令：

```
In [1]: import langid

        str1 = '你好'                      ❶
        str2 = 'こんにちは'                ❷

        langid.classify(str1)             ❸
Out[1]: ('zh', -27.509686946868896)
In [2]: langid.classify(str2)             ❹
Out[2]: ('ja', -110.94852066040039)
```

在 ❶❷ 处，分别是各国关于“你好”的不同表达。我们直接调用 langid 模块中的 classify() 方法（见 ❸❹），即可识别出不同字符各自所属的国家。其中，zh 表示中文，ja 表示日文。

有了这个模块，我们在做文本处理时，就可以筛选掉其他不需要的语种。

3. 如何制作二维码

qrcode 模块专门用于制作二维码。

在交互式环境中输入如下命令：

```
In [1]: import qrcode

        qr = qrcode.QRCode(
            version=1, # 二维码的尺寸大小，整数，范围 (1,40)。
            error_correction=qrcode.constants.ERROR_CORRECT_Q, # 误差率低于 25%。
            box_size=10, # 每个格子中的像素个数。
            border=2 # 二维码距图像外围边框的距离。
        )                                                                    ❶
        qr.add_data("Hello World!")                                          ❷
        img = qr.make_image(fill_color="#2E58A7", back_color="white")        ❸
        img.save("二维码.png")                                               ❹
```

在 ❶ 处，调用 qrcode 模块中的 QRCode() 方法，可以帮助我们创建一个 qr 对象。

在 ❷ 处，调用 qr 对象的 add_data() 方法，可以用于添加数据。

在 ❸ 处，调用 qr 对象的 make_image() 方法，可以创建二维码，并返回一个 img 对象。其中，fill_color 参数表示二维码的色块颜色，back_color 参数表示背景颜色。

在 ❹ 处，调用 img 对象的 save() 方法，即可将生成的二维码保存到本地。最终生成的二维码图片如图 12-4 所示。

图 12-4

4. 如何实现数据字段的模糊匹配

fuzzywuzzy 模块专门用于模糊字符串匹配。它依据 Levenshtein Distance 算法，计算两个序列之间的差异。

在交互式环境中输入如下命令：

```
In [1]: from fuzzywuzzy import fuzz
        from fuzzywuzzy import process

        fuzz.ratio("湖北", "湖北省")                                    ❶
Out[1]: 80
In [2]: fuzz.partial_ratio("湖北","湖北省")                             ❷
Out[2]: 100
In [3]: fuzz.token_sort_ratio("湖北 武汉", "武汉 湖北")                  ❸
Out[3]: 100
In [4]: choices = ["湖北省","武汉市","河南省","信阳市"]                  ❹
        process.extract("武汉",choices)                                ❺
Out[4]: [('武汉市', 90), ('湖北省', 0), ('河南省', 0), ('信阳市', 0)]
In [5]: process.extractOne("武汉",choices)                             ❻
Out[5]: ('武汉市', 90)
```

在❶处，调用 ratio() 方法表示简单匹配。采用简单匹配方式，不怎么精确。因此，我们一般不使用该方式。

在❷处，调用 partial_ratio() 方法表示非完全匹配。采用该匹配方式的精确度高。

在❸处，调用 token_sort_ratio() 方法表示忽略顺序匹配。

除了上述用法外，我们还必须提到 fuzzywuzzy 中的一个子模块 process。调用该模块中的 extract() 方法，就可以从某个列表中返回最佳匹配；而调用 extractOne() 方法，可以直接提取匹配度最大的结果（见❹❺❻）。

本节用到的所有开源模块，均需要使用 pip 方法额外安装。

12.2 Python 图形界面开发

如图 12-5 所示，展示的是 Windows 系统中记事本程序的使用界面。如果没有该界面，我们看到的将是一堆代码。相比于直接展示代码，这种应用程序不仅使用起来更加便捷，也更利于用户的交互控制。

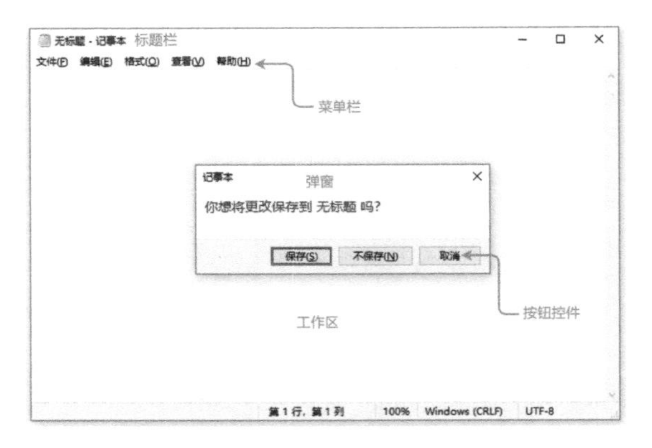

图 12-5

以图形方式显示的计算机的用户操作界面，就是我们所说的用户图形界面（Graphical User Interface)，通常简称为 GUI。

本节将介绍如何给 Python 代码“增加”一个用户图形界面，使之更像一个计算机软件。

12.2.1 PySimpleGUI 模块的介绍与使用

在 Python 中，用于制作“用户图形界面”的模块有很多，比如 tkinter、pyqt5、WxPython 和 Remi 等。但是，我们选择使用 PySimpleGUI 模块，主要有以下两个原因：

- PySimpleGUI 模块在上述其他模块之上进行了二次封装，基本可以实现上述其他模块的所有功能，比如具有常见的按钮、弹窗、滑块、下拉菜单等。
- PySimpleGUI 模块的布局设计更简单、更人性化，代码量更少。

在使用 PySimpleGUI 模块之前，同样需要使用 pip 方法提前安装该模块。

```
pip install PySimpleGUI
```

当我们成功安装该模块后，仅需五步（如图 12-6 所示）就可以制作一个简单的“用户图形界面”。

图 12-6

依照上述步骤，我们先来制作一个简单的“图形用户界面”。

在交互式环境中输入如下命令：

```
In [1]: import PySimpleGUI as sg                                          ❶

        layout = [ [sg.Text(" 你的名字是什么 ?")],
                   [sg.Input()],
                   [sg.Button(" 确认 "),sg.Button(" 取消 ")]
                 ]                                                        ❷

        window = sg.Window(title="Window Title",layout=layout)            ❸

        while True:                                                       ❹
            event, values = window.read()
            if event == None: # 定义窗口关闭事件。
                break
            elif event == " 确认 ":
                sg.Popup(" 执行确认任务 ")
            elif event == " 取消 ":
                sg.Popup(" 执行取消任务 ")

        window.close()                                                    ❺
```

执行上述代码，最终呈现出来的效果如图 12-7 所示。

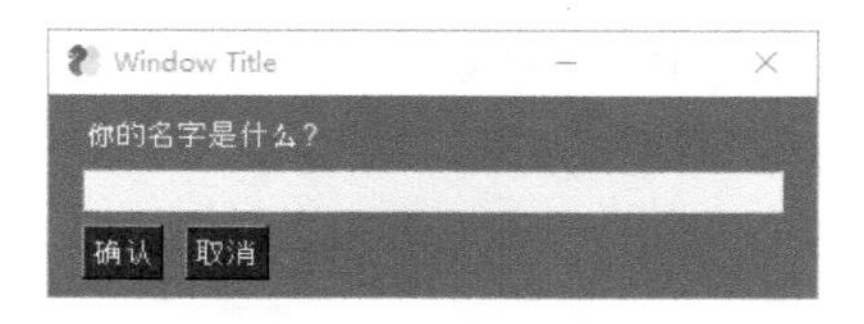

图 12-7

在 ❶ 处，导入 PySimpleGUI 模块，并指定别名为 sg。

在 ❷ 处，定义窗口布局。参数 layout 是一个列表嵌套，内层包含几个列表就代表窗口有几行，各窗口从上到下依次排列。而同一个内层列表中的控件，即同一行，各控件从左到右依次排列，比如第 3 行的“确认”和“取消”按钮。

在 ❸ 处，创建窗口。该方法中包含 title 和 layout 两个参数。其中，title 表示窗口的标题，layout 即上述定义的窗口布局参数。

在 ❹ 处，定义一个事件循环。常见的表达方式就是 while True+break 组合。其中，event 表示事件，values 表示返回值。

在 ❺ 处，关闭窗口。

12.2.2 PySimpleGUI 模块中的常用概念

本节主要介绍 PySimpleGUI 模块中的一些常见概念，这些概念对于我们灵活制作一个“用户图形界面”非常有帮助。

1. 事件

“事件”指的是前面代码中的 event 参数。对于界面上的每一个按钮，我们每次单击一下，就会发生一个事件。我们可以依据不同的事件，让程序执行不同的任务。

这里的“事件”分为 3 种，分别是窗口关闭事件、按钮单击事件、其他元素事件，如下所示。

- 窗口关闭事件：窗口关闭按钮是一个特殊的按钮，存在于界面的右上角，即“x”按钮。定义窗口关闭事件是非常重要的。当你忘记定义窗口关闭事件，却单击了窗口右上角的“x”按钮时，它会默默地消耗你所有的 CPU 资源。
- 按钮单击事件：单击上述的“确认”和“取消”按钮，均会产生按钮单击事件。
- 其他元素事件：像文本元素、输入框、下拉菜单等控件的事件属性默认是关闭的。当设置参数 enable_events 为 True 时，它们也将具有事件属性。

在上述代码中，假如我们单击“确认”或“取消”按钮，这两个按钮均会产生按钮单击事件，因此会展示出不同的弹窗，如图 12-8 所示。

图 12-8

2. 返回值

“返回值”指的是上述代码中的 values 参数。对于这种文本输入框，我们往往需要额外输入文字，values 表示的就是用户输入。如果什么都不写，返回值就是空字符串。

对于上述代码，我们稍加改动：

```
In [1]: import PySimpleGUI as sg

        layout = [ [sg.Text("你的名字是什么？")],
                   [sg.Input()],
                   [sg.Button('确认'),sg.Button('取消')]
                 ]
```

```
window = sg.Window(title='Window Title',layout=layout)

while True:
    event, values = window.read()
    print(values)          ❶
    if event == None: # 定义窗口关闭事件。
        break
    elif event == "确认":
        sg.Popup("执行确认任务")
    elif event == "取消":
        sg.Popup("执行取消任务")

window.close()
```

Out[1]: {0: '张三'}

这里我们仅仅多了一行 print(values) 打印代码（见 ❶）。在此可以发现，最终返回了一个字典形式的值。因此，我们可以利用"键值对"方式来捕捉键对应的值，即"用户输入"。

执行过程如图 12-9 所示。

图 12-9

对于上述代码，我们再次稍加改动：

In [2]:
```
import PySimpleGUI as sg

layout = [ [sg.Text("你的名字是什么？")],
           [sg.Input(key="输入文字")], ❶
           [sg.Button("确认",key="ok"),sg.Button("取消",
key="cancel")]                          ❷
         ]

window = sg.Window(title='Window Title',layout=layout)

while True:
    event, values = window.read()
    print(values)
    if event == None: # 定义窗口关闭事件。
        break
    elif event == "ok":                  ❸
        sg.Popup("执行确认任务")
```

```
    elif event == "cancel":                              ❹
        sg.Popup("执行取消任务")

window.close()
```

Out[2]: {'输入文字': '张三'}

这里我们又给 Input() 和 Button() 方法都增加了 key 参数（见 ❶❷）。再次打印最终的返回值，可以发现原始的键已经被替换成自定义的键。同时，原有的事件属性标识也相应地替换为 ok 和 cancel 了（见 ❸❹）。

其实，key 参数表示身份标识。当我们定义了该参数时，原有的身份将被替换为自定义的标识。

12.2.3 案例：为 Python 程序增加用户图形界面

在 12.1.2 节的案例中，我们已经批量统计了员工的证件归属地。本节将介绍如何为这个 Python 程序增加一个“图形界面”。

在交互式环境中输入如下命令：

In [1]:
```
import pandas as pd
from id_validator import validator

def main(path):
    df = pd.read_excel(path)
    df["省份"] = df["身份证件号码"].map(lambda x: validator.get_
info(x)["address_tree"][0])
    df["城市"] = df["身份证件号码"].map(lambda x: validator.get_
info(x)["address_tree"][1])
    df["年龄"] = df["身份证件号码"].map(lambda x: validator.get_
info(x)["age"])
    path_new = os.path.join(os.path.dirname(path), "统计结果.xlsx")
    df.to_excel(path_new, index=False)
```

在之前的代码之上，我们把所有代码都封装到一个自定义函数 main() 中。这里的 path 参数将会在后续制作界面中用到。

接下来，我们将使用 PySimpleGUI 模块给这个程序增加一个“用户图形界面”。

在交互式环境中输入如下命令：

In [2]:
```
import PySimpleGUI as sg                                  ❶

layout = [
```

```
    [sg.Text("请选择Excel文件所在目录："),
     sg.Input(size=(25,1),key="路径"),
     sg.FileBrowse(button_text="选择",file_types=(("浏览文件",
"*.xlsx"),))],
    [sg.Button("开始统计")]
]                                                              ❷

window = sg.Window("自动统计：身份证件归属地", layout)           ❸

while True:                                                    ❹
    event, values = window.read()
    if event == None:
        break
    elif event == "开始统计":
        if values["路径"]:
            main(values["路径"])
            sg.popup("统计完毕！")
        else:
            sg.popup("请先输入Excel文件所在的路径！")

window.close()                                                 ❺
```

执行上述代码，最终呈现出来的效果如图 12-10 所示。

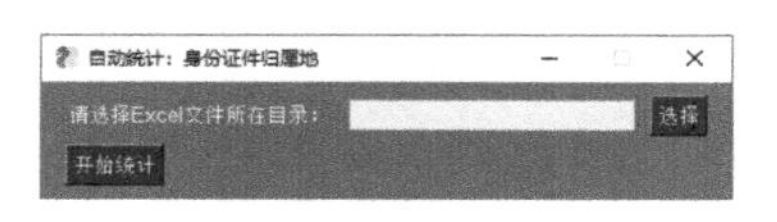

图 12-10

对于 ❶❸❺ 这 3 处的代码，非常容易理解，我们不再赘述。

❷ 处表示确定行数，定义布局。这个界面一共有 2 行：第 1 行包括 3 个内容，分别是文本框（Text）、输入框（Input）、文件选择框（FileBrowse）；第 2 行只有一个按钮（Button）。

上述一些按钮控件的含义如下。

- 文本框（Text）按钮常用来展示文本内容。
- 输入框（Input）按钮常用来输入外部内容。其中，参数 size 表示的是文本框的尺寸，而参数 key 表示身份标识。
- 文件选择框（FileBrowse）按钮常用来选择本地文件。其中，参数 button_text 表示该按钮所展示出来的内容，参数 file_types 表示待选择的文件类型。该功能的具体效果如图 12-11 所示。

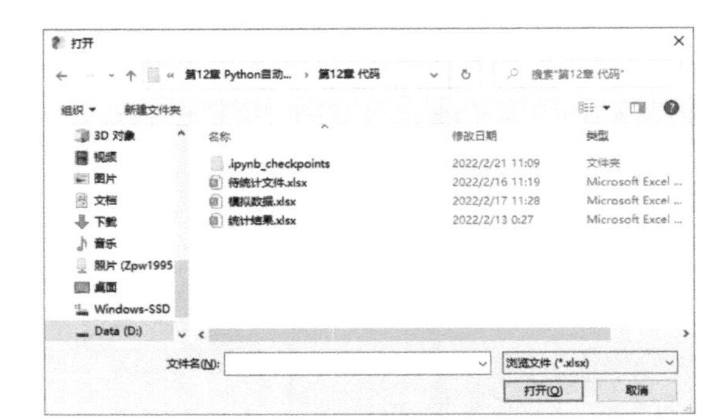

图 12-11

❹ 处表示定义事件循环。一旦我们单击“开始统计”按钮，就执行 elif event == " 开始统计 " 分支中的代码。假如我们没有选择文件路径，此时就会弹窗：“请先输入 Excel 文件所在的路径！”假如我们选择了文件路径，直接捕捉到该路径并传入 main() 函数中，即可执行该函数中的代码。最终生成的结果文件如图 12-12 所示。

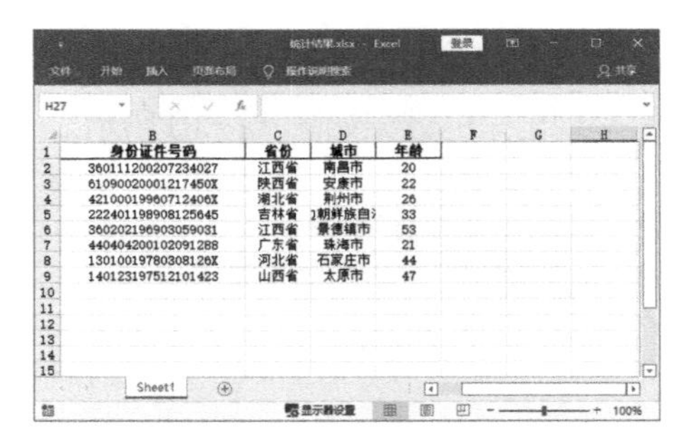

身份证件号码	省份	城市	年龄
360111200207234027	江西省	南昌市	20
61090020001217450X	陕西省	安康市	22
42100019960712406X	湖北省	荆州市	26
222401198908125645	吉林省	朝鲜族自	33
360202196903059031	江西省	景德镇市	53
440404200102091288	广东省	珠海市	21
13010019780308126X	河北省	石家庄市	44
140123197512101423	山西省	太原市	47

图 12-12

12.2.4 更多 GUI 控件介绍

在 PySimpleGUI 模块中，除了前面讲述的几种控件外，还可以添加其他的控件，以帮助我们制作更为复杂的“用户图形界面”。

在交互式环境中输入如下命令：

```
In [1]: import PySimpleGUI as sg

        sg.change_look_and_feel("LightBlue6")  # 窗口主题

        menu_def = [["& 文件 ", ["& 打开 ", "& 保存 "]], ["& 帮助 "]]

        layout = [
            [sg.Menu(menu_def, tearoff=True)],
            [sg.Text(" 这是文本框 ")],
```

```
    [sg.InputText("这是输入框"), sg.Button("普通按钮")],
    [sg.Text("选择城市：", size=(10, 1)), sg.Combo(("北京", "上海",
    "深圳"), size=(10, 1), default_value="上海", key="-CITY-")],
    [sg.Input(), sg.FileBrowse("选择文件")],
    [sg.Checkbox("多选框 1", size=(10, 1)), sg.Checkbox("多选框 2",
    default=True)],
    [sg.Radio("单选框 1", "RADIO1", default=True), sg.Radio("单选框
    2", "RADIO1")],
    [sg.Multiline(default_text="大文本框", size=(25, 3)), sg.Listbox
    (values=("列表框 1", "列表框 2", "列表框 3"), size=(25, 3))],
    [sg.Slider(range=(1, 100), orientation="h",size=(30, 15),
    default_value=80)],
    [sg.Submit("提交"), sg.Cancel("退出")]]

window = sg.Window("PySimpleGUI demo", layout)

event, values = window.read()

window.close()
```

执行上述代码，最终得到的界面如图 12-13 所示。

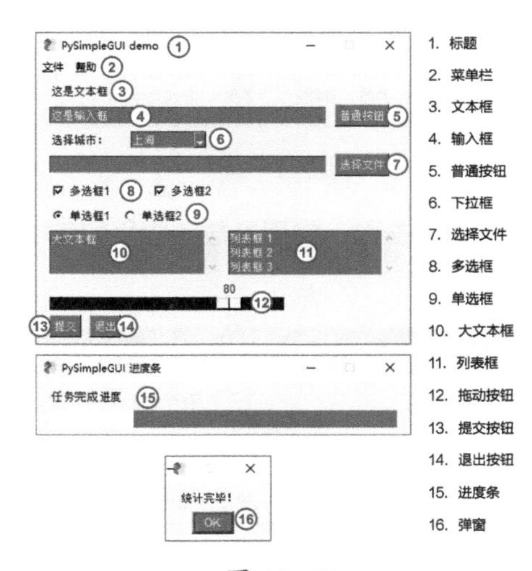

1. 标题
2. 菜单栏
3. 文本框
4. 输入框
5. 普通按钮
6. 下拉框
7. 选择文件
8. 多选框
9. 单选框
10. 大文本框
11. 列表框
12. 拖动按钮
13. 提交按钮
14. 退出按钮
15. 进度条
16. 弹窗

图 12-13

图 12-13 中的“进度条”和“弹窗”是两个比较特殊的控件，具体实现代码如下所示。

```
In [2]: sg.ProgressBar(1000, orientation="h", size=(50, 20),
        key="progressbar")
        sg.popup("统计完毕！ ")
```

12.3 Python 程序打包

不管是微信、QQ，还是其他任何计算机软件，在它们的安装目录下通常存在一个扩展名为 .exe 的文件，双击它就可以直接运行对应的软件。

而对于 Python 程序打包，其实就是将代码文件打包成以 .exe 结尾的可执行文件（executable file）。其最大的好处就是，可以将 Python 代码在没有安装 Python 的计算机上运行。

12.3.1 PyInstaller 模块的安装与使用

在 Python 中，使用 PyInstaller 模块可以很好地实现程序打包。在使用该模块之前，我们同样需要使用 pip 安装它。

```
pip install pyinstaller
```

当我们成功安装该模块后，整个打包过程都是在“命令行窗口”中执行的。其语法格式如图 12-14 所示。

```
pyinstaller 参数1 参数2 ... 参数n Python程序.py
```

图 12-14

上述打包命令包含许多可选参数，常用参数的含义如表 12-1 所示。

表 12-1

参数	含义
-F	产生单个的可执行程序文件
-D	产生一个文件夹，其中包含可执行程序文件
-i	为生成的 .exe 文件指定图标
-n	指定生成的 .exe 文件和 .spec 文件的文件名
-w	程序运行时不显示命令行窗口
-c	程序运行时显示命令行窗口
-p	指定额外的 import 路径，类似于使用 PYTHONPATH

12.3.2 案例：将 Python 程序打包成可执行文件

在 12.2.3 节中，我们已经为程序增加了用户图形界面。在此基础之上，如果将该程序打包，就可以直接将其发送给任何人，并将其当作一个小工具使用。

接下来，将详细介绍整个打包过程。

1. 将 Python 代码另存为 .py 文件。

如果大家使用的是 Jupyter Notebook，依次单击【File】-【Download as】-【Python(.py)】选项，即可在本地导出 .py 文件。这里我们将其命名为 sfz.py，并保存在如图 12-15 所示的目录中。

图 12-15

2. 调出命令行窗口

如图 12-16 所示，使用快捷键【Win+R】，在打开的“运行”对话框中输入 cmd，并单击“确定”按钮，即可打开命令行窗口。

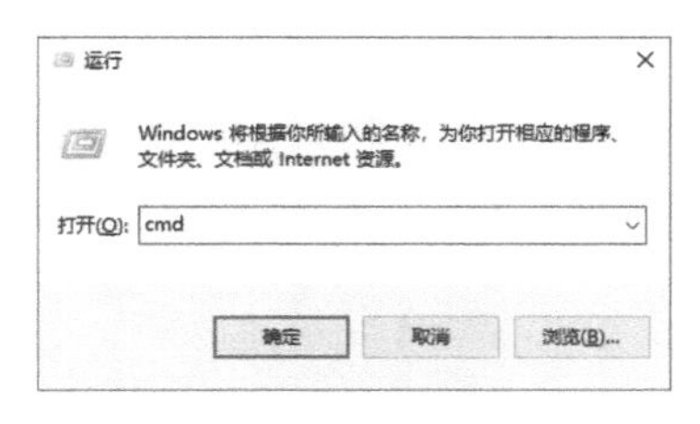

图 12-16

3. 执行打包代码

如图 12-17 所示，在打开的命令行窗口中，我们首先将盘符切换到 sfz.py 文件所在的目录，接着输入下方的命令并执行：

```
pyinstaller -F -w sfz.py
```

其中，参数 -F 表示产生单个的可执行程序文件，参数 -w 表示程序运行时不显示命令行窗口。

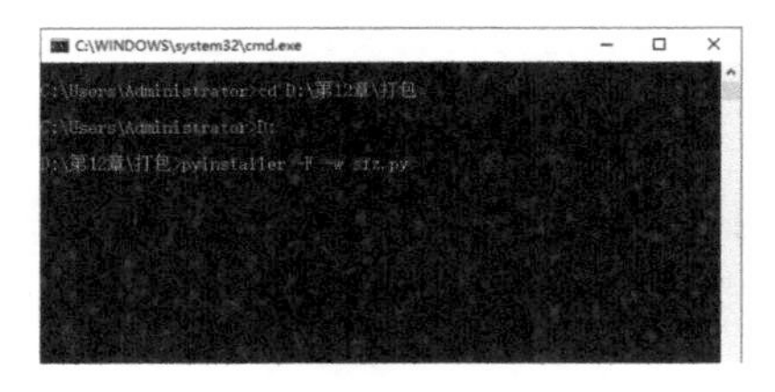

图 12-17

静待几分钟后，会发现当前目录中会多出几个文件夹，如图 12-18 所示。打开名为 dist 的文件夹，其中包含一个名为 sfz.exe 的应用程序。

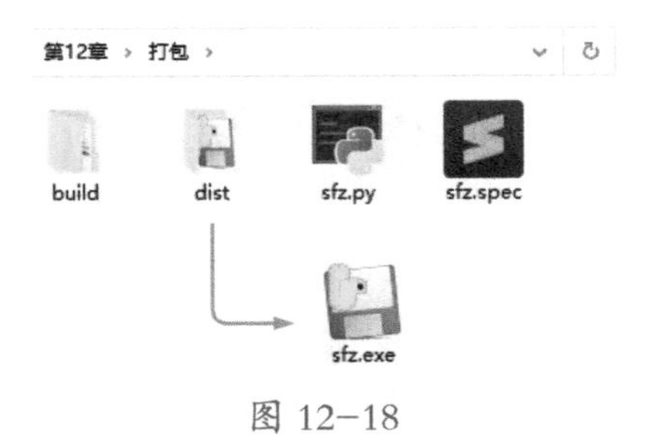

图 12-18

此时，双击该应用程序即可正常运行，如图 12-19 所示。

图 12-19

但是，这里还存在一个问题，整个打包后的可执行文件大小为 300MB 以上。文件太大，因此不利于传输给他人使用，如图 12-20 所示。

图 12-20

那么，如何解决 Python 程序打包后出现的文件过大问题呢?

12.3.3 轻松解决打包后文件过大的问题

思考一下：为什么会出现打包后文件特别大的问题呢?

这是由于 Anaconda 自身内置了很多库，并且我们在使用 Python 的过程中，也安装了很多第三方模块。在执行打包命令时，它会将所有模块统统打包（即使本案例只用了 2 个模块）。

本节将介绍如何使用虚拟环境解决这个令人烦恼的问题，具体步骤如图 12-21 所示。

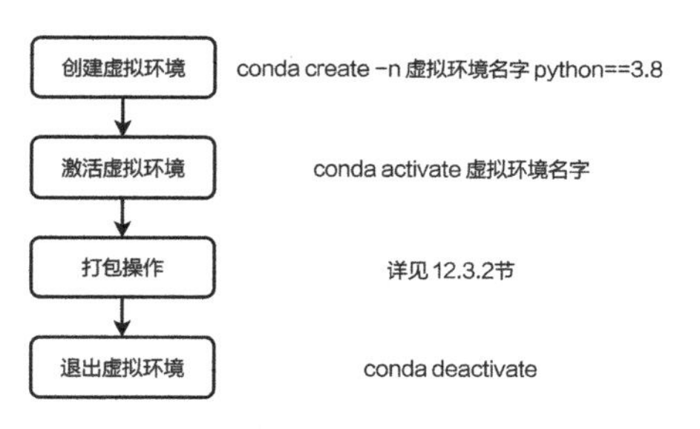

图 12-21

首先，我们需要在计算机的【开始】菜单中找到并单击【Anaconda Prompt（anaconda3）】选项，如图 12-22 所示。

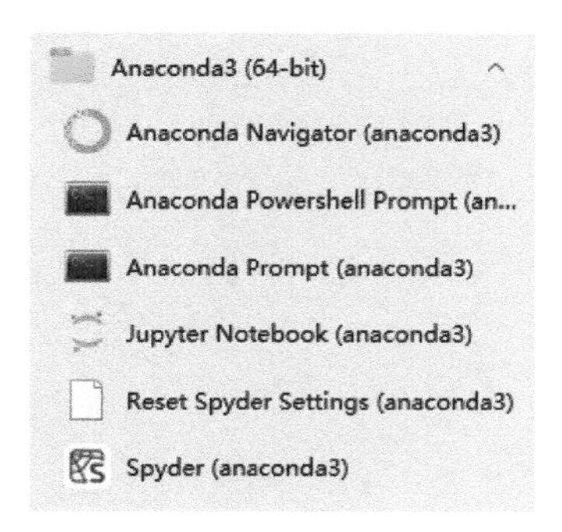

图 12-22

接着，在打开的命令行窗口中依次执行以下命令。

```
# 创建虚拟环境
conda create -n 虚拟环境名字 python==3.8

# 激活虚拟环境
conda activate 虚拟环境名字

# 只安装 Python 程序涉及的模块
pip install pandas
pip install openpyxl
pip install id-validator
pip install PySimpleGUI
pip install pyinstaller

# 切换文件目录
cd D:\第12章\打包
D:

# pyinstaller 打包
```

```
pyinstaller -F -w sfz.py

# 退出虚拟环境
conda deactivate
```

依次执行上述命令后，我们已经成功将打包软件的体积缩小为 31.5MB，如图 12-23 所示。

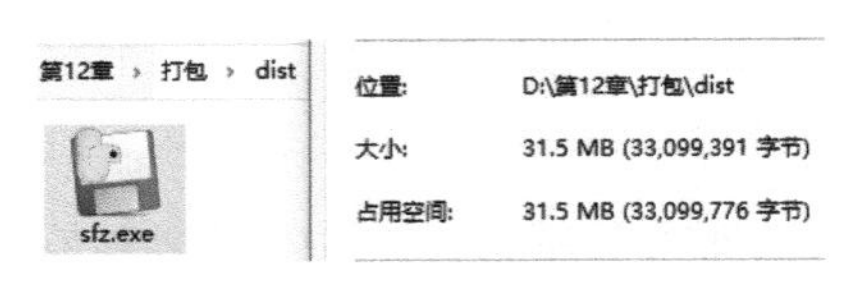

图 12-23

附录A 一些重要参数的含义

对齐方式

水平对齐		垂直对齐	
general	常规	top	靠上
left	靠左	center	居中
center	居中	bottom	靠下
right	靠右	justify	两端对齐
fill	填充	distributed	分散对齐
justify	两端对齐		
centerContinuous	跨列居中		
distributed	分散对齐		

边线样式

参数	含义	参数	含义
mediumDashDotDot	中等双点画线	dotted	点虚线
slantDashDot	斜点画线	hair	虚线
mediumDashDot	中等点画线	dashDotDot	双点画线
mediumDashed	中等虚线	dashDot	点画线
medium	中等实线	dashed	虚线
thick	粗实线	thin	细实线
double	双线		

填充图案样式

参数	样式	参数	样式	参数	样式
lightGrid	10	lightDown	10	lightUp	10
solid	10	mediumGray	10	darkVertical	10
gray0625	10	darkDown	10	gray125	10
lightTrellis	10	darkTrellis	10	darkGrid	10
lightGray	10	lightHorizontal	10	darkGray	10
lightVertical	10	darkHorizontal	10	darkUp	10

图标集选项

图标集	含义	图标集	含义
3Arrows	三向箭头	4ArrowsGray	四向箭头（灰色）
3ArrowsGray	三向箭头（灰色）	4RedToBlack	红黑渐变
3Flags	三色旗	4Rating	四等级
3TrafficLights1	三色交通灯 1	4TrafficLights	四色交通灯
3TrafficLights2	三色交通灯 2	5Arrows	五向箭头
3Signs	三标志	5ArrowsGray	五向箭头（灰色）
3Symbols	三个符号	5Rating	五等级
3Symbols2	三个符号 2	5Quarters	五象限图
4Arrows	四向箭头		

条件类型选项

条件类型	含义
less	小于
lessThanOrEqual	小于或等于
greaterThan	大于
greaterThanOrEqual	大于或等于
equal	等于
notEqual	不等于
containsText	包含
notContains	不包含
between	介于
notBetween	不介于
beginsWith	以……开始
endsWith	以……结束